工程系统建模与仿真

李俊烨　刘建河　赵伟宏　张景然　刘凤德　编著

国防工业出版社

·北京·

内 容 简 介

本书基于 MATLAB R2020b 版由浅入深地全面讲解了工程系统建模与仿真的知识,内容涵盖了一般用户需要使用的各种功能。

全书共 7 章,分别为建模与仿真基础知识、数学建模与计算、控制系统分析与建模、模糊逻辑控制建模、建模与仿真技术的应用、遗传算法、神经网络。结合作者多年的使用和教学经验,将系统建模与仿真方法和技巧详细地介绍给读者,使读者能够快速掌握书中讲解的内容。书中案例典型且丰富,每个案例都结合工程的实际需要,具有很强的针对性,覆盖范围广,并附上源文件,可满足不同领域读者的需求。

本书适合信号处理、通信工程、自动控制、机械电子等专业的研究生、教师和科技工作者学习使用,也可以作为广大 MATLAB 爱好者的自学参考用书。

图书在版编目(CIP)数据

工程系统建模与仿真/李俊烨等编著. —北京:
国防工业出版社,2024.8. —ISBN 978 – 7 – 118 – 13220 – 5

Ⅰ. TH – 39

中国国家版本馆 CIP 数据核字第 2024WZ3508 号

※

国防工业出版社出版发行
(北京市海淀区紫竹院南路 23 号　邮政编码 100048)
三河市天利华印刷装订有限公司印刷
新华书店经售

*

开本 710 × 1000　1/16　印张 19¾　字数 390 千字
2024 年 8 月第 1 版第 1 次印刷　印数 1—1500 册　定价 98.00 元

(本书如有印装错误,我社负责调换)

国防书店:(010)88540777　　书店传真:(010)88540776
发行业务:(010)88540717　　发行传真:(010)88540762

前言

工程系统建模与仿真是一门综合运用数学建模的理论、方法和现代计算机仿真技术,研究各类系统数学模型和仿真系统构建原理与实现过程的科学,是工科类专业的一门重要专业基础课程。本书是在作者多年研究应用数学模型和仿真技术,讲授相关课程的基础上,针对机械工程专业的特点,并广泛吸收国内外优秀系统建模与仿真教材的成果凝练而成的。书中系统阐述了系统建模、系统仿真的基本概念、基本原理、基本方法及其应用步骤与实现过程,主要内容包括建模与仿真基础知识、数学建模与计算、控制系统分析与建模、模糊逻辑控制建模、建模与仿真技术的应用、遗传算法、神经网络等。

本书主要特色是强调工程系统建模与仿真的基本原理、基本方法,突出实际应用,对专业性强、难度大的内容做了慎重处理,使之更为通俗化。在阐述方式上简明扼要、深入浅出、通俗易懂,运用大量的实例说明常用工程系统建模与仿真技术的具体应用,致力于提高读者的实际动手能力,为研究解决机械系统中出现的多种问题提供方法。书中配有一定数量的例题,帮助读者在理解和掌握工程系统建模与仿真的基本原理、方法和技能的同时,学会多种新型数学模型和仿真软件的实际操作和应用。本书特别强调实践效果,在教学实践过程中培养研究生的数学思想和方法,抽象思维和逻辑推理能力,分析问题和解决问题的能力,创造能力与综合能力,使读者能更深刻地掌握工程系统建模和仿真的理论和方法,并指导实践。同时,培养读者运用数学模型和仿真软件工具模拟、分析和解决机械工程领域中实际问题的能力。

第1~2章由刘建河撰写;第3章由赵伟宏撰写;第4章由张景然撰写;第5章由刘凤德撰写;第6~7章由李俊烨教授撰写,作者所在课题组全体研究生参与了资料收集、排版、校对等工作。

虽然作者在本书的编写过程中力求叙述准确,但由于水平有限,书中欠妥之处在所难免,希望读者和同仁能够及时指正。

编著者
2024 年 1 月

目录

第1章 建模与仿真基础知识 ········· 001
1.1 建模与仿真的基本理论与方法 ········· 001
1.1.1 建模的基本理论与方法 ········· 001
1.1.2 仿真的基本理论与方法 ········· 006
1.2 建模与仿真技术发展现状 ········· 011
1.2.1 建模技术发展现状 ········· 011
1.2.2 仿真技术发展现状 ········· 012
1.3 小结 ········· 014

第2章 数学建模与计算 ········· 015
2.1 插值分析与计算 ········· 015
2.1.1 拉格朗日插值方法 ········· 015
2.1.2 牛顿均差插值 ········· 018
2.1.3 埃尔米特插值 ········· 021
2.1.4 三次样条插值 ········· 026
2.1.5 一维数据插值 ········· 029
2.1.6 多维插值 ········· 036
2.2 数据拟合建模与计算 ········· 038
2.2.1 函数逼近 ········· 038
2.2.2 最小二乘拟合 ········· 042
2.2.3 多项式拟合 ········· 047
2.2.4 最小二乘法曲线拟合 ········· 052
2.3 方程求根建模与计算 ········· 055
2.3.1 二分法 ········· 055
2.3.2 牛顿法 ········· 058
2.3.3 割线法 ········· 062
2.3.4 逆二次插值 ········· 064

　　　2.3.5　Zeroin 算法 ·· 064
　　　2.3.6　fzero( ) 函数 ··· 065
　2.4　概率统计分布计算 ·· 067
　　　2.4.1　概率密度函数 ··· 067
　　　2.4.2　随机变量的一般特征 ·· 070
　　　2.4.3　一维随机数生成 ··· 077
　　　2.4.4　统计图绘制 ·· 081
　　　2.4.5　蒙特卡罗方法 ··· 085
　2.5　小结 ·· 090

第 3 章　控制系统分析与建模 ·· 091
　3.1　控制系统基本概念 ·· 091
　　　3.1.1　控制系统的结构 ·· 091
　　　3.1.2　控制系统的数学模型 ·· 092
　　　3.1.3　控制系统的性能指标 ·· 098
　3.2　控制系统分析方法 ·· 099
　　　3.2.1　时域分析法 ·· 099
　　　3.2.2　根轨迹分析法 ··· 103
　　　3.2.3　频域分析法 ·· 108
　　　3.2.4　状态空间分析法 ·· 115
　3.3　小结 ·· 125

第 4 章　模糊逻辑控制建模 ·· 126
　4.1　模糊逻辑控制基础 ·· 126
　　　4.1.1　模糊逻辑控制的基本概念 ··· 126
　　　4.1.2　模糊逻辑控制原理 ·· 127
　　　4.1.3　模糊逻辑控制器设计内容 ··· 128
　　　4.1.4　模糊逻辑控制规则设计 ·· 128
　　　4.1.5　模糊逻辑控制系统的应用领域 ·· 129
　4.2　模糊逻辑控制工具箱 ··· 130
　　　4.2.1　模糊逻辑控制工具箱的功能特点 ··· 130
　　　4.2.2　模糊逻辑控制系统的基本类型 ·· 131
　　　4.2.3　模糊逻辑控制系统的构成 ··· 132
　　　4.2.4　模糊推理系统的建立、修改与存储管理 ································· 132
　　　4.2.5　模糊语言变量及其语言值 ··· 139

	4.2.6	模糊语言变量的隶属度函数	141
	4.2.7	模糊规则的建立与修改	149
	4.2.8	模糊推理计算与去模糊化	151
4.3	模糊逻辑控制工具箱的图形界面工具		154
	4.3.1	FIS 编辑器	155
	4.3.2	隶属度函数编辑器	156
	4.3.3	模糊规则编辑器	157
	4.3.4	模糊规则浏览器	158
	4.3.5	模糊推理输入/输出曲面视图	158
4.4	模糊聚类分析		162
	4.4.1	FIS 曲面分析	162
	4.4.2	FIS 结构分析	163
	4.4.3	模糊均值聚类	164
	4.4.4	模糊聚类工具箱	166
4.5	小结		168

第5章 建模与仿真技术的应用 169

- 5.1 独轮自行车建模与仿真 169
- 5.2 基于双闭环控制的一阶倒立摆控制系统建模与仿真 173
- 5.3 一阶直线双倒立摆系统的可控性建模与仿真 192
- 5.4 龙门吊车运动控制建模与仿真 207
- 5.5 水箱液位控制建模与仿真 215
- 5.6 水轮发电机系统的线性化分析 218
- 5.7 小结 220

第6章 遗传算法 221

- 6.1 遗传算法的理论基础 221
  - 6.1.1 遗传算法概述 221
  - 6.1.2 遗传算法工具箱 222
  - 6.1.3 遗传算法常用函数 223
  - 6.1.4 遗传算法工具箱应用举例 233
- 6.2 遗传算法原理 239
  - 6.2.1 基本原理 239
  - 6.2.2 算法编码 241
  - 6.2.3 适应度及初始群体选取 241

6.2.4 遗传算法程序设计及其 MATLAB 工具箱 …………… 242
　　　6.2.5 遗传算法的 GUI 实现 …………………………… 253
6.3 基于遗传算法和非线性规划的函数寻优算法理论基础 ……… 256
　　　6.3.1 非线性规划函数 ………………………………… 256
　　　6.3.2 遗传算法基本思想 ……………………………… 257
　　　6.3.3 算法结合思想 …………………………………… 257
　　　6.3.4 遗传算法实现 …………………………………… 258
6.4 小结 ………………………………………………… 259

第 7 章 神经网络 ……………………………………… 260

7.1 神经网络基本概念 …………………………………… 260
　　　7.1.1 人工神经网络简介 ……………………………… 260
　　　7.1.2 神经网络的结构 ………………………………… 262
　　　7.1.3 神经网络模型 …………………………………… 262
　　　7.1.4 神经网络的学习方式 …………………………… 264
　　　7.1.5 神经网络工具箱 ………………………………… 265
7.2 BP 神经网络 ………………………………………… 266
　　　7.2.1 BP 神经网络的结构 ……………………………… 266
　　　7.2.2 BP 神经网络的学习算法 ………………………… 267
　　　7.2.3 BP 神经网络的设计方法 ………………………… 274
7.3 BP 神经网络的建立与识别 …………………………… 276
　　　7.3.1 BP 神经网络的建立 ……………………………… 276
　　　7.3.2 BP 神经网络的识别 ……………………………… 287
7.4 BP 神经网络案例 …………………………………… 293
7.5 小结 ………………………………………………… 307

参考文献 ……………………………………………… 308

第1章
建模与仿真基础知识

1.1 建模与仿真的基本理论与方法

1.1.1 建模的基本理论与方法

1. 系统模型概述

系统模型是用来研究系统规律并据以分析其结构、功能的工具。系统模型实质上是关于行为数据的一组指令,其表现形式通常为数学公式、图、表等。系统模型是对实际系统的抽象,是对系统本质的描述,是人们基于对客观世界的认识、分析,经过反复模拟和相似整合所得到的结果。

数学公式是系统模型最主要的表示方式,数学模型是人们对系统内在运动规律及其与外部作用关系的抽象,并将抽象的结果用数学公式表示出来。系统数学模型的建立需要按照模型论对输入、输出状态变量及其函数关系进行抽象,这种抽象过程称为理论构造。抽象过程中必须联系真实系统与建模目标,先提出一个抽象模型对系统进行描述,以此为基础,在系统研究不断深化的过程中新的细节性因素、特征、联系和参数被认识并不断充实进来,使抽象模型具体化。最后用数学语言定量地描述系统的内在联系和变化规律,实现实际系统和数学模型间的等效关系。

系统模型的建立首先要求了解所研究对象的实际背景,明确预期目标,根据研究对象的特点,确定描述该对象系统的状态、特征和变化规律的若干基本变量。这就要求我们查阅大量资料,咨询相关领域专家,进行必要的实地调研、考察,尽可能全面掌握研究对象的各种特征信息。

2. 系统建模的原则

在系统分析中建立能较全面、集中、精确地反映系统的状态、本质特征和变化规律的数学模型是系统建模的关键。事实上,能够直接用数学公式描述的事物是很有限的。因此,在大多数情况下数学模型不可能与实际现象完全吻合。为保证数学模型尽可能逼近实际系统,建立数学模型应遵循以下原则:

(1) 简单性。从实用的观点看,由于在建模过程中忽略了一些次要因素和某些非可测变量的影响,因此实际的模型是简化了的近似模型。一般而言,在实用的前提下模型越简单越好。

(2) 清晰性。一个复杂的系统是由许多子系统组成的,因此对应的系统模型也是由许多子模型构成的。在子模型之间除为了研究目的所必需的信息联系外,互相耦合要尽可能少,结构要尽可能清晰。

(3) 相关性。模型中应该只包括系统中与研究目的有关的信息。虽然与研究目的无关的信息包括在系统模型中可能不会有很大的危害,但是它会增加模型的复杂性,在求解模型时增加额外的工作,所以应该把与研究目的无关的信息排除。

(4) 准确性。建立系统模型时,应该考虑所收集的、用以建立模型的信息的准确性,包括确认所对应的原理和理论的正确性及其适用范围,同时检验建模过程中针对系统所做的假设的正确性。例如,在建立导弹飞行动力学模型时,应将导弹视为刚体而不是质点,同时要注意导弹在高超声速运动中的特殊性。如果仅考虑导弹的射程,导弹在大气中的运动可以做相应的简化;如果考虑导弹的命中精度,就不能做这样的简化。

(5) 可辨识性。模型结构必须具有可辨识的形式。可辨识性是指系统的模型必须有确定的描述或表示方式,而在这种描述方式中与系统性质有关的参数必须具有可识别的解。若一个模型中具有无法估计的参数,则此模型不具有实用价值。

(6) 集合性。建立模型还需要进一步考虑模型的集合性,即是否能够把若干个实体组成更大的实体。例如,对防空导弹系统的研究,除了能够研究每枚导弹的发射细节和飞行规律之外,还可以综合计算多枚导弹发射时的作战效能。

3. 建模方法与步骤

1) 建模方法

建立系统的模型一般选用数学模型,以便与现代计算机结合解决现实问题。随着数学以空前的广度和深度向一切领域的渗透,以及现代计算机的出现,计算和建模重新成为中心课题,它们是数学科技转化的重要途径。随着面临的问题变得多样化和复杂化,目的和分析方法也不同,采用的数学工具和所得模型的类型也是不同的。我们不能指望归纳出若干条可以适用于一切实际问题的数学建模方法,以下基本方法不是针对具体问题而是从方法论的意义上来说的。

一般来说,建模方法可以分为以下两种方法:

(1) 分析法:根据系统的工作原理,运用一些已知的定理、定律和原理(如能量守恒定律、动量守恒定律、热力学原理、牛顿定律、各种电路定理等),明确系统机理,并据此推导出描述系统的数学模型。这种方法也称为理论建模方法。这种方法一般称为"白箱"问题,见图1.1。

分析法属演绎法,是从一般到特殊的过程,并且将模型看作是从一组前提下经过演绎而得到的结果。此时,试验数据只用来进一步证实或否定原始的原理。

演绎法存在一定的缺陷。在一定的前提下,按照演绎法,基于一组完整的公理系统将推导出一个唯一的模型,但人们对前提的选择往往会有争议。演绎法面临的另一个基本问题是实质不同的公理系统可能导致一组非常类似的模型。爱因斯坦曾经遇到过这个问题,牛顿定律与相对论是有区别的。然而,对于当前大多数试验条件而言,二者将导致极其类似的结果。

图1.1 "白箱"问题

(2)测试法:系统的动态特性必然表现在变化的输入、输出数据中。通过观测系统在人为输入作用下的输出响应,或记录系统的输入、输出数据,经过必要的数据处理和数学计算,估计出系统的数学模型。这种方法称为系统辨识,也称实验建模方法。艾什比称其为"黑箱"问题,见图1.2。

测试法属归纳法,是从特殊到一般的过程。归纳法是从系统描述分类中最低一级开始的,并试图去推断较高水平的信息。一般来讲,这样的选择不是唯一的。这个问题可以用另外一个观点来表述,有效的数据集合经常是有限的,而且常常是不充分的。事实上,模型所给出的数据在模型结构方面并不是有效的,任何一种表示都是一种对数据的外推。人们争议的问题是如何附加最少量的信息去完成这种外推。这个准则虽然是有效的,但是对于一些特殊问题很难运用,因为它没有说明如何去获得这些最少量的信息,以及什么时候获得。

图1.2 "黑箱"问题

在实际问题中如何选用建模方法主要取决于人们对于研究对象的了解程度和建模目的。如分析法目前被各门学科大量采用,但其只能作用于简单的系统,且在建模过程中需要简化,否则最终数学模型会过于复杂,不易求解。测试法不需要深入了解系统机理,但需要进行合理实验以获得大量有效的数据来建立系统的数学模型,这一点往往非常复杂。所以在实际的问题中一般将二者结合,利用分析法建立系统的模型,利用测试法分析确定模型的参数。

2)建模步骤

获得满意的模型比较难,特别是在建模阶段,它会受到客观因素和建模者主观意志的影响,所以必须对所建立的模型进行反复校验,以确保其可信度。

建模步骤如下:

(1)准备阶段。面临复杂的系统,准备阶段是繁重而琐碎的,我们应弄清问题的复杂背景、建模目的或目标,进而明确建模对象、拟解决的主要问题、如何运用模型来解决问题等。首先,要熟悉模型所属的领域,清楚建模对象是属于自然科学、社会科学还是工程技术科学等领域,不同领域的模型都具有各自的特点与规律,应当根据具体问题来寻求建模的方法与技巧;其次,建模是为了解决问题,还是为了预测、决策和设计一个新的系统,或者是兼而有之;最后,确定模型的实现形式,比如是数学模型还是仿真模型,是定性模型还是定量模型等。

(2)系统认识阶段。首先是系统建模的目标。对优化或决策问题大都有一个明确的目标(如质量最好、产量最高、能耗最少、成本最低、经济效益最好、进度最快等),同时考虑建立单目标模型还是建立多目标模型。确定目标之后,将目标表述为适用于建模的相应形式,通常表示为模型中目标的最大化或最小化。

其次是系统建模的规范。根据模型的问题要求和目标拟定模型的规范,使模型问题规范化。规范化工作包括对象问题有效范围的限定、解决问题的方式和工具要求、最终结果的精度要求及结果形式和使用方面的要求。

再次是系统建模的要素。根据模型目标和模型规范确定所应涉及的各种要素。在要素确定过程中必须选择真正起作用的因素,删除对目标无显著影响的因素,进一步明确所选因素的性质和特点,比如是确定性的还是不确定性的,能否进行定量分析等。

最后是系统建模的关系及其限制。建模者需要从模型和模型规范出发,对模型要素之间的各种影响、因果联系进行深入分析、甄别,找出重要的关系。这些关系把目标与所有要素联系为一个整体,通常用结构模型表达。结构模型可以作为系统分析的基础。按照模型规范,还必须考虑环境、范围和要求对模型的限制作用。此外,要素本身的变化也有一定限度,要素的相互影响作用只能在一定的限度内才有效。因此,建模者需要找出对模型目标、模型要素和模型关系起限制作用的各种局部性和整体性的约束条件。

(3)系统建模阶段。模型是对现实系统的近似,通常需要一种形式化表达。要素原型如何表示为要素变量,要素变量之间的关系如何表示,要素变量与模型目标之间的关系如何表示,约束条件如何表示,以及各个部分的整体性表示,特别是如何进行有关方面的数量表示,都是模型形式化问题。

建模是为了解决实际问题,模型的形式要为解决问题服务,要便于使用、便于有效地解决问题。由于建立模型的前期工作大多是从特定角度去考虑问题、分析问题,立足于全局视角,基于不同角度的分析难免造成某些不必要的交叉和重叠。模型简洁化工作要求建模者把握主次,删繁就简,在有效地反映模型问题、模型目标和模型规范的前提下使模型具有简明的表示形式。

通常可以用一个略图来定性地描述复杂系统。系统原型往往形态复杂,建模过程中必须首先对原型进行抽象、简化,把反映问题本质属性的形态、变量、参数及其关系抽象出来,删除非本质因素,使模型摆脱原型的复杂形态。同时,设定系统中的成分和因素,界定系统环境,明确系统的外部条件和约束。对于有若干子系统的系统,通常还要事先确定子系统及子系统之间的联系,并正确描述各个子系统的输入输出(I/O)关系。

明确区分模型系统中的量,比如哪些是常量,哪些是变量,哪些是已知量,哪些是未知量;同时明确各种量的地位、作用及量与量之间的关系,选择恰当的数学工具和建模方法,建立刻画实际问题的数学模型。一般地,在能够达到预期目的的前提下,所用的数学工具越简单越好,采用什么方法构造模型要根据实际问题的性质和模型假设所给出的信息而定。分析法是在对事物内在机理分析的基础上,利用建模假设所得出的建模信息和前提条件来建立模型。测试法是在系统内在机理不明的情况下根据建模假设或实际观测数据,如系统的输入、输出信息来建立模型。随着计算机科学的发展,计算机模拟有力地促进了数学建模的发展,也成为一种重要的基本建模方法,这些建模方法各有优缺点,在建模时可以同时采用,取长补短,以有效地完成建模任务。

(4)模型求解阶段。模型表示形式的完成不是建模工作的结束,如何利用模型进行计算求解也是一个十分重要的问题。模型求解常会用到传统的和现代的数学方法。复杂系统常无法用一般的数学方法求解,计算机模拟仿真是模型求解中最有力的工具之一。其方法是根据已知条件和数据,分析模型的特征和结构,设计或选择求解模型的数学方法和算法,然后编写计算机程序或运用与算法相适应的软件包,借助计算机完成模型求解。

(5)模型的分析和检验。依据建模的目的和要求,对模型求解的数字结果,或进行稳定性分析,或进行系统参数的灵敏度分析,或进行误差分析等。通过分析,如果模型不符合要求,可以通过修正或增减模型假设条件,重新建模,直到符合要求。如果模型符合要求,那么可以对模型进行评价、预测、优化等方面的分析和探讨。数学模型的建立是为系统分析服务的,因此模型应当能解释系统的客观实际。在模型分析符合要求之后还必须回到客观实际中对模型进行检验,检查模型运行结果是否符合客观实际。若模型不合格,则必须修正模型或增减模型假设条件,重新建模,不断完善,直到获得满意结果。

应当指出,并不是所有问题的建模都要经过这些步骤,有时候各步骤之间的界限也不是那么分明,建模不要拘泥于形式上的按部就班。

4. 模型的可信度

模型的可信度一方面取决于模型的种类,另一方面取决于模型的构造过程。根据构建模型的难易程度,通常可以把模型的可信度水平分为以下3种:

(1)在行为水平上的可信度,即模型是否能复现真实系统的行为。

（2）在状态结构水平上的可信度，即模型能否与真实系统在状态上互相对应，通过这样的模型对未来的行为进行有效的预测。

（3）在分解结构水平上的可信度，即模型能否表达真实系统内部的工作情况。

以上三种可信度水平又分别称为重复性、重复程度和重构性。查看这些情况的一条可行途径是将每个水平视为一种对真实系统的知识的索取。随着认识水平的提高，这种索取变得更加强烈。

不论在哪一种可信度水平上，都应当充分考虑在整个建模过程中及以后各阶段的可信度，具体如下：

（1）在演绎中的可信度。演绎分析要求逻辑关系正确、数学过程严谨。在这种条件下数学表示的可信度将取决于先验知识的可信度。先验知识的可信度往往寓于正确性和普遍性之中，不易被认可与接受。比如，历史上许多被广泛接受和普遍采用的科学结果，历经几十年甚至数百年仍然难以形成完全共识。数学模型的可信度还可以从两个途径进行分析：一是通过对前提条件正确性的研究来分析模型本身是否可信；二是通过对其他结果的验证来分析信息以及由此得到的模型的可信度。

（2）在归纳中的可信度。首先可以检查归纳程序是否符合逻辑关系正确、数学过程严谨的要求，然后通过对比模型行为与真实系统行为判断模型的可信度。

在检验过程中，可将真实系统视为数据源，通过观测输入与输出获得系统行为数据，真实系统的输入与输出关系通常用 R_1 表示。由于有效的实验数据是有限的，即在某时刻 t 能够观测、记录的数据仅仅是全部潜在的可获得数据的一部分，记作 R_2。

模型本身也是数据 R_1 的来源。在某一时刻 t 模型可信就意味着 $R_1 = R_2$。此外，可以通过分析模型数据与真实系统数据的偏离程度来判定模型的可信度。

对于具有某种统计特性的数据或运用随机过程表示的模型，往往基于模型数据与真实系统数据的偏离程度判定其可信度。人们习惯于运用统计检验方法判断实际系统与模型之间的偏离程度。

（3）目的方面的可信度。从实践的观点出发，如果运用一个模型能达到预期的目的，这个模型就是成功的、可信的。

1.1.2　仿真的基本理论与方法

系统仿真作为一种特殊的试验技术，在20世纪30年代至90年代经历了飞速发展，目前已在航空、航天、造船、兵器、生物医学、汽车、电子产品、虚拟仪器、石油化工等多个领域得到了广泛应用。

系统仿真的基本思想是利用物理或数学的模型来类比模拟现实的过程，以寻求对真实事物或过程的认识。它遵循的基本原则是相似性原理。

计算机仿真是基于所建立的系统仿真模型,利用计算机对系统进行分析和研究的技术与方法。

系统建模是根据所研究的问题按物理和数学关系建立数学模型,以描述系统当前或未来的行为,并可以用计算机程序或图形表示出来。

仿真技术主要应用于各领域的产品研究、设计、开发、测试、生产、培训、使用及维护等环节。

1. 仿真的基本概念

仿真又称为模拟,是指利用模型实现实际系统中发生的本质过程,并通过对系统模型的试验来研究存在的或设计中的系统。

仿真的重要工具就是计算机及相关仿真软件,如 MATLAB、Pro/E、SolidWorks等,仿真技术与数值计算、求解方法的重要区别是一种试验技术。

仿真过程包括仿真模型的建立和进行仿真试验两个主要步骤。

2. 仿真的分类

1)根据仿真系统的结构和实现手段分类

(1)物理仿真:按照真实系统的物理性质构造系统的物理模型,并在物理模型上进行试验的过程。物理仿真的优点是直观、形象,在计算机出现以前基本上是物理仿真;缺点是模型改变困难,试验限制多,投资较大。

(2)数学仿真:对实际系统进行抽象,并将其特性用数学关系加以描述而得到系统的数学模型,并对数学模型进行试验的过程。计算机技术的发展为数学仿真创造了环境,使得数学仿真变得方便、灵活、经济;缺点是受限于系统建模技术,即系统的数学模型不易建立。

(3)半实物仿真:又称物理数学仿真,准确称谓是硬件(实物)在回路仿真,这种仿真方法是将数学模型与物理模型甚至实物联合起来进行试验。对系统中比较简单的部分或对其规律比较清楚的部分建立数学模型,并在计算机上加以实现;而对比较复杂的部分或对其规律尚不十分清楚的系统其数学模型的建立比较困难,则采用物理模型或实物仿真时将两者连接起来完成整个系统的试验。

(4)人在回路仿真:操作人员、飞行员或航天员在系统回路中进行操作的仿真试验。这种仿真试验将对象实体的动态特性通过建立数学模型、编程在计算机上运行;此外,要求有模拟生成人的感觉环境的各种物理效应设备,包括视觉、听觉、触觉、动感等人能感觉的物理环境的模拟生成。由于操作人员在回路中,人在回路仿真系统必须实时运行。

(5)软件在回路仿真:又称为嵌入式仿真,这里所指的软件是实物上的专用软件。控制系统、导航系统和制导系统广泛采用数字计算机,通过软件进行控制、导航和制导的运算,软件的规模越来越大,功能越来越强。许多设计思想和核心技术都反映在应用软件中,因此软件在系统中的测试愈显重要。这种仿真试验将系统用计算机与仿真计算机通过接口对接进行系统试验。接口的作用是将不同格式的数字信息进行转换。软件在回路中仿真一般情况下要求实时运行。

2)根据仿真所采用的计算机类型分类

(1)模拟计算机仿真:模拟计算机是20世纪50年代出现的,由运算放大器组成的模拟计算装置包括运算器、控制器、模拟结果输出设备和电源等。模拟计算机的基本运算部件为加(减)法器、积分器、乘法器、函数器和其他非线性部件。这些运算部件的输入输出变量都是随时间连续变化的模拟量电压,故称为模拟计算机。

模拟计算机仿真是以相似原理为基础的实际系统中的物理量,如距离、速度、角度和质量等都用按一定比例变换的电压来表示实际系统某物理量随时间变化的动态关系和模拟计算机上与该物理量对应的电压随时间的变化关系是相似的。因此,原系统的数学方程和模拟计算机上的方程是相似的。只要原系统能用微分方程、代数方程或逻辑方程描述,都可以在模拟计算机上求解。

模拟计算机仿真具有以下特点:

①能快速求解微分方程。模拟计算机运行时各运算器是并行工作的,模拟计算机的解题速度与原系统的复杂程度无关。

②可以灵活设置仿真试验的时间标尺。模拟计算机仿真既可以进行实时仿真,也可以进行非实时仿真。

③易于和实物相连接。模拟计算机仿真是用直流电压表示被仿真的物理量。因此和连续运动的实物系统连接时一般不需要模拟信号到数字信号、数字信号到模拟信号的转换装置。

④模拟计算机仿真的精度受到电路元件精度的制约和易受外界干扰,一般低于数字计算机仿真,且逻辑控制功能较差,自动化程度也较低。

(2)数字计算机仿真:数字计算机仿真是将系统的数学模型用计算机程序加以实现,通过运行程序来得到数学模型的解,从而达到系统仿真的目的。数字计算机的基本组成是存储器、运算器、控制器和外围设备等。由于数字计算机只能对数码进行操作,因此任何动态系统在数字计算机上进行仿真时都必须将原系统变换成能在数字计算机上进行数值计算的离散时间模型。故数字计算机仿真需要研究各种仿真算法,这是数字计算机仿真与模拟计算机仿真最基本的差别。

数字计算机仿真的特点如下:

①数值计算的延迟。任何数值计算都有计算时间的延迟,延迟与计算机本身的存取速度、运算器的解算速度、所求解问题本身的复杂程度及使用的算法有关。

②仿真模型的数字化。数字计算机对仿真问题进行计算时采用数值计算,仿真模型必须是离散模型,若原始数学模型是连续模型,则必须转换成适合数字计算机求解的仿真模型,因此需要研究各种仿真算法。

③计算精度高。特别是在工作量很大时,与模拟计算机比更显其优越性。

④实现实时仿真比模拟仿真困难。对复杂的快速动态系统进行实时仿真时,

对数字计算机本身的计算速度、存取速度等要求高。

⑤利用数字计算机进行半实物仿真时需要有模/数(A/D)、数/模转换装置与连续运动的实物连接。

(3)数字模拟混合仿真:本质上,模拟计算机仿真是一种并行仿真,即仿真时代表的各部件是并发执行的。早期的数字计算机仿真则是一种串行仿真,因为计算机只有一个中央处理器(CPU),计算机指令只能逐条执行。为了发挥模拟计算机并行计算和数字计算机强大的存储记忆及控制功能,以实现大型复杂系统的高速仿真。20世纪60—70年代,在数字计算机技术还处于较低水平时产生了数字模拟混合仿真,即将系统模型分为两部分,一部分在模拟计算机上运行,另一部分在数字计算机上运行,两个计算机之间利用A/D、D/A转换装置交换信息。

混合仿真系统的特点如下:

①数字模拟混合仿真系统可以充分发挥模拟仿真和数字仿真的特点。

②仿真任务同时在模拟计算机和数字计算机上执行,这就存在按什么原则分配模拟计算机和数字计算机的计算任务的问题。模拟计算机承担精度要求不高的快速计算任务,数字计算机则承担高精度、控制逻辑复杂的慢速计算任务。

③数字模拟混合仿真的误差包括模拟计算机误差、数字计算机误差和接口操作转换误差,这些误差在仿真中均应予以考虑。

④一般数字模拟混合仿真需要专门的混合仿真语言来控制仿真任务的完成。随着数字计算机技术的发展,其计算速度和并行处理能力的提高,模拟计算机仿真和数字模拟混合仿真已逐步被全数字计算机仿真取代。因此,目前的计算机仿真一般指的是数字计算机仿真。

3)根据仿真时钟和实际时钟的比例关系分类

实际动态系统的时间称为实际时钟。系统仿真时模型采用的时钟称为仿真时钟。根据仿真时钟与实际时钟的比例关系,系统仿真分类如下:

(1)实时仿真:仿真时钟与实际时钟完全一致,也就是模型仿真的速度与实际系统运行的速度相同。当被仿真的系统中存在物理模型或实物时,必须进行实时仿真,如各种训练仿真器就是这样,因此也称为在线仿真。

(2)亚实时仿真:仿真时钟慢于实际时钟,也就是模型仿真的速度小于实际系统运行的速度。对仿真速度要求不苛刻的情况一般采用亚实时仿真,如大多数系统离线研究与分析,因此也称为离线仿真。

(3)超实时仿真:仿真时钟快于实际时钟,也就是模型仿真的速度大于实际系统运行的速度。如大气环流的仿真、交通系统的仿真、生物进化(宇宙起源)的仿真等。

3. 仿真的过程

系统仿真的过程如下:

(1)针对实际系统建立其模型。建模与形式化的任务是根据研究和分析的目的确定模型的边界,因为任何一个模型只反映实际系统的某一部分或某一方面,也就是说,一个模型只是实际系统的有限映象。另外,为了使模型具有可信度,必须具备对系统的先验知识及必要的试验数据。特别是,必须对模型进行形式化处理,以得到计算机仿真所要求的数学描述。模型可信度检验是建模阶段的最后一步,也是必不可少的一步,只有可信的模型才能作为仿真的基础。

(2)仿真建模。根据系统的特点和仿真的要求选择合适的算法,当采用该算法建立仿真模型时,其计算的稳定性、计算精度、计算速度应能满足仿真的需要。

(3)程序设计。将仿真模型用计算机能执行的程序来描述,程序中还要包括仿真实验的要求,如仿真运行参数、控制参数、输出要求等。早期的仿真往往采用高级语言编程,随着仿真技术的发展,人们研制出了一大批适用不同需要的仿真语言,大大减少了程序设计的工作量。

(4)程序检验。一方面是程序调试,更重要的是要检验所选仿真算法的合理性。

(5)对模型进行试验。根据仿真的目的对模型进行多方面的试验,相应地得到模型的输出。

(6)对仿真输出进行分析。以往,输出分析的方法未能引起人们的重视。实际上,输出分析在仿真活动中占有十分重要的地位。特别是,对离散事件系统来说其输出分析甚至决定着仿真的有效性。输出分析既是对模型数据的处理(以便对系统性能做出评价),也是对模型的可信度进行检验。

上面,仅对仿真过程的主要步骤进行了简要说明。在实际的仿真时,上述每一个步骤往往需要多次反复和迭代。

4. 仿真技术的特点

(1)安全性。仿真技术在应用上的安全性一直是被重用的最主要原因,所以航空、航天、武器系统过去曾经是仿真技术应用的最主要领域,直到现在仍然占据着很高的比例。20世纪60年代以后,核电站及潜艇等领域也由于安全性,广泛采用仿真技术来设计这类系统以及培训这类系统的人员。

(2)经济性。仿真技术在应用上的经济性也是被采用的十分重要的因素,如"阿波罗"登月计划、战略防御系统、计算机集成制造系统等大型的发展项目都十分重视仿真技术的应用。这是因为这些项目投资极大,有相当的风险,而仿真技术的应用可以较小的投资换取风险上的大幅降低。

(3)可重复性。由于计算机仿真运行的是系统的模型,在模型确定的情况下,稳定系统的输入条件可以复现某一仿真过程,这样可以在稳定试验条件下对系统进行重复的研究,也可以通过过程复现培养受训人员的反应处理能力,提高训练效果,如飞行模拟器、电厂仿真器训练中的故障功能设置。

1.2 建模与仿真技术发展现状

1.2.1 建模技术发展现状

随着科学技术的迅速发展,越来越多的问题被转化为模型计算的优化。电气工程师必须建立生产所需的模型,用模型来对控制装置做出相应的设计,才能实现有效的技术控制;气象工作者为了得到准确的天气预报,一刻也离不开气象站、气象卫星汇集的气压、雨量、风速等资料建立的模型;城市规划者也需要建立一个人口、经济、交通、环境等大系统的模型,为领导层对城市发展规划的决策提供科学依据。对于广大的科学技术人员和应用数学工作者,建立模型是解决现实问题的一个好工具。

供应链管理主要是通过加强供应链中各活动与实体间的信息交流和协调,以使其中的物流和资金流保持畅通,实现供需平衡,同时增大流量。建立供应链模型是为了支持供应链管理中的各项分析和决策活动,这些活动按内容和时间范围可分为策略性的和经营性的。由于不同层次的决策处理的问题不同,因此需要的模型也各不相同,策略性决策由于涉及的范围很广,因此模型巨大,且需要大量的数据;而经营性决策由于关心的是供应链的日常运作,考虑的范围比较小,因此使用的模型通常具有较强的针对性,能够考虑较多的细节。目前,国内一些企业也已经自发地实施供应链管理,取得了较好的效果,但应用水平和范围还有待进一步提高。

为了研究日趋复杂的液压系统并满足其动静态性能,利用计算机仿真对液压系统进行设计已成为重要手段。利用计算机对液压元件和系统进行仿真研究和应用已有 30 多年的历史。随着流体力学、现代控制理论、算法理论和可靠性理论等相关学科的发展,特别是计算机技术的迅猛发展,液压仿真技术也得到快速发展并日益成熟,越来越成为液压系统设计人员的有力工具。

三维地质建模技术是地球空间信息科学的重要组成部分,它是地质理论与计算机三维可视化技术有机结合的产物,是在三维的环境下运用地质统计学、空间信息管理技术、空间分析和预测技术进行地质体的三维空间构造,并对其进行地质解释。三维地质建模技术是把海量的地质数据描绘成数据"风景画"和三维地质模型,强调了地质成果表达的数字化、立体化、可视化、智能化与通俗实用,使地质图件形象生动、直观易懂,易于被非专业人士理解与应用,是国土资源与地质调查、城市发展和社会信息化的必然趋势。

在 20 世纪 40 年代,模拟计算机仿真技术第一次进入了人们的研究领域中;到

50年代初,发展了数字仿真技术;60年代初在计算机语言不断发展的基础上,与数字仿真技术结合,实现了利用仿真语言进行仿真;80年代实现了面向对象的仿真技术,为现代的仿真技术提供了强有力的支撑。计算机仿真技术与科学理论和试验研究并称为认识和改变世界的工具。无论在飞机、坦克等国防工业中,还是在收割机、拖拉机等农业机械中,或者是汽车起重机、履带推土机等工程机械中,液压建模仿真技术都被广泛应用。因此,液压建模仿真技术为世界工业的稳步发展奠定了良好的基础。

1.2.2 仿真技术发展现状

一般来说,凡是需要有一个或一组熟练人员进行操作、控制、管理与决策的实际系统,都需要对这些人员进行训练、教育与培养。早期的培训大都是在实际系统或设备上进行的。随着系统规模的加大、复杂程度的提高,特别是造价日益升高,训练时操作不当引起破坏而带来的损失大大增加,因此提高系统运行的安全性事关重大。以发电厂为例,美国能源管理局的报告认为,电厂的可靠性可以通过改进设计和加强维护来改善,但只能占提高可靠性的 20% ~ 30%,其余要依靠提高运行人员的素质来提高,可见人员训练对这类系统的重要性。为了解决这些问题,需要有这样的系统,它能模拟实际系统的工作状况和运行环境,又可避免采用实际系统时可能带来的危险性及高昂的代价,这就是训练仿真系统。

训练仿真系统是利用计算机并通过运动设备、操纵设备、显示设备、仪器仪表等复现所模拟的对象行为,并产生与之适应的环境,从而成为训练操纵、控制或管理这类对象的人员的系统。

根据模拟对象、训练目的,可将训练仿真系统分为三大类型:

(1)载体操纵型仿真系统:与运载工具有关的仿真系统,包括航空、航天、航海、地面运载工具,以训练驾驶员的操纵技术为主要目的。

(2)过程控制型仿真系统:用于训练各种工厂(如电厂、化工厂、核电站、电力网等)的运行操作人员。

(3)博弈决策型仿真系统:用于企业管理人员(厂长、经理)、交通管制人员(火车调度、航空管制、港口管制、城市交通指挥等)和军事指挥人员(空战、海战、电子战等)的训练。

我国在研制各类训练仿真系统方面已经取得了不少成果,如用于飞机起落训练的飞行仿真器、用于舰船进出港训练的船舶操纵训练仿真器、用于电厂运行人员训练的电厂训练仿真器以及用于海战训练的海军战术训练仿真器。

近年来,分布交互式训练仿真系统得到广泛的注意,这类系统将分布在不同地点、行业已存在的各种不同类型的训练仿真系统,通过计算机网络进行集成,从而实现更大规模的综合训练。典型的是美国 SIMNET,它把分布在美国和德国 11 个城市的 260 个地面装甲车辆仿真器和飞行模拟器集成起来,形成一个广域战场进行多兵种合成训练。事实上,在 1989 年的海湾战争准备中,美国采用了该系统进行与伊拉克的地面战斗的准备。

1. 仿真在产品开发和制造中的作用

进入 20 世纪 90 年代以来,"虚拟产品开发"(virtual product development)技术引起了人们的广泛关注,近几年来人们又进一步提出了虚拟制造(virtual manufacture)的概念。

虚拟制造是实际制造过程在计算机上的本质实现,即采用计算机仿真与虚拟现实技术,在计算机上群组协同工作,在计算机上建立产品的三维全数字化模型,在计算机上制造产生许多"软样机",从而在设计阶段就可以对所设计的零件甚至整机进行可制造性分析,包括加工过程的工艺分析、铸造过程的热力学分析、运动部件的运动学分析以及整机的动力学分析等,甚至包括加工时间、加工费用、加工精度分析等。设计人员或用户甚至可"进入"虚拟的制造环境检验其设计、加工、装配和操作,而不依赖传统的原型样机的反复修改。这样使得产品开发不再主要依赖经验,发展到了全方位预报的新阶段。可以说,虚拟制造就是实际制造在计算机上的实质体现,是仿真技术以制造过程为对象的全方位应用。

比较典型的例子有波音 777 飞机,其整机设计、部件测试、整机装配以及各种环境下的试飞均是在计算机上完成的,其开发周期从过去的 8 年缩短到 5 年。又如,Perot System Team 利用 Dench Robotics 开发的 QUEST 及 IGRIP 设计与实施一条生产线,在所有设备订货之前,对生产线的运动学、动力学、加工能力等各方面进行了分析与比较,使生产线的实施周期从传统的 24 个月缩短到 9.5 个月。Chrysler 公司与 IBM 公司合作开发的虚拟制造环境用于其新型车的研制,在样车生产之前发现其定位系统的控制及其他许多设计缺陷,缩短了研制周期。

2. 仿真技术在计算机集成制造系统中的应用

以计算机集成制造系统(computer integrated manufacturing system,CIMS)为例,进一步说明仿真技术在系统生命周期的 4 个阶段,即需求分析、系统设计、系统实施与运行维护中的应用。

1) CIMS 的需求分析仿真

CIMS 需求分析阶段的主要任务是在系统分析的基础上进行需求定义,确定系统的功能模型,该阶段要进行系统效益-费用分析。由于此时实际系统并不存在,可以根据不同功能模型建立不同的系统动态模型,以比较不同方案的优劣。尽管在此阶段系统的模型粒度比较粗糙,但仍可为设计人员提供不同方案下系统效益-费用的定量评价。

2) CIMS 的系统设计仿真

系统设计阶段需要确定系统的结构,如系统中网络结构、数据库结构以及生产系统的物理布局等。通过建立设计对象的模型,仿真实际上是未来系统的数字样机,它能对未来系统的操作进行描述(如操作逻辑、时序、位置等)。数字样机在计算机上运行,模拟在不同结构或不同参数下系统的行为,从而可对未来系统的行为进行"预见",发现设计方案中的薄弱环节。例如,物料储运系统中运输路径规划是否合理、仓库容量设置是否适中、货物存放与进出规则如何选择等,均可通过仿真加以确定。

3) CIMS 的系统实施仿真

CIMS 的系统实施是一个分步实现的过程,仿真是子系统测试和整个系统测试不可缺少的工具。仿真提供模拟环境,并建立与已经实现的物理系统连接的接口。在仿真环境下给定各种条件,测试被测系统的性能。这些条件可以根据需要自由地进行定义,从而保证了测试的完备性。

4) CIMS 的运行维护仿真

系统投入运行时,难免产生意想不到的问题或缺陷,仿真可成为实际系统分析器,即在计算机中重构发生问题的环境(模型),通过运行模型重现所发生的问题,从而在模型中去寻找发生问题的原因,为解决实际系统的问题提供可靠的依据和途径,不必担心对实际系统造成危害或影响。

在正常运行时,仿真可为决策提供支持环境。CIMS 中存在诸多决策点,如物料需求计划的确认、订货与交货计划的制订、生产计划的可行性分析、作业计划调度等。仿真软件可与实际系统并发运行,或嵌入有关模块中。此时,仿真可视为实际系统的预测器,为决策提供准确而详细的数据和决策依据。仿真技术之所以得到迅速发展,其根本的动力来自应用,而仿真技术的广泛应用又反过来促进了仿真技术的进一步发展。

1.3 小结

本章主要介绍了建模与仿真的基本理论与方法,并针对建模技术和仿真技术的发展现状进行了总结,为后面学习做准备。通过对 MATLAB 的介绍,读者可以了解今后是在怎样一个平台上进行编程、仿真工作。

MATLAB 语言也是需要读者掌握的,如 MATLAB 的矩阵、程序流程控制等都是十分重要的。MATLAB 是矩阵实验室的意思,所以矩阵的运算在 MATLAB 语言中有着举足轻重的地位。M 文件是读者施展编程才能的地方,利用文件编辑器编写所需代码,并生成脚本文件或函数文件,然后执行程序得到运行结果,是整个编程的流程。

第2章
数学建模与计算

数值分析是数学的一个分支,它是利用计算机求解各种数学问题的数值方法及相关理论。目前,科学计算能力已经成为一个国家科技发展水平的重要标志。

2.1 插值分析与计算

在科技工程中,除了要进行一定的理论分析外,通过实验对所得数据进行分析、处理也是必不可少的一种方法。由于实验测定实际系统的数据具有一定的代表性,因此在处理时必须充分利用这些信息,又由于测定过程中不可避免会产生误差,故在分析经验公式时又必须考虑这些误差的影响,两者相互制约。因此,应合理建立实际系统数学模型。MATLAB 提供了丰富的函数指令实现数据的数值插值,本章具体讲解数据的插值与分析等内容。

2.1.1 拉格朗日插值方法

已知 $n+1$ 个数据点 (x_i, y_i) $(i=1,2,3,\cdots,n)$,n 次拉格朗日(Lagrange)插值公式为:

$$L_n = \sum_{i=0}^{n} y_i \prod_{\substack{j=0 \\ j \neq i}}^{n} \frac{x - x_i}{x_i - x_j} \tag{2.1}$$

特别地,当 $n=1$ 时,有

$$L_1 = y_0 \frac{x - x_1}{x_0 - x_1} + y_1 \frac{x - x_0}{x_1 - x_0}$$

当 $n=2$ 时,有

$$L_2 = y_0 \frac{(x - x_1)(x - x_2)}{(x_0 - x_1)(x_0 - x_2)} + y_1 \frac{(x - x_0)(x - x_2)}{(x_1 - x_0)(x_1 - x_2)} + y_2 \frac{(x - x_0)(x - x_1)}{(x_1 - x_0)(x_2 - x_1)}$$

称为抛物线插值或二次插值。

在 MATLAB 中编程实现的拉格朗日插值法函数为 lagrange( )
调用格式：
$$f = \mathrm{lagrange}(x,y) \text{ 或 } f = \mathrm{lagrange}(\boldsymbol{x},\boldsymbol{y},x_0)$$

式中：x 为已知数据点的 x 坐标向量；y 为已知数据点的 y 坐标向量；x_0 为插值点的 x 坐标；f 为求得的拉格朗日插值多项式或在 x_0 处的插值。

编写拉格朗日插值函数如下：

```
n = length(x0);
m = length(x);
for i = 1:m
      z = x(i);
      s = 0;
      for k = 1:n
          p = 1;
          for j = 1:n
              if j ~ = k
                  p = p * (z - x0(j))/(x0(k) - x0(j));
              end
          end
          s = s + p * y0(k);
      end
      y(i) = s;
end
end
```

【例 2 - 1】$f(x) = \dfrac{1}{1+x^2}$ 在 $[-5,5]$ 上各阶导数存在，但在此区间取 n 个节点构造的拉格朗日插值多项式在此区间并非都收敛，而是发散得很厉害。

MATLAB 程序如下：

```
clc
clear
close all
x = -5:1:5;
y = 1./(1 + x.*x);
xj = -5:0.01:5;
yj = 1./(1 + xj.*xj);
plot(xj,yj,'linewidth',2)
hold on
yh = lagrange(x,y,xj);
```

```
plot(xj,yh,'r - -','linewidth',2)
grid on;
xlabel('x'),ylabel('y')
legend ('原数据曲线','插值曲线')
```

运行程序,输出结果如图2.1所示。

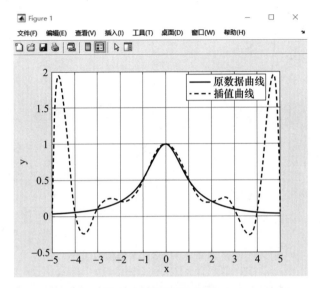

图2.1 拉格朗日插值

由图2.1可知,一般避免多项式次数超过四次方。为避免龙格(Runge)现象提出分段插值。

【例2-2】求测量点数据见表2.1所列,用拉格朗日插值在[-0.2,0.3]区间以0.01为步长进行插值。

表2.1 测量点数据

x	0.1	0.2	0.15	0	-0.2	0.3
y	0.95	0.84	0.86	1.06	1.5	0.72

MATLAB程序如下:

```
clear
x =[0.1,0.2,0.15,0,-0.2,0.31];
y =[0.95,0.84,0.86,1.06,1.50,0.72];
xi = -0.2:0.01:0.3;
yi = lagrange(x,y,xi);
plot(x,y,'o',xi,yi,'k');
title('lagrange');
```

运行程序,输出结果如图 2.2 所示。

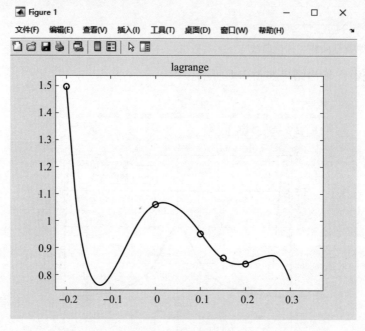

图 2.2 拉格朗日插值

从图 2.2 中可以看出,拉格朗日插值的一个特点是拟合出的多项式通过每一个测量数据点,观测趋势与图形。

2.1.2 牛顿均差插值

拉格朗日插值理论在很多方面都有应用,但是就插值问题而言,如果增加一个插值基点,原先计算的插值多项式 $p_n(x)$ 对 $p_{n+1}(x)$ 没有用,这样必然增加计算工作量,尤其在没有计算机的情况下这个问题更加突出。我们期望增加插值基点时原先的计算结果对后面的计算仍然有用,本实验的牛顿插值方法就具备这样的特点。

牛顿均差插值公式为

$$N_n = f(x_0) + \sum_{k=1}^{n} f(x_0, x_1, x_2, x_3, \cdots, x_k) \prod_{j=0}^{k-1}(x - x_j) \qquad (2.2)$$

式中:$f(x_0, x_1, x_2, x_3, \cdots, x_k)$ 为 k 阶均差,可由表 2.2 计算得到。

拉格朗日插值和牛顿均差插值本质上一样的,只是形式不同,因为插值多项式是唯一的。

系数的计算过程如表 2.2 所列。

表 2.2 均差计算

	一阶差商	二阶差商	三阶差商	…	n 阶差商
$f(x_0)$					
$f(x_1)$	$f[x_0,x_1]$				
$f(x_2)$	$f[x_0,x_2]$	$f[x_0,x_1,x_2]$			
$f(x_3)$	$f[x_0,x_3]$	$f[x_0,x_1,x_3]$	$f[x_0,x_1,x_2,x_3]$		
…	…	…	…	…	
$f(x_n)$	$f[x_0,x_n]$	$f[x_0,x_1,x_n]$	$f[x_0,x_1,x_2,x_n]$	…	$f[x_0,x_1,\cdots,x_n]$

$f(x)$ 的差商为

$$f[x_k]=f(x_k)$$

$$f[x_{k-1},x_k]=\frac{f[x_k]-f[x_{k-1}]}{x_{k-1}-x_k}$$

$$f[x_{k-2},x_{k-1},x_k]=\frac{f[x_{k-1},x_k]-f[x_{k-2},x_{k-1}]}{x_{k-2}-x_k}$$

$$\cdots$$

$$f[x_{k-j},x_{k-j+1},\cdots,x_k]=\frac{f[x_{k-j+1},\cdots,x_k]-f[x_{k-j},\cdots,x_{k-1}]}{x_k-x_{k-j}}$$

故牛顿均差插值公式为

$$N_n=f(x_0)+\sum_{k=1}^{n}f(x_0,x_1,x_2,x_3,\cdots,x_k)\prod_{j=0}^{k-1}(x-x_j)$$

根据牛顿插值公式就可以对给定的数据进行处理。

在 MATLAB 中编程实现的均差形式的牛顿插值法函数为 Newton( )。

功能：求已知数据点的均差形式的牛顿插值多项式。

调用格式：

$$x_r=\text{Newton}(\text{fun},x_0,D)$$

在 MATLAB 中实现利用均差的牛顿插值的代码如下：

```
function N = Newton( x,y,t )
% Newton 为牛顿均差插值,其中 x 为 X 坐标向量
% y 为 Y 坐标向量,t 为插值点
syms     p;    % 定义符号变量
N = y(1);  % 表示初始化为 f(x0)
dd = 0;
dxs = 1;
n = length(x);
% 注意,这里的 n 与书中公式不一样,程序中 n 表示有 n 个值,书中公式中表示有 n+1 个值
% 构造牛顿插值方法
for i = 1:n-1
```

```
        for j = i+1:n
% 两次循环嵌套,可以成功生成 f[x0,x1]到 f[x0,…,xn]
            dd(j) = (y(j)-y(i))/(x(j)-x(i));% 注意大循环的最后一行,
            % 从第 2 次起,此处的 y 数组已经更新为上一阶的差商
        end
        temp1(i) = dd(i+1);
% 计算对应本次循环(x-x0)……(x-xi)部分的 f[x0,x1,……]
        dxs = dxs*(p-x(i));      % 除 f[x,x1,…]之外的(x-x0)……(x-xn-1);
        N = N + temp1(i)*dxs;    % 累加得 f(x)
        y = dd;                  % 用于更新 y 的数组,使 y 数组变为这一阶的差商
end
    simplify(N);                 % 以上为计算部分,下面是输出规则
if(nargin == 2)                  % 当输入的参数为两个的时候,输出函数式
        N = subs(N,'p','x');
        N = collect(N);          % 合并同类项,次数相等的系数合并
        N = vpa(N,4);            % 设置精度,为有效数字位数
else
        % 读取要插值点的向量长度,可以直接对多点插值计算
        % 表示如果最后一个参数输入一个数组的话,可以得到对应数量的结果
        m = length(t);
        for i = 1:m
          temp(i) = subs(N,'p',t(i));
        end
        N = temp;
end
```

【例 2-3】$f(x) = \dfrac{1}{1+x^2}$在[-5,5]上各阶导数存在,但在此区间取 n 个节点构造的牛顿插值多项式在此区间并非都收敛,而是发散得很厉害。

MATLAB 程序如下:

```
clc,clear,close all
x = -5:1:5;
y = 1./(1+x.*x);
% 画精确解曲线
xj = -5:0.01:5;
yj = 1./(1+xj.*xj);
plot(xj,yj,'linewidth',2)
hold on
% 高次多项式插值
```

```
yh = Newton(x,y,xj);
plot(xj,yh,'r - -','linewidth',2)
grid on;
xlabel('x')
ylabel('y')
legend('原数据曲线','插值曲线')
```

运行程序,输出结果如图 2.3 所示。

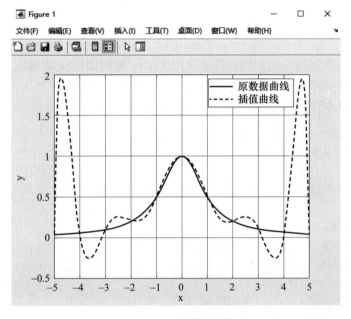

图 2.3 牛顿均差插值

对比图 2.1 和图 2.3 可知,拉格朗日插值和牛顿均差插值本质上是一样的。

2.1.3 埃尔米特插值

在许多实际插值问题中,为使插值函数能更好地与原来的函数重合,不但要求二者在节点上函数值相等,而且要求相切,对应的导数值也相等,甚至要求高阶导数也相等。这类插值称作切触插值,或埃尔米特(Hermite)插值。满足这种要求的插值多项式就是埃尔米特插值多项式。

已知 n 个插值节点 $x_1, x_2, \cdots, x_n$ 和对应的函数值 $y_1, y_2, \cdots, y_n$ 以及一阶导数值 $y_1', y_2', \cdots, y_n'$,则在插值区域内,埃尔米特插值多项式的表达式为

$$H(x) = \sum_{i=1}^{n} h_i [(x_i - x)(2a_i y_i - y_i') + y_i] \qquad (2.3)$$

其中：
$$y_i = y(x_i), y'_i = y'(x_i)$$

步长和系数表达式分别为
$$h_i = \prod_{\substack{j=1 \\ j \neq i}}^{n} \left(\frac{x - x_j}{x_i - x_j} \right)^2, a_i = \sum_{\substack{j=1 \\ j \neq i}}^{n} \frac{1}{x_i - x_j}$$

在 MATLAB 中编程实现的埃尔米特插值法函数为 Hermite( )。

功能：求已知数据点的埃尔米特插值多项式。

调用格式：
$$\text{herm} = \text{Hermite}(\boldsymbol{x}, \boldsymbol{y}, \text{d}\boldsymbol{y}, x_0)$$

式中：herm 为求得的埃尔米特插值多项式或在 x_0 处的插值；$\boldsymbol{x}$ 为数据 x 坐标向量；$\boldsymbol{y}$ 为数据 y 坐标向量；d$\boldsymbol{y}$ 为已知数据点的导数向量；x_0 为插值点的 x 坐标。

在 MATLAB 中实现埃尔米特插值的代码如下：

```
function herm = Hermite(x,y,dy,x0)
% 求已知数据点的埃尔米特插值多项式
% x 坐标向量：x,y 坐标向量：y
% 导数向量：dy 插值点的 x 坐标：x0 求得的埃尔米特插值多项式或在 x0 处的插值：herm
format long
% 指定数据类型
syms t; % 参变量 t
fun1 = 0; % 初值
if (length(x) = =length(y))
    if(length(y) = = length(dy))
        nn = length(x);
    else
        return;
    end
else
    return;
end
for i = 1:nn
    h = 1;
    a = 0;
    for j = 1:nn
        if(j ~ =1)
            h = h*(t-x(j))^2/((x(i) - x(j))^2);
            a = a +1/(x(i) -x(j));
        end
```

```
        end
        fun1 = fun1 + h * (x(i) - t) * (2 * a * y(i) - dy(i)) + y(i);
        if (i == nn)
            if (nargin == 4)
                fun1 = subs(fun1,'t',x0);
            else
                fun1 = vpa(fun1,6);
            end
        end
end
herm = fun1;
```

【例2-4】埃尔米特插值法应用实例。根据表2.3所列的数据点求出其埃尔米特插值多项式。

表2.3 数据点

x	0.5	1.0	1.5	2.0	2.5
y	1	1.1	1.2	1.3	1.4
y'	0.5000	0.4	0.3	0.25	0.2

MATLAB程序如下:

```
clc
clear
close all
format short
hold off
x = 0.5:0.5:2.5;
y = [1,1.1,1.2,1.3,1.4];
y_1 = [0.5,0.4,0.3,0.25,0.2];
f = Hermite(x,y,y_1);
f2 = Hermite(x,y,y_1,1.44);
format short
subs(f,'t',1.44)
t = 1:0.1:1.8;
nt = size(t);
for i = 1:nt(1,2)
    fy(1,i) = double(subs(f,'t',t(1,i)));
end
plot(x,y,'linewidth',2)
hold on
grid on
```

```
plot(t,fy,'r','linewidth',2)
legend('原始数据','插值')
```

运行程序,输出结果如图2.4所示。

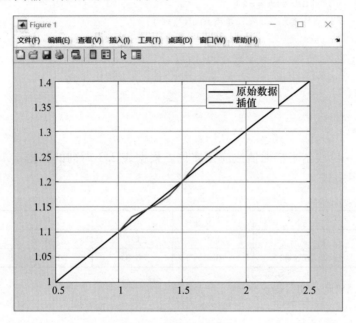

图2.4 埃尔米特插值

输出插值图形如图2.4所示,采用埃尔米特插值时,插值精度较高。

【例2-5】已知某次试验中测得的某质点的速度和加速度随时间的变化,如表2.4所列,求质点在时刻1.8处的速度。

表2.4 试验数据

t	0.1	0.5	1	1.5	2	2.5	3
y	0.95	0.84	0.86	1.06	1.5	0.75	1.9
y'	1	1.5	2	2.5	3	3.5	4

MATLAB程序如下:

```
clear
t=[0.1 0.5 1 1.5 2 2.5 3];
y=[0.95 0.84 0.86 1.06 1.5 0.72 1.9];
y1=[1 1.5 2 2.5 3 3.5 4];
yy=hermite(t,y,y1,1.8);
yy=1.3298;
t1=[0.1:0.01:3];
```

```
yy1 = hermite(t,y,y1,t1);
plot(t,y,'o',t,y1,'b*',t1,yy1)
```

运行程序,输出结果如图 2.5 所示。

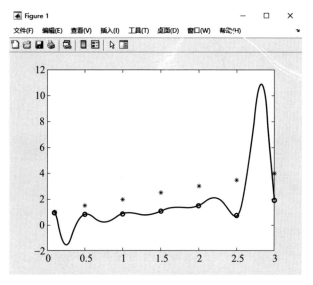

图 2.5　埃尔米特插值

【例 2-6】为了鉴别 x、y 两种型号的分离机析出某元素的效率高低,取出 8 批溶液,分别给 x、y 两机处理,析出效果见表 2.5,比较 5 号溶液在两机上的析出效果。

表 2.5　试验数据

批号	1	2	3	4	5	6	7	8
x	4.0	3.5	4.1	5.5	4.6	6.0	5.1	4.3
y	3.0	3.0	3.8	2.1	4.9	5.3	3.1	2.7

MATLAB 程序如下:

```
clear
t = [0 2 3 4 5 6 7 8];
x = [4.0 3.5 4.1 5.5 4.6 6.0 5.1 4.3];
y = [3.0 3.0 3.8 2.1 4.9 5.3 3.1 2.7];
yy = hermite(t,x,y,5);
yy = 4.6000;
t1 = [1:0.1:8];
yy1 = hermite(t,x,y,t1);
plot(t,x,'o',t,y,'^',t1,yy1)
```

运行程序,输出结果如图 2.6 所示。

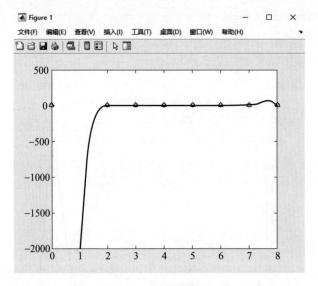

图 2.6 埃尔米特插值

由图 2.5 与图 2.6 所知,埃尔米特插值曲线更加平稳润滑,能够更好地用于实际问题分析与解决,需要重点掌握与熟知。

2.1.4 三次样条插值

在工程实际中,往往要求一些图形是二阶光滑的,如高速飞机的机翼形线。早期的工程制图在作这种图形的时候,将样条 spline,富有弹性的细长木条固定在样点上,其他地方自由弯曲,然后画出长条的曲线,称为样条曲线。实际上它是由分段三次曲线连接而成,在连接点上要求二阶导数连续。这种方法在数学上被概括发展为数学样条,最常用的是三次样条函数。

三次样条插值即在每个分段(子区间)内构造一个三次多项式,除使其插值函数满足差值条件外还要求在各个节点处具有光滑的条件(导数存在)。

三次样条函数 $s(x)$ 在每个子区间 $[x_{i-1}, x_i]$ 上可由 4 个系数唯一确定。因此,$s(x)$ 在 $[a,b]$ 上有 $4n$ 个待定系数。由于 $s(x) \in C^2[a,b]$,则有

$$\begin{cases} s(x_i - 0) = s(x_i + 0) \\ s'(x_i - 0) = s'(x_i + 0) \\ s''(x_i - 0) = s''(x_i + 0) \end{cases} \quad (i = 1, 2, 3, \cdots, n-1)$$

为了确定 $s(x)$,通常还需要补充边界条件。常用的边界条件分为 3 类:

(1) 给定两边界节点处的一阶导数 $y'_0(x_0) = f'(x_0)$,$y'_0(x_n) = f'(x_n)$,并要求 $s(x)$ 满足 $s'(x_0) = y'_0(x_0)$,$s'(x_n) = y'_0(x_n)$。

(2) 给定两边界节点处的二阶导数 $y''_0(x_0) = f''(x_0), y''_0(x_n) = f''(x_n)$，并要求 $s(x)$ 满足 $s''(x_0) = y''_0(x_0), s''(x_n) = y''_0(x_n)$。

特别地，若 $y''_0 = y''_n = 0$，则所得的样条称为自然样条。

(3) 被插函数 $f(x)$ 是以 $x_n - x_0$ 为周期的周期函数，要求 $s(x)$ 满足 $s(x_0) = s(x_n), s'(x_0 + 0) = s'(x_n - 0), s''(x_0 + 0) = s''(x_n - 0)$。

在 MATLAB 中，提供了 spline 函数进行三次样条插值，其调用格式如表 2.6 所列。

表 2.6 spline 调用格式

调用格式	说明
$pp = \text{spline}(x, Y)$	计算出三次样条插值的分段多项式，可以用函数 ppval(pp, x) 计算多项式在 x 处的值
$yy = \text{spline}(x, Y, xx)$	用三次样条插值利用 x 和 Y 在 xx 处进行插值，等同于 $y_i = \text{interp1}(x, Y, x_i, \text{'spline'})$

【例 2-7】对正弦函数和余弦函数进行三次样条插值。

具体的三次样条插值程序如下：

```
clear
x = 0:.25:1;
Y = [sinx; cosx];
xx = 0:.1:1;
YY = spline(x,Y,xx);
plot(x,Y(1,:),'o',xx,YY(1,:),'-'); hold on;
plot(x,Y(2,:),'o',xx,YY(2,:),':');
```

运行程序，输出结果如图 2.7 所示。

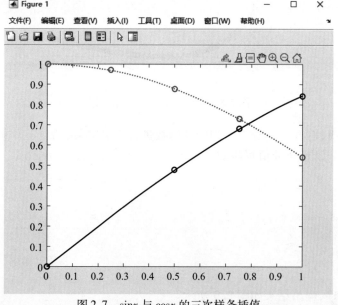

图 2.7 sin$x$ 与 cos$x$ 的三次样条插值

【例2-8】对 $f(x) = \dfrac{x^2}{5+x}$ 的函数进行三次样条插值,求在 $x = [-4,4]$ 处的值。

具体的三次样条插值程序如下:

```
clear all
x = -4:0.05:4;
Y = x.^2./(5+x);
xx = -4:.1:4;
YY = spline(x,Y,xx);
plot(x,Y,'o',xx,YY,'-')
```

运行程序,输出结果如图2.8所示。

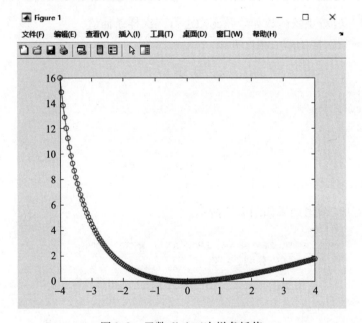

图2.8 函数 $f(x)$ 三次样条插值

【例2-9】对 $f(x) = xe^{-|x|}$ 和余弦函数进行三次样条插值。

具体的三次样条插值程序如下:

```
clear
x = -1:.25:1;
Y = x.*exp(-abs(x));
xx = -1:.1:1;
YY = spline(x,Y,xx);
plot(x,Y,'g^',xx,YY,'r-')
```

运行程序,输出结果如图2.9所示。

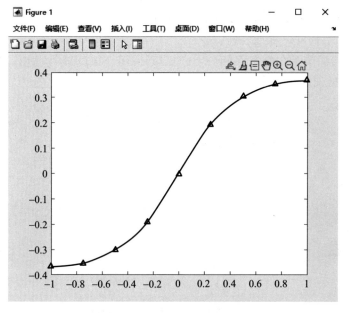

图2.9 函数$f(x)$三次样条插值

由图2.7、图2.8与图2.9可知,三次样条更加具有真实性,是最常用的插值方法。

2.1.5 一维数据插值

MATLAB提供的函数interp1( )可以根据已知数据表$[x,y]$,用各种不同的算法计算x_i各点上的函数近似值。该函数有3种调用形式,如表2.7所列。

表2.7 interp1调用格式

调用格式	说明
$y_i = \text{interp1}(x,y,x_i)$	根据数据表$[x,y]$,用分段线性插值算法求x_i各点上的函数近似值y_i,y_i为尽可能逼近的最小误差对应的因变量值。当y是向量时,则对y向量插值,得到结果y_i,是与x_i同样大小的向量;当y是矩阵时,则对y的逐列向量插值,得到结果y_i是一矩阵,它的列数与y的列数相同,行数与x的行数相同
$y_i = \text{interp1}(y,x_i)$	默认$x=1:n$,n为y的元素个数值
$y_i = \text{interp1}(x,y,x_i,\text{method})$	method指定的是插值使用的算法,默认为线性算法。 其值可以是以下几种类型: 'linear':线性插值(默认) 'cubic':分段三次多项式插值 'spline':三次样条插值 'nearest':最邻近区域插值

在 MATLAB 中，method 有 4 种形式，如下：

1. linear：分段线性插值，默认值

分段线性插值是在每个区间 $[x_i, x_{i+1}]$ 上采用简单的线性插值。在区间 $[x_i, x_{i+1}]$ 上的子插值多项式为

$$F = \frac{x - x_{i+1}}{x_i - x_{i+1}} f(x_i) + \frac{x - x_i}{x_{i+1} - x_i} f(x_{i+1})$$

由区间 $[x_1, x_n]$ 上的插值函数为

$$F(x) = \sum_{i=1}^{n} F_i l_i(x)$$

其中，

$$l_i(x) = \begin{cases} \dfrac{x - x_{i-1}}{x_i - x_{i-1}}, & x \in [x_i, x_{i+1}] \\ \dfrac{x - x_{i+1}}{x_i - x_{i+1}}, & x \in [x_{i-1}, x_i] \\ 0, & x \notin [x_{i-1}, x_{i+1}] \end{cases}$$

分段线性插值方法较为常用，在实际计算中处理速度较快，但是对于海量数据本身而言，以及非线性问题，处理误差较大，线性插值方法获得的曲线不是平滑的，因此，根据实际情况要求选用。

分段线性插值程序如下：

```
clc
clear
close all
format short
hold off
xx = 1:1:17;
yx = [3.5,4,4.3,4.6,5,5.3,5.3,5,4.6,4,3.9,3.3,2.8,2.5,2.2,2.0,1.8];
xxi = 1:0.3:17;
f0 = interp1(xx,yx,xxi);
f1 = interp1(xx,yx,xxi,'linear');
plot(xx,yx,'r*','linewidth',2)
hold on
grid on
% plot(xxi,f0,'r.-','linewidth',2)
plot(xxi,f1,'b--','linewidth',2)
legend('原始数据','线性插值')
```

运行程序，输出图形如图 2.10 所示。

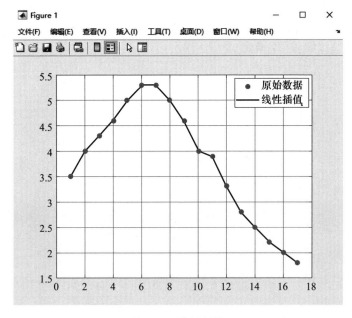

图 2.10　线性插值

2. cubic：分段三次多项式插值

分段三次多项式插值法插值精度较高，插值曲线较平滑，对于插值精度要求较高的计算中，可以采用。然而计算所需要的内存较多，计算的时间也较长，实际应用中可适当权衡。

分段三次多项式插值程序如下：

```
clc
clear
close all
format short
hold off
xx = 1:1:17;
yx =[3.5,4,4.3,4.6,5,5.3,5.3,5,4.6,4,3.9,3.3,2.8,2.5,2.2,2.0,1.8];
xxi = 1:0.3:17;
f0 = interp1(xx,yx,xxi);
f2 = interp1(xx,yx,xxi,'cubic');
plot (xx,yx,'r - -','linewidth',2)
hold on
plot (xxi,f2,'yo -','linewidth',2)
legend('原始数据','三次插值')
```

运行程序，输出图形如图 2.11 所示。

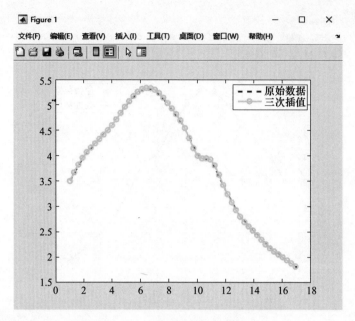

图 2.11　三次多项式插值

3. spline：三次样条插值

在每个分段(子区间)内构造一个三次多项式,除使其插值函数满足差值条件外,还要求在各个节点处具有光滑的条件(导数存在)。

三次样条插值程序如下:

```
clc
clear
close all
format short
hold off
xx = 1:1:17;
yx =[3.5,4,4.3,4.6,5,5.3,5.3,5,4.6,4,3.9,3.3,2.8,2.5,2.2,2.0,1.8];
xxi = 1:0.3:17;
f0 = interp1(xx,yx,xxi);
f3 = interp1(xx,yx,xxi,'spline');
plot (xx,yx,'r- -','linewidth',2)
hold on
plot (xxi,f3,'k- -','linewidth',2)
legend('原始数据','样条插值')
grid on
```

运行程序,输出图形如图 2.12 所示。

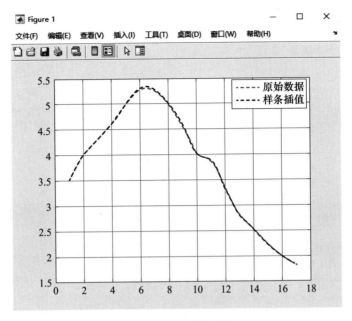

图 2.12　三次样条插值

4. nearest：最近邻点插值

在查询点插入的值是距样本网格点最近的值,该插值函数为一个阶梯函数。最邻近区域插值程序如下：

```
clc
clear
close all
format short
hold off
xx = 1:1:17;
yx = [3.5,4,4.3,4.6,5,5.3,5.3,5,4.6,4,3.9,3.3,2.8,2.5,2.2,2.0,1.8];
xxi = 1:0.3:17;
f0 = interp1(xx,yx,xxi);
f4 = interp1(xx,yx,xxi,'nearest');
plot (xx,yx,'r - -','linewidth',2)
hold on
plot (xxi,f4,'b','linewidth',2)
legend('原始数据','最近邻点插值')
grid on
```

运行程序,输出图形如图 2.13 所示。

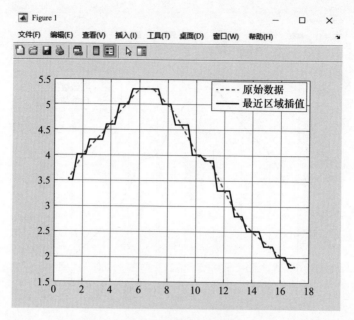

图 2.13 最近邻点插值

由上述图 2.10~图 2.13 可知,选择插值方法时主要考虑运算时间、占用计算机内存和插值的光滑程度。线性插值、分段三次多项式插值、三次样条插值和最近邻点插值比较如表 2.8 所列。

最近邻点插值的速度最快,但是得到的数据不连续,其他方法得到的数据都连续。三次样条插值的速度最慢,可以得到最光滑的结果,是最常用的插值方法。

表 2.8 不同插值方法进行比较

插值方法	运算时间	占用计算机内存	光滑程度
线性插值	稍长	较少	稍好
分段三次多项式插值	较长	多	较好
三次样条插值	最长	较多	最好
最近邻点插值	短	少	差

【例 2-10】编制分段二次插值程序,即在每一个插值子区间 (x_{i-1}, x_i) 上用抛物线插值。

MATLAB 程序如下:

```
clc
clear
close
```

```
xx = 1:5;
yx = [3.5,4.6,5.5,3.2,2];
xxi = 1:0.5:5;
f0 = interp1(xx,yx,xxi);
f1 = interp1(xx,yx,xxi,'linear');
f2 = interp1(xx,yx,xxi,'cubic');
f3 = interp1(xx,yx,xxi,'spline');
f4 = interp1(xx,yx,xxi,'nearest');
f5 = lagrange (xx,yx,xxi);
plot(xxi,f1,xxi,f2,xxi,f3,xxi,f4,xxi,f5,'r - -','linewidth',2)
```

运行程序,输出结果如图2.14所示。

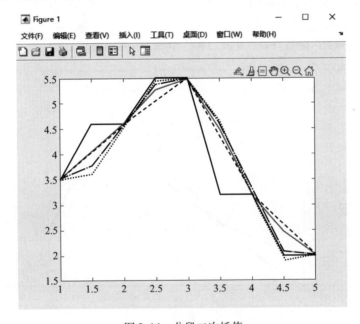

图2.14 分段二次插值

【例2-11】某观测站测得某日6:00—18:00之间每隔2h的室内外温度如表2.9所列,用样条插值分别求得该室内外6:30—17:30之间每隔2h各点的近似温度值。

表2.9 温度值

时间 h	6:00	8:00	10:00	12:00	14:00	16:00	18:00
室内温度 t_1/℃	18.0	20.2	22.0	25.0	30.0	29.3	21.2
室外温度 t_2/℃	15.6	18.3	22.1	26.4	33.6	31.6	20.2

设时间变量 h 为一行向量,温度 t 为一个 2 列矩阵,第一列存储室内温度,第二列存储室外温度。MATLAB 程序如下:

```
clc,clear,close all
h = 6:2:18;                                  % 时间
t = [ 18.0,20.2,22.0,25.0,30.0,29.3,21.2;    % 室内温度
      15.6,18.3,22.1,26.4,33.6,31.6,20.0;]'; % 室外温度
xi = 6.5:2:17.5;
yi = interp1(h,t,xi,'spline');
plot(h,t,xi,yi)
legend('室内温度','室外温度')
```

运行程序,输出结果如图 2.15 所示。

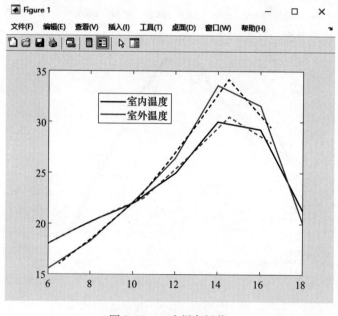

图 2.15　三次样条插值

2.1.6　多维插值

在工程实际中,一些比较复杂的问题通常是多维问题,因此多维插值就越显重要。这里重点介绍二维插值。二维插值主要用于图像处理和数据的可视化,其基本思想与一维插值相同,对函数 $y = f(x,y)$ 进行插值。MATLAB 中用来进行二维和三维插值的函数分别是 interp2 和 interp3,其中 interp2 的调用格式如表 2.10 所列。

表 2.10　interp2 调用格式

调用格式	说明
$ZI = \text{interp2}(X,Y,Z,XI,YI)$	本指令格式根据数据表$[x,y,z]$，用双线性差值算法计算坐标平面$x-y$上$[x_i,y_i]$各点的二元函数近似值z，这里x可以是一行向量，它与矩阵z的各列向量相对应；y可以为一个列向量，它与z的各行向量相对应。对于$[x_i, y_i]$与z_i间的对应关系，则和$[x,y]$与z的关系相同
$ZI = \text{interp2}(Z,YI,XI)$	$X=1:n, Y=1:m, [m,n]=\text{size}(Z)$
$ZI = \text{interp2}(Z,\text{ntimes})$	在 Z 的各点间插入数据点对 Z 进行扩展，一次执行 ntimes 次，默认为 1 次
$ZI = \text{interp2}(X,Y,Z,XI,YI,\text{method})$	method 指定的是插值使用的算法，默认为线性算法，其值可以是以下几种类型： 'linear'：线性插值（默认） 'spline'：三次样条插值 'nearest'：最近邻点插值 'cubic'：分段三次多项式插值

【例 2-12】对 $\sqrt{x^2+y^2}$ 函数进行二维插值。

MATLAB 程序如下：

```
clear all
[X,Y] = meshgrid( -2:0.75:2);
R = sqrt(X.^2 + Y.^2) + eps;
V = sin(R)./R;
Z = peaks (X,Y);
surf(X,Y,V)
xlim([ -4 4])
ylim([ -4 4])
title('original Sampling ')
% 显示图 2.16 原始抽样图形
[Xq,Yq] = meshgrid( -3:0.2:3);
Vq = interp2(X,Y,V,Xq,Yq,'cubic',0);
surf(Xq,Yq,Vq)
title ('cubic Interpolation with Vq = 0
Outside Domain of x and Y');
```

运行程序，输出结果如图 2.16 所示。

多维插值应用广泛，本节只是简单提及，更多信息可查阅其他书籍，进一步加深理解与深思。

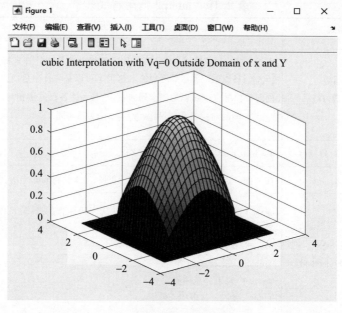

图 2.16　函数二维插值

2.2　数据拟合建模与计算

工程实践中只能通过测量得到一些离散的数据,然后利用这些数据得到一个光滑的曲线来反映某些工程参数的规律。这就是曲线拟合的过程。

解决拟合问题最重要的方法是最小二乘法和回归分析。在科学实验、统计研究以及一些日常应用中,人们常常需要根据一组测定的数据去求得自变量 x 和因变量 y 的一个近似解表达式 $y=\varphi(x)$,这就是由给定的 N 个点 (x_i,y_i) $(i=0,1,\cdots,N)$ 求数据拟合的问题。

2.2.1　函数逼近

在区间 $[a,b]$ 上已知一连续函数 $f(x)$,如果 $f(x)$ 的表达式太复杂不利于用计算机来进行计算,自然地想到用一个简单函数近似 $f(x)$,这就是函数逼近问题。

如果 $f(x)$ 的表达式未知,只知道描述 $f(x)$ 的一条曲线,这就是曲线拟合问题。与插值问题不同的是,逼近与拟合并不要求逼近函数在已知点上的值一定等于原函数的函数值,而是按照某种标准使得两者的差值达到最小。

2.2.1.1 切比雪夫逼近

当一个连续函数定义在区间$[-1,1]$上时,它可以展开成切比雪夫(Chebyshev)级数,即

$$f(x) = \sum_{n=0}^{\infty} f_n T_n(x) \tag{2.4}$$

其中,

$$\int_{-1}^{1} \frac{T_n(x)T_m(x)\mathrm{d}x}{\sqrt{1-x^2}} = \begin{cases} 0, n \neq m \\ \frac{\pi}{2}, n = m \neq 0 \\ \pi, n = m = 0 \end{cases}$$

在实际应用中可根据所需的精度来截取有限项数。切比雪夫级数中的系数由下式决定:

$$\begin{cases} f_0 = \frac{1}{\pi} \int_{-1}^{1} \frac{f(x)}{\sqrt{1-x^2}} \mathrm{d}x \\ f_n = \frac{2}{\pi} \int_{-1}^{1} \frac{T_n(x)f(x)}{\sqrt{1-x^2}} \mathrm{d}x \end{cases}$$

在MATLAB中编程实现的切比雪夫逼近法函数为Chebyshev()。

功能:用切比雪夫多项式逼近已知函数。

调用格式:

$$\mathrm{fun} = \mathrm{Chebyshev}(y, m, x_0)$$

式中:fun为切比雪夫逼近多项式在x_0处的逼近值;y为已知函数;m为逼近已知函数所需项数;x_0为逼近点的x坐标。

在MATLAB中实现切比雪夫逼近的代码如下:

```
function fun = Chebyshev(y,m,x0)
% fun:切比雪夫逼近多项式在x0处逼近值用切比雪夫多项式逼近已知函数 y 逼近已知函数
所需项数: m 逼近点的 x 坐标: x0
format short
syms t;
Tb(1:m+1) = t;
Tb(1) = 1;
Tb(2) = t;
Che(1:m+1) = 0.0;
Che(1) = int subs(y,findsym(sym(y)),sym('t'))*Tb(1)/
sqrt(1 - t^2),t,-1,1)/pi;
Che(2) = 2*int(subs(y,findsym( sym(y)),sym('t'))*Tb(2)/
sqrt(1 - t^2),t,-1,1)/pi;
```

```
            fun = Che(1) + Che(2) * t;
    for i = 3:m + 1
            Tb(i) = 2 * t * Tb(i - 1) - Tb(i - 2);
            Che(i) = 2 * int(subs( y,findsym(sym(y)),sym('t')) * Tb(i)/sqrt(1 - t^
2),t, -1,1)/2;
            fun = fun + Che(i) * Tb(i);
            fun = vpa(fun,6);
            if(i = = n + 1)
                    if(nargin = = 3)
                            fun = subs(fun,'t',x0);
                    else
                            fun = vpa(fun,6);
                    end
            end
end
```

2.2.1.2 傅里叶逼近

在数学的理论研究和实际应用中经常遇到在选定的一类函数中寻找某个函数 g,使它是已知函数 f 在一定意义下的近似表示,并求出用 g 近似表示 f 而产生的误差,这就是函数逼近问题。

当被逼近函数为周期函数时,用代数多项式来逼近效率不高,而且误差较大,用三角多项式来逼近是较好的选择。

三角多项式逼近即傅里叶逼近,任一周期函数都可以展开为傅里叶级数,通过选取有限的展开项数,就可以达到所需精度的逼近效果。

下面介绍连续周期函数和离散周期函数的傅里叶逼近的具体做法。

1. 连续周期函数的傅里叶逼近

对于连续周期函数,只要计算出其傅里叶展开系数即可。

在 MATLAB 中编程实现的连续周期函数的傅里叶逼近法函数为 $FZZT(\ )$。

功能:用傅里叶级数逼近已知的连续周期函数。

调用格式:

$$[A_0,A,B] = \text{FZZT}(\text{func},T,n)$$

式中:func 为已知函数;T 为已知函数的周期;n 为展开的次数;A_0 为展开后的常数项;A 为展开后的余弦项系数;B 为展开后的正弦项系数。

在 MATLAB 中实现连续周期函数的傅里叶逼近的代码如下:

```
function [A0,A,B] = FZZT(func,T,n)
% 用傅里叶级数逼近连续周期函数
% func:已知函数
```

```
% T:已知函数的周期
% n:展开的次数
% A0:展开后的常数项
% A:展开后的余弦项系数
% B:展开后的正弦项系数
syms t;
func = subs(sym( func),findsym( sym( func)),sym('t'));
A0 = int(sym(func),t,-T/2,T/2)/T;
for(k = 1:n)
A(k) = int(func * cos(2 * pi*k* t/T),t,-T/2,T/2) *2/T;
A(k) = vpa(A(k),4);
B(k) = int(func*sin(2* pi*k* t/T),t, - T/2,T/2) * 2/T;
B(k) = vpa(B(k),4);
end
```

2. 离散周期数据的傅里叶逼近

对于离散周期的数据拟合,只要计算出其离散傅里叶展开系数即可。其展开公式为

$$y = \sum_{k=0}^{n-1} c_i \mathrm{e}^{ikx} \qquad (2.5)$$

其中,

$$c_k = \frac{1}{N}\sum_{n=0}^{N-1} f_n \mathrm{e}^{-ikn\frac{2\pi}{N}} \quad (k = 0,1,\cdots,n-1)$$

在 MATLAB 中编程实现的离散周期数据点傅里叶逼近法函数为 DFF()。
功能:离散周期数据点的傅里叶逼近。
调用格式:

$$c = \mathrm{DFF}(f,N)$$

式中:f 为已知离散数据点;N 为离散数据点的个数;c 为离散傅里叶逼近系数。

在 MATLAB 中实现离散周期函数的傅里叶逼近的代码如下:

```
function c = DFF(f,N)
% 离散周期数据点的傅里叶逼近
% 已知离散数据点:f
% 离散数据点的个数: N
% 逼近系数: C
c(1:N) = 0;
for(m = 1:N)
for(n = 1:N)
c(m) =c(m) + f(n) *exp( - i*m*n* 2 * pi/N);
```

```
end
c(m) = c(m)/N;
end
```

【例2-13】对如表 2.11 所列数据点进行离散傅里叶变换。

表 2.11　数　据

N	1	2	3	4	5	6
y	0.85	0.10	0.15	-0.8	-0.10	-0.40

MATLAB 程序如下：

```
clc,clear,close all
format short
warning off
hold off
x =1:6;
y =[0.85,0.1,0.15,-0.8,-0.1,-0.4];
c = -DFF(y,6)
y1 = c(1).*exp(-i*x)+c(2).*exp(-i*2*x)+c(3).*exp(-i*3*x)+
c(4).*exp(-i*4*x)+c(5).*exp(-i*5*x)+c(6).*exp(-i*6*x);
plot(x,y,'b','linewidth',2)
hold on
plot(x,y1,'ro--','linewidth',2)
grid on
axis tight
legend('原函数数据','逼近')
运行程序,输出结果如下：
c =
  -0.0292 + 0.2670i  0.0458 + 0.0072i  0.3333 + 0.0000i
  0.0458 - 0.0072i  -0.0292 - 0.2670i  0.0333 + 0.0000i
```

运行程序,输出结果如图 2.17 所示。

对于实数序列来说,其离散傅里叶变换的结果一般是复数序列。经过离散傅里叶变换,函数逼近效果较好。

2.2.2　最小二乘拟合

由于测量数据往往不可避免地带有测试误差,而插值多项式又通过所有的点 (x_i, y_i),这样就使插值多项式保留了这些误差,从而影响逼近精度,插值效果不理想。因此,寻求已知函数的一个逼近函数 $y = \varphi(x)$,使得逼近函数从总体与已知函数的偏差按某种方法度量能达到最小,而又不一定过全部的点(x_i, y_i),则需要最小二乘法曲线拟合法。

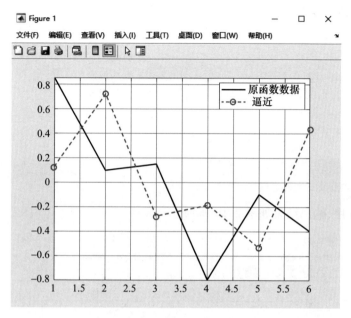

图 2.17 离散傅里叶逼近

数据拟合的具体做法是对给定的数据$(x_i, y_i)(i=0,1,\cdots,m)$,在取定的函数类$\varphi$中,求$p(x) \in \varphi$,使误差$r_i = p(x_i) - y_i(i=0,1,\cdots,m)$的平方和最小,即:

$$\sum_{i=0}^{m} r_i^2 = \left\{ \sum_{i=0}^{m} [p(x_i) - y_i]^2 \right\}_{\min}$$

从几何意义上讲,即寻求与给定点$(x_i, y_i)(i=0,\cdots,m)$的距离平方和最小的曲线$y = p(x)$。函数$p(x)$称为拟合函数或最小二乘解,求拟合函数$p(x)$的方法称为曲线拟合的最小二乘法。

在曲线拟合中函数类φ有不同的选取方法。

【例 2-14】某观测站测得某日 6:00—18:00 之间每隔 2h 的室内外温度如表 2.12 所列,用样条插值分别求得该室内外 6:30—17:30 之间每隔 2h 各点的近似温度值。

表 2.12 温度值

时间	6:00	8:00	10:00	12:00	14:00	16:00	18:00
室内温度t_1/℃	18.0	20.2	22.0	25.0	30.0	29.3	21.2
室外温度t_2/℃	15.6	18.3	22.1	26.4	33.6	31.6	20.0

设时间变量 h 为一行向量,温度 t 为一个 2 列矩阵,第一列存储室内温度,第二列存储室外温度。

MATLAB 程序如下:

```
clc,clear,close all
h = 6:2:18;                                        % 时间
t = [18.0,20.2,22.0,25.0,30.0,29.3,21.2;           % 室内温度
15.6,18.3,22.1,26.4,33.6,31.6,20.0;]';             % 室外温度
plot(h,t,'ro - -')
grid on
xlabel( 'h')
ylabel('t')
legend('室内温度','室外温度')
```

运行程序,输出结果如图 2.18 所示。

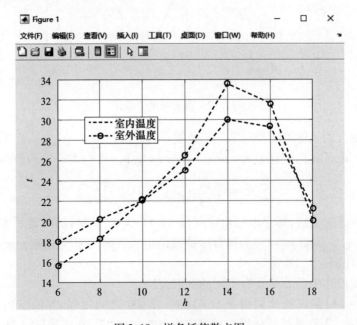

图 2.18 样条插值散点图

采用 MATLAB 图形拟合工具箱进行曲线最小二乘拟合,如图 2.19 和图 2.20 所示。

MATLAB 工具箱自动生成拟合曲线,如图 2.21 与图 2.22 所示。

一般地,为了较好地分析数据服从哪种分布以及采用什么拟合方法较合适,MATLAB 拟合工具箱能够较好地提供拟合方法。

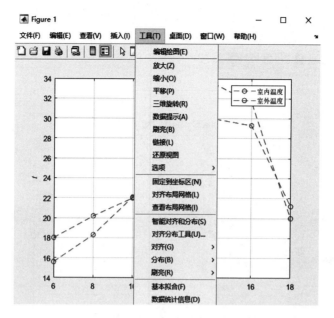

图 2.19　激活拟合工具箱

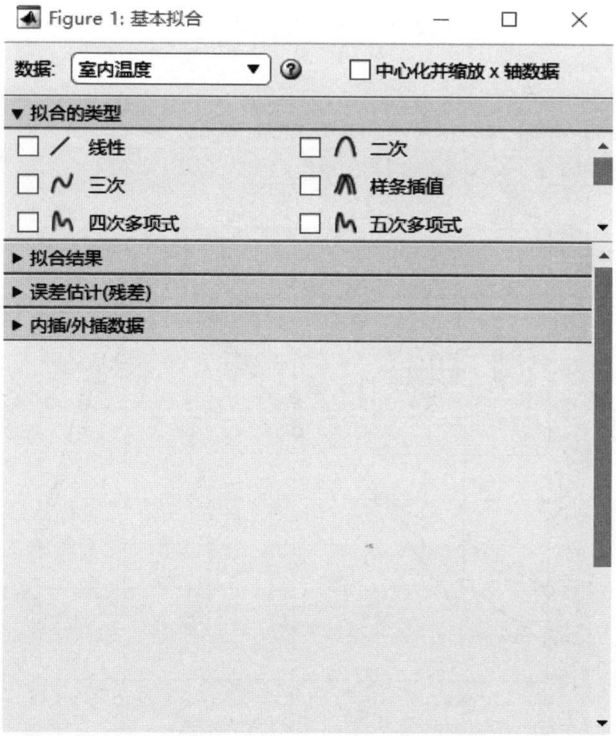

图 2.20　cubic 插值拟合

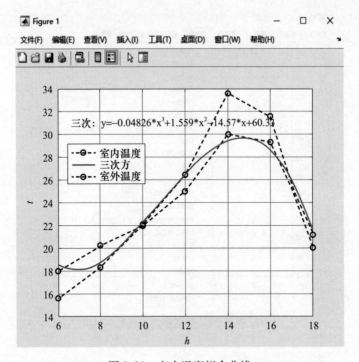

图 2.21　室内温度拟合曲线

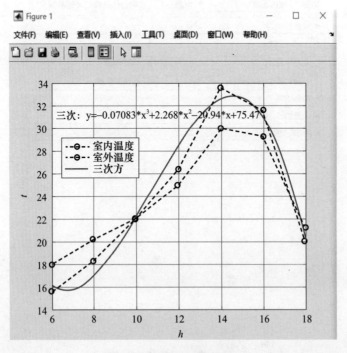

图 2.22　室外温度拟合曲线

2.2.3 多项式拟合

假设给定数据点$(x_i, y_i)(i = 0, 1, \cdots, m)$,求$p_n(x) = \sum_{k=0}^{n} a_k x^k \in \varphi$($\varphi$为所有次数不超过$n(n \leq m)$的多项式构成的函数类),使得

$$I = \sum_{i=0}^{m} [p_n(x_i) - y_i]^2 = [\sum_{i=0}^{m} (\sum_{k=0}^{n} a_k x_i^k - y_i)^2]_{\min} \quad (2.6)$$

式(2.6)称为多项式拟合,满足式(2.6)中的$p_n(x)$称为最小二乘拟合多项式。特别地,当$n = 1$时,式(2.6)称为线性拟合或直线拟合。

显然,有

$$I = \sum_{i=0}^{m} (\sum_{k=0}^{n} a_k x_i^k - y_i)^2$$

关于$a_0, a_1, \cdots, a_n$的线性方程组,用矩阵表示为

$$\begin{bmatrix} m+1 & \sum_{i=0}^{m} x_i & \cdots & \sum_{i=0}^{m} x_i^n \\ \sum_{i=0}^{m} x_i & \sum_{i=0}^{m} x_i^2 & \cdots & \sum_{i=0}^{m} x_i^{n+1} \\ \vdots & \vdots & & \vdots \\ \sum_{i=0}^{m} x_i^n & \sum_{i=0}^{m} x_i^{n+1} & \cdots & \sum_{i=0}^{m} x_i^{2n} \end{bmatrix} \begin{bmatrix} a_1 \\ a_2 \\ \vdots \\ a_3 \end{bmatrix} = \begin{bmatrix} \sum_{i=0}^{m} y_i \\ \sum_{i=0}^{m} x_i y_i \\ \vdots \\ \sum_{i=0}^{m} x_i^n y_i \end{bmatrix}$$

上式称为正规方程组或法方程组。

1. 用函数polyfit()进行多项式拟和

polyfit调用格式如表2.13所列。

表2.13 polyfit调用格式

调用格式	说明
$P = \text{polyfit}(X, Y, N)$	X为输入的向量,Y为得到的函数值,N为拟合的最高次数,返回的P值为拟合的多项式$P(1) * X^N + P(2) * X^{\wedge}(N-1) + \cdots + P(N) * X + P(N+1)$
$[P, S] =$ polyfit(X, Y, N)	X为输入的向量,Y为得到的函数值,N为拟合的最高次数,返回的P值为拟合的多项式$P(1) * X^N + P(2) * X^{\wedge}(N-1) + \cdots + P(N) * X + P(N+1)$,$S$为由范德蒙矩阵的$QR$分解的$R$分量。
$[P, S, MU] =$ polyfit(X, Y, N)	X为输入的向量,Y为得到的函数值,N为拟合的最高次数,返回的P值为拟合的多项式$P(1) * X^N + P(2) * X^{\wedge}(N-1) + \cdots + P(N) * X + P(N+1)$,$S$为由范德蒙矩阵的$QR$分解的$R$分量,$MU$包含输入变量$x$的均值和方差,具体有$XHAT = (X - MU(1))/MU(2)$,其中$MU(1) = MEAN(X)$、$MU(2) = STD(X)$

多项式拟合的一般方法可归纳为以下几步：

(1) 由已知数据画出函数粗略的图形——散点图,确定拟合多项式的次数 n。

(2) 列表计算 $\sum_{i=0}^{m} x_i^j (j = 0,1,\cdots,2n)$ 和 $\sum_{i=0}^{m} x_i^j y_i (j = 0,1,\cdots,2n)$。

(3) 写出正规方程组,求出 $a_0, a_1, \cdots, a_n$。

(4) 写出拟合多项式 $p_n(x) = \sum_{k=0}^{n} a_k x^k$。

【例 2 – 15】用 5 阶多项式对 $y = \sin(x), x \in (0, \pi)$ 进行多项式拟合。
MATLAB 程序如下：

```
x=0:pi/20:pi;
y=sinx;
a=polyfit(x,y,5);
y1=polyval(a,x);
plot(x,y,'go',x,y1,'b- -')
```

运行程序,输出结果如图 2.23 所示。

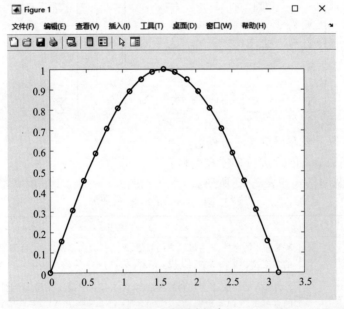

图 2.23 多项式拟合

由图 2.23 可知,由多项式拟和生成的图形与原始曲线可很好地吻合,这说明多项式的拟合效果很好。

【例 2 – 16】某数据的横坐标 $x = [0.2\ 0.3\ 0.5\ 0.6\ 0.8\ 0.9\ 1.2\ 1.3\ 1.5\ 1.8]$,纵坐标 $y = [1\ 2\ 3\ 5\ 6\ 7\ 6\ 5\ 4\ 1]$,对该数据进行多项式拟合。

MATLAB 程序如下：

```
clear all;
x=[0.2 0.3 0.5 0.6 0.8 0.9 1.2 1.3 1.5 1.8];
y=[1 2 3 5 6 7 6 5 4 1];
p5=polyfit(x,y,5);          % 5 阶多项式拟合
y5=polyval(p5,x);
p5=vpa(poly2sym(p5),5);     % 显示 5 阶多项式
p9=polyfit(x,y,9);          % 9 阶多项式拟合
y9=polyval(p9,x);
figure;                     % 画图显示
plot(x,y,'bo')
hold on;
plot(x,y5,'r:');
plot(x,y9,'g--');
legend('原始数据','5 阶多项式拟合','9 阶多项式拟合');
xlabel('x')
ylabel('y');
```

运行程序，输出结果如图 2.24 所示。

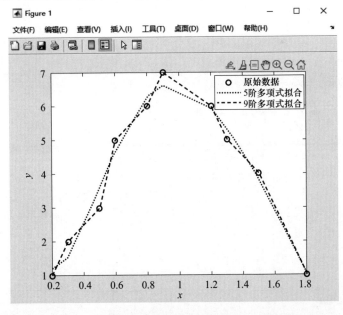

图 2.24　多项式曲线拟合

由图 2.24 可以看出，采用 5 次多项式拟合时，得到的结果比较差；采用 9 次多项式拟合时，得到的结果与原始数据符合得比较好。当使用函数 polyfit( ) 进行拟

合时,多项式的阶次最大不超过 length(x) -1。

【例 2-17】对如表 2.14 所列数据进行多项式拟合。

表 2.14 数 据

x	129	140	103.5	88	185.5	195	105
y	7.5	142	23	147	23	138	86

MATLAB 程序如下:

```
clc
clear
close all
x = [129,140,103.5,88,185.5,195,105];
x = sort(x);
y = [7.5,142,23,147,23,138,86];
y = sort(y);
plot(x,y,'ro - - ')
grid on
xlabel('x')
ylabel('y')
p = polyfit(x,y,4);
y1 = p(1,1) * x.^4 + p(1,2) * x.^3 + p(1,3) * x.^2 + p(1,4) * x + p(1,5) * 1;
hold on
plot(x,y1,'b > - - ')
legend('原数据','拟合')
```

运行程序,输出结果如图 2.25 所示。

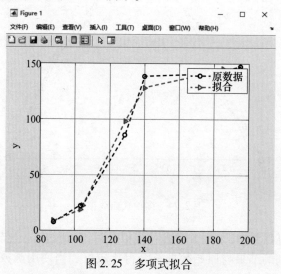

图 2.25 多项式拟合

2. 用函数调用方式进行多项式拟合

通过自编 MATLAB 多项式曲线拟合函数为 multifit( )。

功能：离散试验数据点的多项式曲线拟合。

调用格式： $A = \text{multifit}(X, Y, m)$

式中：X 为试验数据点的 x 坐标向量；Y 为试验数据点的 y 坐标向量；m 为拟合多项式的次数；A 为拟合多项式的系数向量。

【例 2 – 18】 在 MATLAB 中实现多项式曲线拟合的代码如下：

```
function A = multifit(X,Y,m)
% 离散试验数据点的多项式曲线拟合
% 试验数据点的 x 坐标向量: X
% 试验数据点的 y 坐标向量: Y
% 拟合多项式的次数: m
% 拟合多项式的系数向量: A
M = length(X);
N = length(Y);
% if(N ~ = M)
%   disp('数据点坐标不匹配');
%   return;
% end
c(1:(2*m+1)) = 0;
b(1:(m+1)) = 0;
for j = 1:(2*m+1)
    for k = 1:N
        c(j) = c(j) + X(k)^(j-1);
        if(j < (m+2))
            b(j) = b(j) + Y(k)*X(k)^(j-1);
        end
    end
end
C(1,:) = c(1:(m+1));
for s = 2:(m+1)
    C(s,:) = c(s:(m+s));
end
A = b'\C;
```

在 MATLAB 命令窗口中输入以下命令：

```
clc
clear
close all
```

```
x = 0:3;
y = [2,5,9,15];
y = sort(y);
plot(x,y,'ro - - ')
grid on
xlabel('x')
ylabel('y')
p = multifit(x,y,4);
y1 = p(1,1)*x.^4 + p(1,2)*x.^3 + p(1,3)*x.^2 + p(1,4)*x + p(1,5)*1;
hold on
plot(x,y1,'b > - - ')
legend('原数据','拟合')
```

运行程序,输出结果如图 2.26 所示。

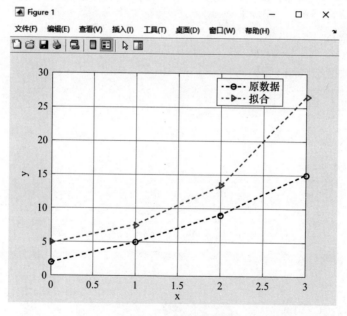

图 2.26　拟合效果图

2.2.4　最小二乘法曲线拟合

在数据处理中往往要根据一组给定的实验数据 (x_i,y_i) $(i=0,1,\cdots,m)$,求出自变量 x 与因变量 y 的函数关系 $y=(x,a_0,a_1,\cdots,a_n)$, $n<m$,这时 a_i 为待定参数。由于观测数据总有误差,且待定参数 a_i 的数量比给定数据点的数量少($n<m$),因此它不同于插值问题。

这类问题只要求在给定点 x_i 上的误差 $\delta_i = s(x_i) - y_i (i=0,1,2,\cdots,m)$ 的平方和 $\sum_{i=0}^{m} \delta_i^2$ 最小。当 $s(x) \in \text{span}(\varphi_0, \varphi_1, \varphi_2, \cdots, \varphi_n)$ 时,即

$$s(x) = a_0 \varphi_0(x) + a_1 \varphi_1(x) + \cdots + a_n \varphi_n(x)$$

式中: $\varphi_0(x), \varphi_1(x), \varphi_2(x), \cdots, \varphi_n(x) \in C[a,b]$ 是线性无关的函数族。

参数 $a_0, a_1, \cdots, a_n$ 的线性方程组用矩阵表示为

$$\begin{bmatrix} (\varphi_0, \varphi_0) & (\varphi_0, \varphi_1) & (\varphi_0, \varphi_2) & \cdots & (\varphi_0, \varphi_n) \\ (\varphi_1, \varphi_0) & (\varphi_1, \varphi_1) & (\varphi_1, \varphi_2) & \cdots & (\varphi_1, \varphi_n) \\ \vdots & \vdots & \vdots & & \vdots \\ (\varphi_n, \varphi_0) & (\varphi_n, \varphi_1) & (\varphi_n, \varphi_2) & \cdots & (\varphi_n, \varphi_n) \end{bmatrix} \cdot \begin{bmatrix} a_0 \\ a_1 \\ \vdots \\ a_n \end{bmatrix} = \begin{bmatrix} (y, \varphi_0) \\ (y, \varphi_1) \\ \vdots \\ (y, \varphi_n) \end{bmatrix}$$

上述方程为法方程。

从而得到最小二乘拟合曲线

$$y = s^*(x) = a_0^* \varphi_0(x) + a_1^* \varphi_1(x) + a_2^* \varphi_2(x) + \cdots + a_n^* \varphi_n(x)$$

均方误差为

$$\|\delta\| = \sqrt{\sum_{i=0}^{m} p_i [s^*(x_i) - y_i]^2}$$

在最小二乘逼近中,若取 $\varphi_k(x) = x^k (k=0,1,2,\cdots,n)$,则 $s(x) \in \text{span}\{1, x, x^2, \cdots, x^n\}$ 表示为

$$s(x) = a_0 + a_1 x + a_2 x^2 + \cdots + a_n x^n$$

此时关于系数 $a_0, a_1, a_2, \cdots, a_n$ 的法方程是病态方程。

【例 2-19】某观测站测得某日 6:00—18:00 之间每隔 2h 的室内外温度如表 2.15 所列,用样条插值分别求得该室内外 6:30—17:30 之间每隔 2h 各点的近似温度值。

表 2.15 温度值

时间	6:00	8:00	10:00	12:00	14:00	16:00	18:00
室内温度 t_1/℃	18.0	20.2	22.0	25.0	30.0	29.3	21.2
室外温度 t_2/℃	15.6	18.3	22.1	26.4	33.6	31.6	20.0

根据表 2.15 中数据,采用立方拟合,编程如下:

(1) 第一个文件 y3.m。

```
clc,clear,close all
clc,clear,close all
h = 1:0.5:4;
t = [15.6,18.3,22.1,26.4,33.6,31.6,20.0;]';    % 室外温度
y = multifit(h,t,3);
```

(2) 第二个文件 multifit. m。

```
function A = multifit(X,Y,m)
% A——输出的拟合多项式的系数
N = length(X);
M = length(Y);
if(N ~ = M)
    disp('数据点坐标不匹配！');
    return;
end
c(1:(2*m+1)) = 0;
b(1:(m+1)) = 0;
for j = 1:(2*m+1)          % 求出 c 和 b
    for k = 1:N
        c(j) = c(j) + X(k)^(j-1);
        if(j < (m + 2))
            b(j) = b(j) + Y(k) * X(k)^(j-1);
        end
    end
end
C(1,:) = c(1:(m+1));
for s = 2:(m+1)
    C(s,:) = c(s:(m+s));
end
A = b'\C;         % 用直接求解法求出拟合系数
end
```

(3) 第三个执行文件。

```
y1 = y(1,4) * h.^3 + y(1,3) * h.*2 + y(1,2) * h + y(1,1);
plot(h,t,'s--');
hold on
plot(h,y1,'ro--')
grid on
xlabel('h')
ylabel('t')
```

运行程序,输出结果如下：

y =

  0.0385 0.1294 0.4537 1.6367

运行程序,输出图形如图 2.27 所示。

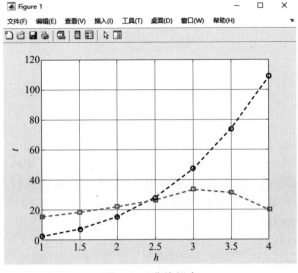

图 2.27 曲线拟合

2.3 方程求根建模与计算

本节介绍几种基本的方法来计算函数值为零时的解,然后将 3 种方法组合起来,得到个快速、可靠的 zeroin 算法。

2.3.1 二分法

使用区间二分法(interval bisection)计算$\sqrt{2}$,这是一种系统的反复试验的方法。$\sqrt{2}$在 1~2 之间,先令 $x = 1\frac{1}{2}$,由于 $x^2 > 2$,则 x 太大;再令 $x = 1\frac{1}{4}$,此时的 $x^2 < 2$,则 x 太小;这个过程一直持续,得到的一系列$\sqrt{2}$的近似值为

$$1\frac{1}{2}, 1\frac{1}{4}, 1\frac{3}{8}, 1\frac{5}{16}, 1\frac{13}{32}, 1\frac{27}{64}, \cdots$$

下面是上述过程对应的 MATLAB 程序,其中有一个计数器用于统计步骤数。

```
M = 2
a = 1
b = 2
k = 2;
```

```
While b - a > eps
X = (a + b)/2;
if  x^2 > M
         b = x
else
         a = x
end
k = k + 1
end
```

在此程序中,首先肯定$\sqrt{2}$在初始区间$[a,b]$内,然后反复地将这个区间一分为二,同时保证要求的值一直落在当前区间内。这个过程最终执行了 52 步,下面列出了开始的一些和最后的一些近似值。

$b = 1.50000000000000$
$a = 1.25000000000000$
$a = 1.37500000000000$
$b = 1.43750000000000$
$a = 1.40625000000000$
$b = 1.42187500000000$
$a = 1.41406250000000$
$b = 1.41796875000000$
$b = 1.41601562500000$
$b = 1.41503906250000$
$b = 1.41455078125000$
……
$b = 1.41421356237311$
$a = 1.41421356237299$
$a = 1.41421356237305$
$a = 1.41421356237308$
$a = 1.41421356237309$
$b = 1.41421356237310$
$b = 1.41421356237310$

输入命令"format hex"让 MATLAB 显示数的 16 进制格式,可看到最后得到的 a 和 b 的值为

a = 3ff6a09e667f3bcc
b = 3ff6a09e667f3bcd

它们的各位数字直到最后一位才有差别。实际上无法计算$\sqrt{2}$这个无理数,因

为它不可能表示为机器浮点数。但是,找到了两个相邻的浮点数,且它们在实数轴上分别位于精确值的两边。在浮点算术体系下,尽最大可能达到了对$\sqrt{2}$的逼近。由于一个 IEEE 双精度浮点数的小数部分有 52 位,上面这个逼近过程共进行了 52 步,每执行一步大约使区间长度的有效数字减少一个二进制位。

区间二分法是求实数自变量、实值函数 $f(x)$ 为 0 的解的较慢但很可靠的算法。对于函数 $f(x)$,只需要写一个 MATLAB 程序,计算任何 x 对应的函数值;此外,还应知道在其上 $f(x)$ 改变正、负号的区间 $[a,b]$。如果 $f(x)$ 是一个连续的数学函数,那么后一个条件将使得在这个区间上必然存在一个点 x_*,有 $f(x_*) = 0$。但是这个连续性的概念并不严格适用于浮点数运算,因此实际上不能找到一个点使 $f(x)$ 精确为零,应该寻找一个非常小的区间,可能是两个相邻的机器浮点数,使得在这个区间上函数值的正、负号发生改变。

实现二分法的 MATLAB 程序:

```
k = 0
while abs(b - a) > eps * abs(b)
        x = (a + b)/2;
        if sign(f(x)) = = sign(f(b))
            b = x;
        else
            a = x;
        end
        k = k + 1;
end
```

【例 2 - 20】求函数 $f(x) = x^3 - x - 1$ 在区间 $[1, 1.5]$ 的根,计算精度为 10^{-2}。

二分法函数调用 MATLAB 程序如下:

```
function y = erfen( fun,a,b,e)
a = min( [ a,b ] ); b = max( [ a,b ] ); e = abs( e );
d = b - a; k = 0;
while d > e
        c = ( a + b ) /2;
        if fun( a ) * fun( c ) < 0
            b = c;
        elseif fun( b ) * fun( c ) < 0
            a = c;
        else
            a = c; b = c;
        end
        d = d /2; k = k + 1;
```

```
end
x = ( a + b ) /2;
fprintf( '方程解的近似值为% f,迭代次数为% d\n',x,k );
end
```

主函数输入 MATLAB 程序如下:

```
erfen ( @ ( x ) x^3 - x - 1,1,1.5,0.01 )
```

运行程序,输出结果如下:

方程解的近似值为 1.324219,迭代次数为 6

二分法的计算速度较慢,使用上述代码中的终止条件,它对任何函数都要计算 52 步。但二分法也是完全可以信赖的,只要开始找到了一个让函数值改变符号的区间,二分法就一定能将该区间缩小为包含准确解的仅含两个相邻机器浮点数的区间。

2.3.2 牛顿法

求解 $f(x)=0$ 的牛顿法是在函数 $f(x)$ 图上任何一点画一条切线,然后确定切线与 x 轴的交点。这个方法需要一个初始值 X_0,此后的迭代公式为

$$x_{n+1} = x_n - \frac{f(x_n)}{f'(x_n)}$$

对应的 MATLAB 程序:

```
k = 0;
while abs(x - xprev) > eps * abs(x)
xprev = x;
x = x - f(x)/fprime(x)
k = k +1;
end
```

计算平方根,牛顿法特别简洁有效。计算 $\sqrt{M}$ 等价于求

$$f(x) = x^2 - M$$

的零解。对这个问题 $f'(x)=2x$,因此,

$$x_{n+1} = x_n - \frac{x_n^2 - M}{2x_n} = \frac{1}{2}\left(x_n + \frac{M}{x_n}\right)$$

这个算法就是反复地去求 x 和 M/x 的平均值。

MATLAB 程序:

```
while abs(x - xprev) > eps * abs(x)
xprev = x;
x = 0.5*(x +M/x)
end
```

下面是计算$\sqrt{2}$的结果,从 x = 1 开始。

1.50000000000000
1.41666666666667
1.41421568627451
1.41421356237469
1.41421356237309
1.41421356237309

牛顿法计算$\sqrt{2}$仅需 6 步迭代。实际上,也可以说是 5 步,但需要进行第 6 步迭代,以满足终止条件。

计算像平方根这样的问题牛顿法是非常高效的,它是许多强大的数值方法的基础。但是,作为计算一般性函数零解问题的算法,它有以下 3 个严重的缺陷:

(1) 函数$f(x)$必须是光滑的;
(2) 导数$f'(x)$可能不方便计算;
(3) 初始解必须靠近准确解。

从原理上说,可以使用自动微分(automatic differentiation)来计算导数$f'(x)$。MATLAB 中的函数$f(x)$,或其他编程语言中的一段合适的代码,都可以定义一个带参数的数学函数,通过将现代计算机科学的编译技术和微积分规则(特别是链法则)加以结合,理论上可以生成计算$f'(x)$的另一个函数代码 fprime(x)。然而,这些技术的真正实现非常复杂,并且没有完全实现。

牛顿法具有局部收敛特性。记x_*为$f(x)$的一个零解,并令$e_n = x_n - x_*$为第n次迭代解的误差。假设

(1) $f'(x)$和$f''(x)$都存在且连续;
(2) x_0比较接近于x_*。

那么可以证明:

$$e_{n+1} = \frac{1}{2} \frac{f''(\xi) f'(\xi_n) f'(\xi_{n-1})}{f'(\xi)^3} e_n e_{n-1}$$

式中:ξ为x_n和x_*之间的某个点。

也就有

$$e_{n+1} = O(e_n^2)$$

这称为二次收敛。对于性质较好的光滑函数,一旦选取的初始解靠近精确解,每进行一次迭代,误差就近似于平方一次,同时结果中正确数字的数目就大约变为 2 倍。前面计算$\sqrt{2}$的运行结果是非常典型的。

当局部收敛理论中的假设不满足时,牛顿法可能变得非常不可靠。如果$f(x)$不具有连续的、有界的一阶和二阶导数,或者初始解没有足够地靠近准确解,局部收敛理论就不成立,牛顿法可能收敛得很慢或者根本不收敛。

【例2-21】 用牛顿法求函数 $f(x) = (x-1)^2 + 2$ 的根。

牛顿法函数调用 MATLAB 代码如下：

```
% 牛顿法求一元二次方程的根
% y = (x-1)^2 +2
% y' = 2x -2
clc;clear all;
xguess = 10;% 猜的初始点
N = 50;% 迭代次数
x1 = xguess;
x = zeros(N,1);
for i = 1:N
deltax = -((x1-1)^2+2)/(2*x1-2);% delta x = -f'(xn)/f(xn)
x2 = x1 + deltax; % xn +1 = xn + delta x
x1 = x2;
x(i) = x1;% x 是每次迭代的结果
end
figure(1);
t = [0:0.1:12];
y = (t-1).^2 +2;
yx = (x-1).^2 +2;
plot(t,y,'LineWidth',2);hold on; % 画方程曲线
plot([xguess,xguess],[0,(xguess-1)^2 +2]);
plot([xguess,x(1)],[(xguess-1)^2 +2,0]);
for ii = 1:2
plot([x(ii),x(ii)],[0,yx(ii)]);
plot([x(ii),x(ii+1)],[yx(ii),0]);
end
set(gca,'LineWidth',2);
xlabel('x','FontSize',18);
ylabel('y','FontSize',18);
figure(2);
plot(x);
hold on
plot([1,50],[1,1]);% 真实值
set(gca,'LineWidth',2);
xlabel('迭代次数');
ylabel('迭代结果');
legend('牛顿法结果','真实值');
```

运行程序,输出图形如图 2.28 和图 2.29 所示。

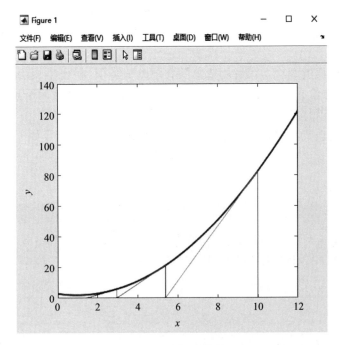

图 2.28　牛顿法迭代

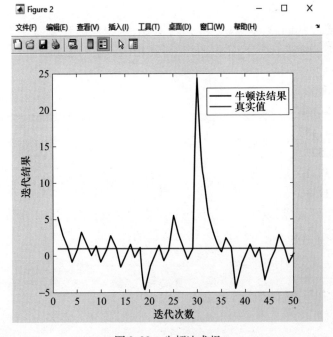

图 2.29　牛顿法求根

061

2.3.3 割线法

割线法用最近两次迭代解构造出的有限差分近似,替代牛顿法中的求导数计算,不同于牛顿法在$f(x)$曲线上某一点画切线的方法,它通过两个点画一条割线,下一个迭代解就是割线与x轴的交点。

割线法的迭代需要两个初始值x_0和x_1,后续的迭代解计算如下:

$$\begin{cases} s_n = \dfrac{f(x_n) - f(x_{n-1})}{x_n - x_{n-1}} \\ x_{n+1} = x_n - \dfrac{f(x_n)}{s_n} \end{cases}$$

从上面公式可清楚地看出,牛顿法中的$f'(x_n)$被割线的斜率S_n所替代。

下面 MATLAB 程序中的公式表达紧凑得多:

```
while abs(b-a) > eps*abs(b)
c = a;
a = b;
b = b+(b-c)/(f(c)/f(b)-1);
k = k+1;
end
```

对于计算$\sqrt{2}$的问题,从$a=1$和$b=2$开始,割线法的计算需要 7 次迭代,而牛顿法计算需要 6 次迭代。下面是割线法计算出的一系列近似解:

1.33333333333333
1.40000000000000
1.41463414634146
1.41421143847487
1.41421356205732
1.41421356237310
1.41421356237310

相对于牛顿法,割线法的主要优点是不需要显式计算$f'(x)$,而它有类似的收敛性质。假设$f'(x)$和$f''(x)$连续,则可以证明:

$$e_{n+1} = \frac{1}{2} \frac{f''(\xi) f'(\xi_n) f'(\xi_{n-1})}{f'(\xi)^3} e_n e_{n-1}$$

式中:ξ为x_n和x_*之间的某个点。

也就是:

$$e_{n+1} = O(e_n e_{n-1})$$

这不是二次收敛,但它是超线性收敛。可以证明:
$$e_{n+1} = O(e_n^\varphi)$$
式中:φ 为黄金分割比,$\varphi = (1+\sqrt{5})/2$。

一旦选择了接近准确解的近似解,每进行一次迭代,结果中正确数字的数目就大约变为1.6倍。这基本上和牛顿法一样快,而且远快于二分法得到的每步一位的收敛速度。

【例2-22】用割线法求方程 $x^3 + 2x^2 + 10x - 20 = 0$ 的根,要求 $|x_{k+1} - x_k| < 10^{-6}$。

割线法函数调用MATLAB代码如下:

```
% 设置初值
x0 = 1;
x1 = 1.1;
% 计算 f(x)的值
y0 = x0^3 + 2 * x0^2 + 10 * x0 - 20;
y1 = x1^3 + 2 * x1^2 + 10 * x1 - 20;
% 割线公式
x = x1 - y1 * (x1 - x0) / (y1 - y0);
% 更新 f(x)的值
y = x^3 + 2 * x^2 + 10 * x - 20;
% 设置阈值,当误差小于 0.000001 时结束计算
% 重复上面的迭代计算
while abs(x - x1) > 0.000001
    x0 = x1;
    x1 = x;
    y0 = y1;
    y1 = y;
    x = x1 - y1 * (x1 - x0) / (y1 - y0);
    y = x^3 + 2 * x^2 + 10 * x - 20;
end
% 显示根
disp(x);
```

运行程序,输出结果: 1.3688

即 x = 1.3688 为方程的根。

由上述例子可以看出,二分法需要较多次迭代才能精确到小数点后四位有效数字。而牛顿法和割线法分别需要3次和4次能达到如此的效果。很明显牛顿法和割线法优于二分法。这是因为二分法是线性收敛的,而牛顿法至少是二阶收敛的。割线法是超线性收敛的,而且收敛速度小2。

二分法的收敛速度虽然较慢,但它是全局收敛的,而牛顿法和割线法是局部收敛的。

2.3.4 逆二次插值

割线法使用前两个近似解得到下一个解,那么为什么不利用前三个近似解?

假设已知 3 个值 a、b 和 c,以及对应的函数值 $f(a)$、$f(b)$ 和 $f(c)$。首先可以用一条抛物线(也就是关于 x 的二次函数)对这些数据进行插值,然后令抛物线与 x 轴的交点为下一个迭代解。这样做的问题是,抛物线可能不与 x 轴相交,因为二次方程未必有实数根,这也可以被看成是一种好处。马勒法采用二次方程的复数根来近似计算 $f(x)$ 的复数零解。但是,现在希望避免复数运算。

不同于考虑 x 的二次函数,可以将 3 个点插值为关于 y 的二次函数。那是一条"侧向"抛物线 $P(y)$,它由插值条件:
$$a = P(f(a)), b = P(f(b)), c = P(f(c))$$
所确定。这条抛物线与 x 轴有交点,交点处 $y = 0$,对应的,$x = P(0)$ 为下一步迭代解。

上述方法称为逆二次插值(inverse quadratic interpolation, IQI)。实现这个方法的 MATLAB 程序:

```
k = 0;
while abs(c-b) > eps*abs(c)
x = polyinterp([f(a),f(b),f(c)],[a,b,c],0)
a = b;
b = c;
c = x;
k = k+1;
end
```

这个"纯粹"的 IQI 算法的问题是用多项式插值求数据点的横坐标要求 $f(a)$、$f(b)$ 和 $f(c)$ 互不相同,但这是无法保证的。例如,通过求解 $f(x) = x^2 - 2$ 计算 $\sqrt{2}$,并从 $a = -2$、$b = 0$ 和 $c = 2$ 开始,则一开始就出现 $f(a) = f(c)$ 的情况,第一步就无法执行。如果开始时的参数接近这种奇异的情况,可以从 $a = -2.001$、$b = 0$ 和 $c = 1.999$ 开始,则得到的下一步迭代解近似于 $x = 500$。

2.3.5 Zeroin 算法

Zeroin 算法的核心思想是将二分法的可靠性与割线法及 IQI 算法的收敛速度

结合起来。20世纪60年代,荷兰阿姆斯特丹市数学中心的T. J. Dekker等开发了这个算法的第一个版本,在MATLAB中的实现则基于Richard Brent的版本。下面是这个算法的梗概:

(1)选取初始值a和b,使得$f(a)$和$f(b)$的正负号正好相反。

(2)使用一步割线法,得到a和b之间的一个值c。

(3)重复下面的步骤,直到$|b-a|<|b|$或者$f(b)=0$。重新排列a、b和c(可能要经过两轮),使得(a)和$f(b)$的正负号相反,$|f(b)|\leq|f(a)|$,c的值为上一步b的值。

(4)如果$c\neq a$,执行IQI算法中的一步迭代。

(5)如果$c=a$,执行割线法中的一步。

(6)如果执行一步IQI算法或割线法得到的近似解在区间$[a,b]$内,接受这个解为c。

(7)如果这个近似解不在区间$[a,b]$内,执行一步二分法得到c。

这个算法十分简单而且安全,它一直将方程的解包含于不断缩小的区间中。在迭代过程中,如果可以用快速收敛的算法,就用它们;否则,使用速度较慢的但非常稳定的算法求下一个近似解。

2.3.6 fzero( )函数

在MATLAB中实现Zeroin算法的是函数fzero( ),它除了基本算法外,还包括了其他几项功能。在它的开始部分,使用一个输入的初始估计值,并寻找使函数正、负号发生变化的一个区间;由函数$f(x)$返回的值将被检验,是否是无穷大、NaN或者复数;可以改变默认的收敛阈值;也可以要求得到更多的输出,如调用函数求值的次数。

(1)MATLAB中fzero函数的用法:

功能:查找一元连续函数的零点。

用法:

```
x = fzero(fun,x0) % 查找 fun 函数在 x0 附近的零点
x = fzero(fun,x0,options) % 由指定的优化参数 options 进行最小化
```

【例2-23】求sin函数在3附近的零点。

MATLAB代码如下:

```
x = fzero(@ sin,3)
```

运行程序,输出结果如下:

```
x = 3.1416 即 x =3.1416 是 sin(x)的零点
```

【例2-24】求 cos 函数在 1 和 2 之间的零点。

MATLAB 程序如下：

```
x = fzero(@ cos,[1 2])
```

运行程序，输出结果如下：

x = 1.5708 即 x = 1.5708 是 cos(x) 的零点

【例2-25】求函数 $f(x) = x^3 - 2x - 5$ 在 2 附近的零点。

MATLAB 程序如下：

```
x = fzero(@ (x)x.^3 -2*x -5,2)
```

运行程序，输出结果如下：

x = 2.0946 即 x = 2.0946 是 $f(x) = x^3 - 2x - 5$ 的零点

(2) fzerot(x) 由 fzero 简化而来，去掉了大多数附带的功能，而保留了 Zeroin 主要的用途。

用第一类的零阶贝塞尔函数 $J_0(x)$ 来说明 fzerot(x) 是怎么工作的，$J_0(x)$ 可通过 MATLAB 命令 besselj(0,x) 得到。

【例2-26】下面的程序能求出 $J_0(x)$ 的前 10 个零解，并画出输出图形。

MATLAB 程序如下：

```
bessj0 = inline('besselj(0,x)');
for n = 1:10
z(n) = fzero(bessj0,[(n-1) n]*pi);
end
x = 0:pi/50:10*pi;
y = besselj(0,x);  plot(z,zeros(1,10),'o',x,y,'-')
line([0 10*pi],[0 0],'color','black')
axis([0 10*pi -0.5 1.0])
```

运行程序，输出图形如图 2.30 所示。

从图 2.30 中可以看出，$J_0(x)$ 的图形很像是 cosx 的幅值和频率经过调制后的版本，相邻两个零解的距离近似等于 π。

函数 fzerot(x) 有两个输入参数：一个参数指定要计算零解的函数 $F(x)$，另一个参数指定初始的搜索区间 [a,b]。fzerot(x) 也是 MATLAB 函数的函数 (function function) 的例子，也就是说，它是以另一个函数为参数的函数。ezplot 是另一个这样的例子。

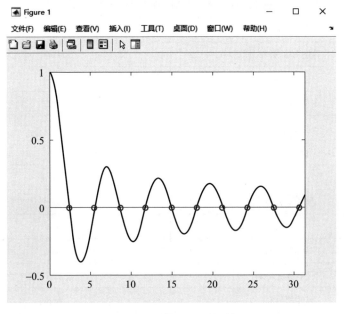

图2.30 函数 $J_0(x)$ 的零解

2.4 概率统计分布计算

MATLAB 中的统计工具箱是一套建立在 MATLAB 数值计算环境下的统计分析工具,能够支持范围广泛的统计计算任务。概率统计方法在金融工程学、宏观经济学、生物医学、计算物理学(如粒子输运计算、量子热力学计算、空气动力学计算、核工程)等领域应用广泛。

2.4.1 概率密度函数

表 2.16 给出 MATLAB 支持的 20 多种分布以及它们名称的字母缩写,MATLAB 可以识别这些字母所代表的分布,并进行相应的计算和操作。

MATLAB 中求概率密度有一个通用的函数 pdf( ),通过此函数可以求表 2.16 所列的 23 种输入分布的概率密度函数。此函数的调用格式如下:

$$Y = \text{pdf}('\text{name}', X, A_1, A_2, A_3)$$

式中:name 为表 2.16 中分布的字母缩写;X 为样本矩阵;A_1、A_2 和 A_3 为分布参数矩阵;Y 为概率密度矩阵。

表 2.16　MATLAB 支持的分布类型

分布名称	字母缩写
贝塔 Beta 分布	beta
二项分布	bino
卡方 χ^2 分布	chi2
指数分布	exp
极值分布	ev
F 分布	f 或 F
伽马 γ 分布	gam
几何分布	geo
广义极值分布	gev
广义帕累托分布	gp
超几何分布	hype
对数正态分布	logn
负二项分布	nbin
非中心 F 分布	ncf
非中心 t 分布	nct
非中心 χ^2 分布	ncx2
正态分布	norm
泊松分布	poiss
瑞利分布	rayl
t 分布	t
连续均匀分布	unif
离散均匀分布	unid
韦伯分布	wbl

对于某些分布,有些参数矩阵可以不必输入。X、A_1、A_2 和 A_3 必须是具有同样大小的矩阵,当其中输入之一为标量时,程序会将其调整为与其他输入同维的矩阵。

另外,MATLAB 对于每种分布还有专用的概率密度求解函数,如表 2.17 所列。

表 2.17 概率密度函数

分布名称	概率密度函数	常用调用格式
贝塔分布	betapdf	$Y = \text{betapdf}(X, A, B)$
二项分布	binopdf	$Y = \text{binopdf}(X, N, P)$
卡方 χ^2 分布	chi2pdf	$Y = \text{chi2pdf}(X, V)$
混合分布	copulapdf	$Y = \text{copulapdf}('Gaussian', U, \text{rho})$ $Y = \text{copulapdf}('t', U, \text{rho}, Nu)$ $Y = \text{copulapdf}(\text{family}, U, \text{alpha})$
极值分布	evpdf	$Y = \text{evpdf}(X, mu, sigma)$
指数分布	exppdf	$Y = \text{exppdf}(X, mu)$
F 分布	fpdf	$Y = \text{fpdf}(X, V1, V2)$
伽马 γ 分布	gampdf	$Y = \text{gampdf}(X, A, B)$
几何分布	geopdf	$Y = \text{geopdf}(X, P)$
广义极值分布	gpvpdf	$Y = \text{gevpdf}(X, K, sigma, mu)$
广义帕累托分布	gppdf	$P = \text{gppdf}(X, K, sigma, theta)$
超几何分布	hygepdf	$Y = \text{hygepdf}(X, M, K, N)$
对数正态分布	lognpdf	$Y = \text{lognpdf}(X, mu, sigma)$
多项式分布	mnpdf	$Y = \text{mnpdf}(X, PROB)$
多元正态分布	mvnpdf	$Y = \text{mvnpdf}(X)$ $Y = \text{mvnpdf}(X, mu)$ $Y = \text{mvnpdf}(X, mu, sigma)$
多元 t 分布	mvtpdf	$Y = \text{mvtpdf}(X, C, df)$
负二项分布	nbinpdf	$Y = \text{nbinpdf}(X, R, P)$
非中心 F 分布	ncfpdf	$Y = \text{ncfpdf}(X, NU1, NU2, DELTA)$
非中心 t 分布	nctpdf	$Y = \text{nctpdf}(X, V, DELTA)$
非中心 χ^2 分布	ncx2pdf	$Y = \text{ncx2pdf}(X, V, DELTA)$
正态分布	normpdf	$Y = \text{normpdf}(X, mu, sigma)$
泊松分布	poisspdf	$Y = \text{poisspdf}(X, LAMBDA)$
瑞利分布	raylpdf	$Y = \text{raylpdf}(X, B)$
t 分布	tpdf	$Y = \text{unidpdf}(X, N)$
连续均匀分布	unidpdf	$Y = \text{unidpdf}(X, N)$
离散均匀分布	unifpdf	$Y = \text{unifpdf}(X, A, B)$
韦伯分布	wblpdf	$Y = \text{mblpdf}(X, A, B)$

上述函数的输出均为对应分布在 X 处的概率密度。后面的几个输入参数是描述分布的参数矩阵。需要注意的是输入参数的维数必须相等,否则会导致错误结果。

2.4.2 随机变量的一般特征

在概率统计中随机变量特征不一,然而随机变量的某些数值能够反映该概率统计的一般性特征,能够为用户提供一定的参考依据。随机变量的一般性特征有均值、方差、矩、相关系数等,MATLAB 统计工具箱自带这些函数,能够为用户快捷地计算这些共有特征。

1. 期望

设离散性随机变量的分布律为

$$P\{X = x_k\} = p_k, k = 1, 2, \cdots$$

则相应 X 的期望为

$$E(X) = \sum_{k=1}^{\infty} x_k p_k$$

对于来自总体 X 的一个样本,设其样本值 $x = (x_1, x_2, \cdots, x_n)$,则定义样本均值为:

$$\bar{x} = \frac{1}{n} \sum_{i=1}^{n} x_i$$

则 $\bar{x}$ 依概率收敛于 X 的均值。

在 MATLAB 统计工具箱中,提供了求解随机变量均值的函数。具体的调用格式如下:

(1)$Y = \text{mean}(X)$。如果 X 为一个向量,则表示求解该向量的均值。向量通常为一维向量,多维向量有具体的调用格式。如果 X 为一个矩阵,则求解出 Y 为矩阵 X 中每一列的均值,并保存在 Y 数组中。

(2)$Y = \text{mean}(X, Dim)$。若 $Dim = 1$,则表示求解 X 中第 Dim 列的数值均值;若 $Dim = 2$,则表示求解 X 中第 Dim 行的数值均值;若 $Dim = 3$,则表示 $Y = X$。

【例 2 – 27】求下列随机变量 X 相应的均值:

$$X = [1\ 2\ 3; 3\ 3\ 6; 4\ 6\ 8; 4\ 7\ 7]$$

提取该随机变量的一行数据,分析其均值。编程如下:

```
clc                            % 清屏
clear all;                     % 删除 workplace 变量
close all;                     % 关掉显示图形窗口
warning off                    % 不显示警告数据
X=[1 2 3;3 3 6;4 6 8;4 7 7];   % 数据
X1 = X(1,:);                   % 一行数据
Y1 = mean(X1);
```

运行程序,输出图形如图 2.31 所示。

图 2.31 随机一行的均值

提取该随机变量的一列数据,分析其均值。编程如下:

```
X2 = X(:,1);
Y2 = mean(X2);
```

运行程序,输出图形如图 2.32 所示。

图 2.32 随机一列的均值

对整个矩阵求均值,具体如下:

```
Y3 = mean(X);
```

运行程序,输出图形如图 2.33 所示。

图 2.33 矩阵的均值

对矩阵的某一列直接求均值,具体如下:

```
Y4 = mean(X,1);      % 矩阵列求均值
Y5 = mean(X,2);      % 矩阵行求均值
Y6 = mean(X,3);      % 矩阵本身
```

运行程序,输出图形如图 2.34 ~ 图 2.36 所示。

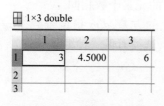

图 2.34 矩阵列求均值

图 2.35 矩阵行求均值

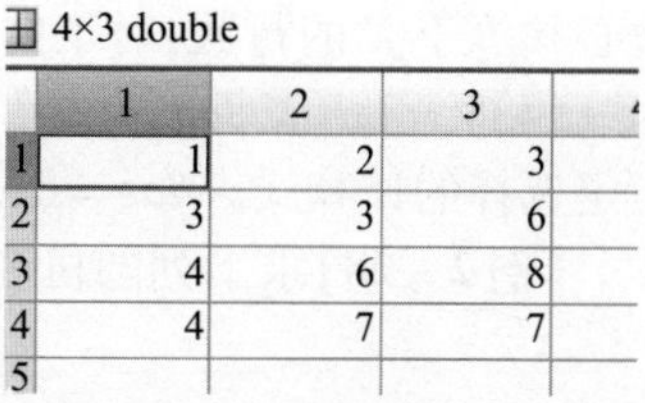

图 2.36 矩阵本身

2. 方差、标准差和矩

方差用来刻画随机变量 x 取值分散程度，其一般表示为

$$D(X) = E\{[x - E(X)]^2\} \tag{2.7}$$

在应用时还引入与随机变量 x 具有相同量纲的量 $\sqrt{D(X)}$，记为 $\sigma(X)$，称为标准差或均方差。

x 的 k 阶中心矩为

$$E\{[X - E(X)]^k\}, k = 2, 3, \cdots$$

由上可知，方差即为二阶中心矩。对于一个样本来说，样本方差通常分为无偏估计和有偏估计，具体如下。

无偏估计式：

$$S^2 = \frac{1}{n-1} \sum_{i=1}^{n} (x_i - \bar{x})^2 \tag{2.8}$$

有偏估计式：

$$S^2 = \frac{1}{n} \sum_{i=1}^{n} (x_i - \bar{x})^2 \tag{2.9}$$

样本标准差也对应有如下两种形式：

$$S = \sqrt{S^2} = \frac{1}{n-1} \sum_{i=1}^{n} (x_i - \bar{x})^2$$

$$S = \sqrt{S^2} = \frac{1}{n} \sum_{i=1}^{n} (x_i - \bar{x})^2$$

样本的 k 阶中心矩为

$$\bar{x} = \frac{1}{n} \sum_{i=1}^{n} (x_i - \bar{x})^k, k = 2, 3, \cdots$$

MATLAB 工具箱中提供了可供用户求解方差、标准差、矩的函数。具体调用格式如下：

1) var( ) 方差函数

(1) $V = \text{var}(X)$。若 X 为向量，则返回向量的样本方差值；若 X 为矩阵，则返回矩阵各列向量方差组成的行向量。其采用无偏式计算方差。

(2) $V = \text{var}(X, 1)$。函数采用有偏估计式计算 X 的方差，即前置因子为 $1/n$。var$(X, 0)$ 等同于 var(X)，其采用无偏式计算方差，前置因子为 $1/(n-1)$。

(3) $V = \text{var}(X, w)$。函数返回 X 以 w 为权的方差。对于矩阵 X, w 的元素个数必须等于 X 的行数；对于向量 X, w 的元素个数与 X 的元素个数相同。

(4) $V = \text{var}(X, fag, dim)$。函数返回 X 在特定维上的方差，dim 指定维数，$flag$ 指定选择的计算式。$flag = 0$，选择无偏式计算；$flag = 1$，选择有偏式计算。

【例 2-28】求下列随机变量 X 相应的方差：

$$X = [3\ 3\ 6]$$
$$w = [1\ 2\ 3]$$

由 MATLAB 自带工具箱函数进行方差计算,具体编程如下:

```
clc                    % 清屏
clear all;             % 删除 workplace 变量
close all;             % 关掉显示图形窗口
warning off            % 不显示警告
X = [3 3 6;];          % 数据
w = [1 2 3;];          % 权值
y1 = var(X)            % 方差
y2 = var(X,0)          % 无偏估计
y3 = var(X,1)          % 有偏估计
y4 = var(X,w)          % 权值 w 的方差
y5 = var(X,0,2)        % 无偏估计
```

运行程序,输出结果如下:

```
y1 =
    3
y2 =
    3
y3 =
    2
y4 =
    2.2500
y5 =
    3
```

2) std( ) 标准差函数

(1) $s = \text{std}(X)$。函数返回向量(矩阵) X 的标准差(前置因子 $1/(n-1)$)。

(2) $s = \text{std}(X, flag)$。$flag = 0$,前置因子为 $1/(n-1)$;$flag = 1$,前置因子为 $1/n$。

(3) $s = \text{std}(X, flag, dim)$。函数返回 X 在特定维上的标准差,dim 指定维数,$flag$ 指定选择的计算式。

【例 2-29】求下列随机变量 X 相应的标准差:

$$X = [3\ 3\ 6]$$
$$w = [1\ 2\ 3]$$

由 MATLAB 自带工具箱函数进行方差计算,具体编程如下:

```
clc                    % 清屏
clear all;             % 删除 workplace 变量
close all;             % 关掉显示图形窗口
warning off            % 不显示警告
X = [3 3 6;];          % 数据
```

```
w = [1 2 3;];           % 权值
y1 = std(X)             % 标准差
y2 = std(X,0)           % 前置因子值等于 1/(n-1)
y3 = std(X,1)           % 前置因子值等于 1/n
y4 = std(X,w)           % 权值 w 的标准差
```

运行程序,输出结果如下:

```
y1 =
    1.7321
y2 =
    1.7321
y3 =
    1.4142
y4 =
    1.5000
```

3) moment( ) 矩函数

(1) $m = \text{moment}(X, order)$。函数返回向量(矩阵) X 的 k 阶中心矩;$order$ 规定中心矩的阶数。

(2) $m = \text{moment}(X, order, dim)$。函数返回 dim 维上的 X 的中心矩。

【例 2 - 30】求下列随机变量 X 解相应的矩:
$$X = [1\ 2\ 3;\ 3\ 3\ 6;\ 4\ 6\ 8;\ 4\ 7\ 7];$$

由 MATLAB 自带工具箱函数进行矩计算,具体编程如下:

```
clc                     % 清屏
clear all;              % 删除 workplace 变量
close all;              % 关掉显示图形窗口
warning off             % 不显示警告
X = [1 2 3;3 3 6;4 6 8;4 7 7];   % 数据
y1 = moment(X,3)        % 计算矩阵 X 各列的 3 阶矩
y2 = moment(X,3,2)      % 计算矩阵 X 各行的 3 阶矩,并返回 2 维上的中心矩
```

运行程序,输出结果如下:

```
y1 =
   -1.5000    0   -4.5000
y2 =
    0
    2
    0
   -2
```

3. 协方差和相关系数

随机变量 x、y 的协方差和相关系数的定义式为

$$\mathrm{cov}(x,y) = E\{[x-E(x)][y-E(y)]\} \quad (2.10)$$

$$\rho = \frac{\mathrm{cov}(x,y)}{\sqrt{D(x)}\sqrt{D(y)}} \quad (2.11)$$

通常用协方差矩阵描述 n 维随机变量的 2 阶中心矩。如对于二维随机变量 (x,y),定义协方差矩阵形式为:

$$\begin{bmatrix} c_{11} & c_{12} \\ c_{21} & c_{22} \end{bmatrix}$$

式中,

$$c_{11} = E\{[x-E(x)]^2\}$$
$$c_{12} = E\{[x-E(x)][y-E(y)]\}$$
$$c_{21} = E\{[y-E(y)][x-E(x)]\}$$
$$c_{22} = E\{[y-E(y)]^2\}$$

其相应的样本协方差形式与样本方差形式类似,在此不再赘述。

MATLAB 自带工具箱中提供了求解协方差和相关系数的函数 cov( ) 和 corrcoef( ),用户可以根据帮助提示进行协方差和相关系数的求解。

1) cov( ) 计算协方差

(1) $C = \mathrm{cov}(X)$。X 为向量时,函数返回此向量的方差。X 为矩阵时,矩阵的每一行表示一组观察值,每一列代表一个变量。函数返回此矩阵的协方差矩阵,其中协方差矩阵的对角元素是 X 矩阵的列向量的方差值。

(2) $C = \mathrm{cov}(X,Y)$。返回 X、Y 的协方差矩阵,其中 X、Y 行数和列数相同。

(3) $C = \mathrm{cov}(X,1)$,$C = \mathrm{cov}(X,Y,1)$。计算协方差矩阵时前置系数取 $1/n$。$\mathrm{cov}(X,0)$ 与 $\mathrm{cov}(X)$ 相同,都是取前置系数为 $1/(n-1)$,此用法可参考 var 函数。

【例 2 – 31】求下列随机变量 X 和 Y 相应的协方差:

$X = [0.0654;0.0656;0.06566;0.065;0.065;0.066;0.0666]$
$Y = [0.00167;0.001;0.00279;0.00200;0.003879;0.0050;0.006]$

由 MATLAB 自带工具箱函数进行协方差计算,具体编程如下:

```
clc                % 清屏
clear all;         % 删除 workplace 变量
close all;         % 关掉显示图形窗口
warning off       % 不显示警告
x=[0.0654;0.0656;0.06566;0.065;0.065;0.066;0.0666];
y=[0.00167;0.001;0.00279;0.00200;0.003879;0.0050;0.006];
```

```
cx = cov(x)         % x 的协方差
vx = var(x)         % x 的方差
cxy = cov(x,y)      % x、y 的协方差
```

运行程序,输出结果如下:

```
cx =
  3.2051e - 07
vx =
  3.2051e - 07
cxy =
  1.0e - 05 *
    0.0321    0.0686
    0.0686    0.3388
```

2) corrcoef( )计算相关系数

(1) R = corrcoef(X)。返回矩阵 X 的相关系数矩阵,其各点值对应于相关矩阵的各点值除以相应的标准差。

(2) R = corrcoef(x,y)。返回 x、y 的相关系数矩阵。若 x、y 分别为列向量,则该命令等同于 R = corrcoef($[x\ y]$)。

(3) $[R,P]$ = corrcoef($\cdots$)。返回的 P 矩阵是不相关假设检验的 p 值。

(4) $[R,P,RLO,RUP]$ = corrcoef($\cdots$)。对于每一个 R 值,返回的 95% 置信区间为 $[RLO,RUP]$。

【例 2 - 32】求下列随机变量 X 和 Y 相应的相关系数:

$X = [0.0654; 0.0656; 0.06566; 0.065; 0.065; 0.066; 0.0666]$

$Y = [0.00167; 0.001; 0.00279; 0.00200; 0.003879; 0.0050; 0.006]$

由 MATLAB 自带工具箱函数进行协方差计算,具体编程如下:

```
clc                 % 清屏
clear all;          % 删除 workplace 变量
close all;          % 关掉显示图形窗口
warning off        % 不显示警告
x = [0.0654;0.0656;0.06566;0.065;0.065;0.066;0.0666];
y = [0.00167;0.001;0.00279;0.00200;0.003879;0.0050;0.006];
cor = corrcoef(x,y)  % x、y 相关系数
```

运行程序,输出结果如下:

```
cor =
    1.0000    0.6580
    0.6580    1.0000
```

2.4.3 一维随机数生成

生成随机数有两种选择：一种方法是可以每次只生成一个随机数，直接用此数计算 $f(x)$，然后循环重复此过程，最后求平均值；另一种方法是每次生成全部循环所需的随机数，利用 MATLAB 矩阵运算语法计算 $f(x)$，不需要写循环，直接即可求平均值。前一种方法代码简单，但速度慢；后一种方法代码相对更难写。

生成了一维的随机数后，可以用 hist( ) 函数查看这些数服从的大致分布情况。

1. rand( )

生成 (0,1) 区间上均匀分布的随机变量。

MATLAB 函数调用如下：

rand([M,N,P,…])

生成排列成 $M \times N \times P \cdots$ 多维向量的随机数。若只写 M，则生成 $M \times M$ 矩阵；若参数为 $[M,N]$，则可以省略掉方括号。

MATLAB 程序如下：

```
rand(5,1)       % 生成 5 个随机数排列的列向量，一般用这种格式
rand(5)         % 生成 5 行 5 列的随机数矩阵
rand([5,4])     % 生成一个 5 行 4 列的随机数矩阵
```

【例 2-33】生成随机数大致的分布。

编程如下：

```
clc
clear all;
close all;
x = rand(100000,1);
hist(x,30);
```

运行程序，可生成的随机数很符合均匀分布，如图 2.37 所示。

2. randn( )

生成服从标准正态分布（均值为 0，方差为 1）的随机数。

MATLAB 函数调用如下：

randn([M,N,P,…])

生成排列成 $M \times N \times P \cdots$ 多维向量的随机数。若只写 M，则生成 $M \times M$ 矩阵；若参数为 $[M,N]$，则可以省略掉方括号。

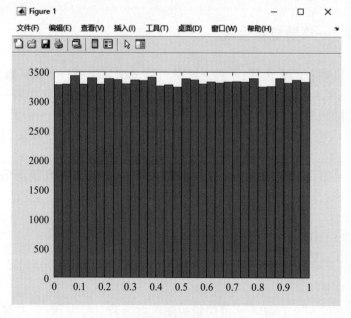

图 2.37　均匀分布

MATLAB 程序如下：

```
randn(5,1)          % 生成 5 个随机数排列的列向量，一般用这种格式
randn(5)            % 生成 5 行 5 列的随机数矩阵
randn([5,4])        % 生成一个 5 行 4 列的随机数矩阵
```

【例 2-34】生成随机数大致的分布。

编程如下：

```
clc
clear all;
close all;
x = randn(100000,1);
hist(x,50);
```

运行程序，可生成的随机数很符合标准正态分布，如图 2.38 所示。

3. unifrnd( )

与 rand( ) 类似，这个函数生成某个区间内均匀分布的随机数。

MATLAB 函数调用如下：

```
unifrnd(a,b,[M,N,P,…])
```

生成的随机数区间在 (a,b) 内，排列成 $M \times N \times P \cdots$ 多维向量。如果只写 M，则生成 $M \times M$ 矩阵；如果参数为 $[M,N]$，则可以省略方括号。

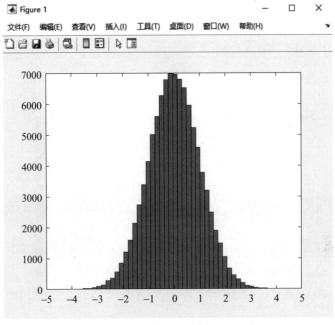

图 2.38　正态分布

MATLAB 程序如下：

```
% 生成的随机数都在(-2,3)区间内
unifrnd(-2,3,5,1)      % 生成 5 个随机数排列的列向量,一般用这种格式
unifrnd(-2,3,5)        % 生成 5 行 5 列的随机数矩阵
unifrnd(-2,3,[5,4])    % 生成一个 5 行 4 列的随机数矩阵
```

【例 2-35】生成随机数大致的分布。

编程如下：

```
clc
clear all;
close all;
x = unifrnd(-2,3,100000,1);
hist(x,50);
```

运行程序,可看到生成的随机数很符合区间(-2,3)上的均匀分布,如图 2.39 所示。

4. normrnd()

与 randn() 类似,此函数生成指定均值、标准差的正态分布的随机数。

MATLAB 函数调用如下：

```
normrnd(mu,sigma,[M,N,P,…])
```

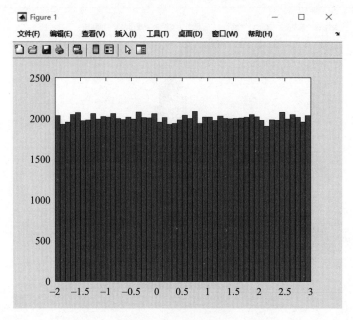

图 2.39 均匀分布

生成的随机数服从均值为 mu,标准差为 $sigma$(注意标准差是正数)的正态分布,这些随机数排列成 $M×N×P\cdots$ 多维向量。若只写 M,则生成 $M×M$ 矩阵;若参数为 $[M,N]$,则可以省略方括号。

MATLAB 编程如下:

```
% 生成的随机数所服从的正态分布都是均值为2,标准差为3
normrnd(2,3,5,1)      % 生成5个随机数排列的列向量,一般用这种格式
normrnd(2,3,5)        % 生成5行5列的随机数矩阵
normrnd(2,3,[5,4])    % 生成一个5行4列的随机数矩阵
```

【例 2 - 36】生成随机数大致的分布。

编程如下:

```
clc
clear all;
close all;
x = normrnd(0,1,100000,1);
subplot(211),hist(x,50);
x = normrnd(3,3,100000,1);
subplot(212),hist(x,50);
```

运行程序,可看到生成的随机数的正态分布,如图 2.40 所示。

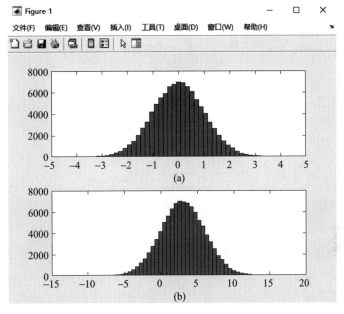

图 2.40　正态分布

图 2.40(a)是均值为 0、标准差为 1 的 10 万个随机数的大致分布,图 2.40(b)是均值为 2、标准差为 1 的 10 万个随机数的大致分布。

注意:图 2.40(b)的对称轴向正方向偏移(准确说移动到 $x=2$ 处),是由于均值为 2 的结果。

2.4.4　统计图绘制

MATLAB 统计工具箱在 MATLAB 丰富的绘图功能上又增添了一些特殊的图形表现函数。例如:box 图用以描述数据样本,也用于通过图形来比较多个样本的均值;正态概率图可以从图形上检验样本是否为正态分布;分位数—分位数图用于比较两样本的分布;拟合曲线图给出当前数据点的拟合曲线等。

1. box 图绘制

在 MATLAB 命令窗口中输入:

```
clc,clear,close all
x1 = normrnd(5,1,100,1);
x2 = normrnd(6,1,100,1);
boxplot([x1,x2],'notch','on')
% 画出带切口的 box 图
```

输出如图 2.41 所示的 box 图。

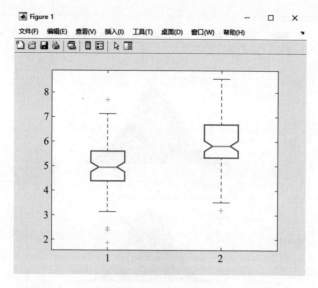

图 2.41 box 图

图形说明:盒子的上下两条线分别为样本的 25% 和 75% 分位数,中间的线表示样本中位数。从图中可知,中位数在盒子中间,因而两组数据都大致关于它们的均值对称。

虚线表示样本的其余部分,位于盒子的上下侧。

切口表示样本中位数的置信区间,默认情况下没有切口。此外,还可以用命令 boxplot([x1,x2],'notch','on','whisker',l)标出超出 1 倍的四分位数距离的样本奇异点。

2. 正态概率图绘制

在 MATLAB 命令窗口中输入:

```
clc,clear,close all
x = normrnd(0,1,50,1);
h = normplot(x);
```

输出如图 2.42 所示的正态概率图。

图形说明:样本是由正态随机数发生器产生的,因此其服从正态分布,故所得的概率图呈线性。叠加在数据上的实线为 x 中数据的第一和第三分位间的连线,有助于评估数据线性程度。

若样本不服从正态分布,则所得的概率图有所弯曲。

在 MATLAB 命令窗口中输入:

```
clc,clear,close all
x = unifrnd(0,1,[30,1]);% 产生[0,1]上的均匀分布随机数
normplot(x)
```

输出如图 2.43 所示的正态概率图。

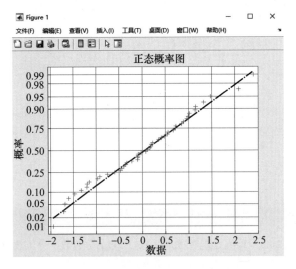

图 2.42　正态随机数的正态概率图

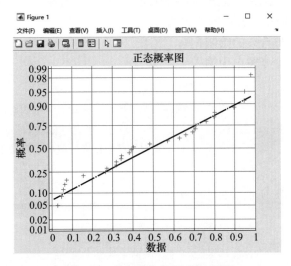

图 2.43　均匀分布的正态概率图

3. 分位数——分位数图的绘制

在 MATLAB 命令窗口中输入：

```
clc,clear,close all
x = normrnd(0,1,100,1); % 产生均值为 0、方差为 1 的 100 个正态随机数
y = normrnd(0.5,2,50,1);% 产生均值为 0.5、方差为 2 的 50 个正态随机数
qqplot(x,y);            % 作出分位数—分位数图
```

输出如图 2.44 所示的分位数—分位数图。

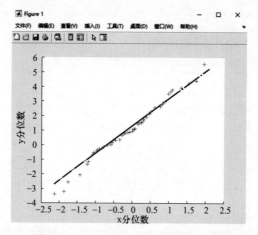

图 2.44 均值方差不同的两正态分布的分位数—分位数图

图形说明:由于 x,y 均值和方差均不同,即 x、y 数据不是来自同一分布,故所得的分位数—分位数图表现出一定的弯曲。中间的直线是将位于第一分位数和第二分位数之间的数据拟合绘制而成的。

4. 最小二乘拟合线的绘制

在 MATLAB 命令窗口中输入

```
clc,clear,close all
y =[2 3.4 5.6 8 12 12.3 13.8 16 18.8 19.9]';     % 输入一些数据点
plot(y,'+','linewidth',2);                        % 绘出这些数据点
lsline;                                           % 对这些数据进行最小二乘拟合
grid on
```

输出如图 2.45 所示的最小二乘拟合线图。

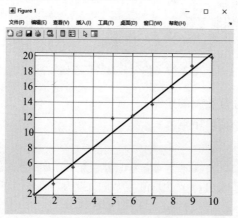

图 2.45 最小二乘拟合线图

2.4.5 蒙特卡罗方法

蒙特卡罗(Monte Carlo)方法计算的结果收敛的理论依据来自大数定律,且结果渐进地服从正态分布的理论依据是中心极限定理。

蒙特卡罗方法计算要进行很多次抽样,才会比较好地显示出来,如果蒙特卡罗计算结果的某些高阶距存在,即使抽样数量不太多,也可以很快达到这些渐进属性。

1. 蒙特卡罗数值积分

计算定积分,如 $\int_{x_0}^{x_1} f(x)dx$,如果能够得到 $f(x)$ 的原函数 $F(x)$,那么直接由式 $F(x_1) - F(x_0)$ 可以得到该定积分的值。但是,在很多情况下 $f(x)$ 太复杂,无法计算得到原函数 $F(x)$ 的显示解,这时只能用数值积分方法。

常规的数值积分方法是在分段之后将所有的微元面积全部加起来,用来近似函数 $f(x)$ 与 x 轴围成的面积。该做法是不精确的,但是随着分段数量增加,误差将减小,近似面积将逐渐逼近真实的面积。

蒙特卡罗数值积分方法和常规数值积分方法类似,差别是,蒙特卡罗方法中不需要将所有方柱的面积相加,只需要随机地抽取一些函数值,将它们的面积累加后计算平均值即可。通过相关数学知识可以证明,随着抽取点增加,近似面积也将逼近真实面积。

在金融产品定价中,大多数问题是求基于某个随机变量的函数的期望值。考虑一个欧式期权,假定已知在期权行权日的股票服从某种分布(理论模型中一般是正态分布),那么用期权收益在这种分布上做积分求期望即可。

2. 蒙特卡罗随机最优化

蒙特卡罗方法在随机最优化中的应用包括模拟退火(simulated annealing)、进化策略(evolution strategy)等。例如,已知某函数,求此函数的最大值。可以首先不断地在该函数定义域上随机取点,然后用得到的最大点作为此函数的最大值。这个例子实质也是随机数值积分,它等价于求此函数的无穷阶范数(∞—Norm)在定义域上的积分。

3. 大规模蒙特卡罗试验

从理论上来说,当蒙特卡罗模拟次数达到无穷大时,所得的结果将变成没有误差的确定值。但是,由于计算机内存容量的限制,程序一次性能做的蒙特卡罗模拟次数是有限的。这个问题在内存消耗巨大的向量化代码中体现得更为明显。

【例2-37】给定曲线 $y = 2 - x^2$ 和 $y^3 = x^2$,曲线的交点为 $p_1(-1,1)$、$p_2(1,1)$,用蒙特卡罗方法计算曲线围成平区域面积。

MATLAB 代码如下：

```
clc,clear,close all
P = rand( 10000,2);
x = 2 * P(:,1) -1;
y = 2 * P(:,2);
II = find(y < = 2 - x.^2&y.^3 > = x.^2);
M = length(II);
S = 4 * M/10000;
plot(x(II),y(II),'g.')
```

运行程序，输出结果如下：

```
S =
2.1376
```

运行程序，输出图形如图 2.46 所示。

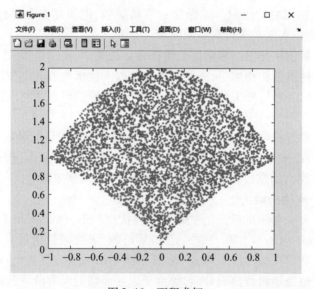

图 2.46　面积求解

【例 2-38】用蒙特卡罗方法计算 $\iiint (x^2 + y^2 + z^2) dxdydz$，其中，积分区域是由 $z = \sqrt{x^2 + y^2}$ 和 $z = 1$ 所围成。被积函数在积分区域上的最大值为 2。所以有四维超立方体：$-1 \leqslant x \leqslant 1$，$-1 \leqslant y \leqslant 1, 0 \leqslant z \leqslant 1, 0 \leqslant u \leqslant 2$。

MATLAB 代码如下：

```
clc,clear,close all
P = rand(10000,4);
```

```
x = -1 +2 * P(:,1);
y = -1 +2 * P(:,2);
z = P(:,3);
u = 2 * P(:,4);
II = find(z > sqrt(x.^2 +y.^2)&z < = 1&u < =x.^2 +y.^2 +z.^2);
M = length(II);
V = 8 * M/10000;
x1 = -1:0.1:1;
y1 = x1;
[X1 Y1] = meshgrid(x1,y1);
z1 = sqrt(X1.^2 + Y1.^2);
n = size(x1);
z2 = ones(n(1,2),n(1,2));
surf(x1,y1,z1)
hold on
surf(x1,y1,z2)
figure,plot(x(II),y(II),'go')
```

运行程序,输出结果如下:

```
V =
0.9088
```

运行程序,输出图形如图 2.47 和图 2.48 所示。

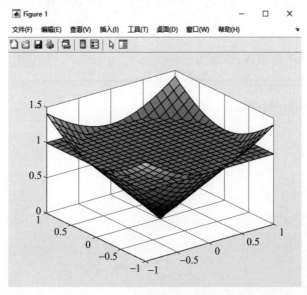

图 2.47 被积函数围成的体积

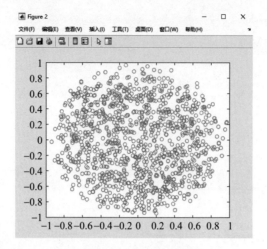

图 2.48 平面散点图

【例 2-39】用蒙特卡罗方法计算 $z \geqslant \sqrt{x^2+y^2}$ 且 $z \leqslant 1+\sqrt{1-x^2-y^2}$ 的冰激凌形锥体,它内含体积为 8 的六面体 $\Omega = \{(x,y,z) \mid -1 \leqslant x \leqslant 1, -1 \leqslant y \leqslant 1, 0 \leqslant z \leqslant 2\}$。由于 rand 产生 0~1 之间的随机数,所以 x、y、z 随机数产生程序如下:

```
x = 2 * rand - 1;产生 -1~1 之间的随机数
y = 2 * rand - 1;产生 -1~1 之间的随机数
z = 2 * rand;产生 0~2 之间的随机数
```

N 个点均匀分布于六面体中,锥体中占有 m 个,则锥体与六面体体积之比近似为 $m:N$,即 $\dfrac{V}{8} \approx \dfrac{m}{N}$。

绘制该冰激凌形锥体,编程如下:

```
clc,clear,close all
% function icecream(m,n)
%   if nargin = =0,
        m = 20;
        n = 100;
% end
t = linspace(0,2 * pi,n);
r = linspace(0,1,m);
x = r'* cos(t);
y = r'* sin(t);
z1 = sqrt(x.^2 +y.^2);
z2 = 1 + sqrt(1 +eps - x.^2 - y.^2);
X = [x;x];Y = [y;y];
```

```
Z=[z1;z2];
mesh(X,Y,Z)
view(0,-18)
colormap([0 0 1]),axis off
```

运行程序,输出图形如图 2.49 所示。

如图 2.49 所示,该冰激凌形模型体积求解如下:

$$v = \iint (1 + \sqrt{1-x^2-y^2} - \sqrt{x^2+y^2})\,dxdy, D:\{(x,y)\mid x^2+y^2 \leq 1\}$$

设 $x = r\sin\theta\cos\varphi, y = r\sin\theta\sin\varphi, z = r\cos\theta$,则该体积转化为一定积分:

$$V = \int_0^{2\pi} d\varphi \int_0^{\frac{1}{4}\pi} \sin\theta \int_0^{2\cos\theta} r^2\,dr$$

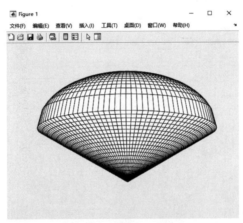

图 2.49 冰激凌形锥体模型

MATLAB 代码如下:

```
clc,clear,close all
% function [a,error] = MonteC(L)
%   if nargin = = 0,
        L =7;
% end
N =10000;
for k = 1:L
    P = rand(N,3);
    x =2 * P(:,1) -1;
    y =2 * P(:,2) -1;
    z =2 * P(:,3);
    R2 =x.^2 +y.^2;
```

```
    R = sqrt(R2);
    II = find(z > = R&z < =1 + sqrt(1 - R2));
    m = length(II);
    q(k) =8 * m/N;
end
error =q-pi
figure,plot(x(II),y(II),'go')
```

运行程序,输出结果如下:

```
error =
    0.0048    0.0368    0.0056    0.0160    0.0416    0.0616    0.0064
```

运行程序,输出图形如图 2.50 所示。

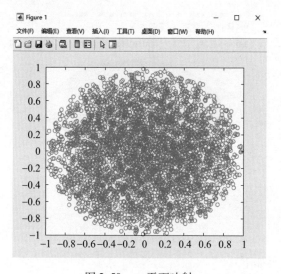

图 2.50　xy 平面映射

2.5　小结

针对数据分析和处理,MATLAB 提供了大量函数供用户使用。本章详细讲解了 MATLAB 的插值逼近、数据拟合、方程求解、概率统计计算等相关知识,主要是插值函数、拟合函数、多项式函数以及概率统计的分布计算。

本章介绍了如何使用 MATLAB 进行常见的数据分析,如数据插值、曲线拟合、傅里叶变换等,这些应用相对于前面章节的内容而言更加复杂,涉及的数学原理也比较深入,因此建议读者在阅读本章内容时结合相关数学原理一起学习。

第3章
控制系统分析与建模

S-Function 是一个 Simulink 模块。S-Function 中的输出值是状态、输入和时间的函数。S-Function 是 Simulink 的重要组成部分,Simulink 为编写 S-Function 提供了各种模板文件,其中定义了 S-Function 完整的框架结构,用户可以根据需要加以剪裁。本章主要将介绍 S-Function 的基本概念、工作原理以及如何使用和编写 S-Function,逐步掌握 S-Function 进行控制系统设计。

3.1 控制系统基本概念

3.1.1 控制系统的结构

自动控制系统(简称自控系统)是实现自动化的主要手段,在结构上有开环和闭环两种。

1. 开环控制系统

在一个控制系统中,若系统的输入量不受输出量影响,即系统的输出量对系统没有控制作用,则这种系统称为开环控制系统。图 3.1 为开环控制系统输入量与输出量之间的关系。

图 3.1 开环控制系统示意图

2. 闭环控制系统

输出量直接或间接地反馈到输入端,形成闭环参与控制的系统称为闭环控制系统。闭环控制系统是把输出量检测出来,经过物理量的转换,再反馈到输入端与指定量进行比较,并利用比较后的偏差,经过控制器对被控对象进行控制。图3.2为闭环控制系统输入量、输出量和反馈量之间的关系。

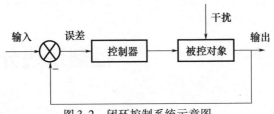

图3.2 闭环控制系统示意图

3. 开环控制系统与闭环控制系统的特点

两种控制系统的特点归纳如下:

(1)在开环控制系统中,只有输入量对输出量产生控制作用;从结构上看,只有从输入端到输出端的信号传递通道,即正向通道。而在闭环控制系统中,除了正向通道外,还必须有从输出端到输入端的通道,即反馈通道。

(2)闭环控制系统是利用偏差量作为控制信号来纠正偏差的,正是靠放大偏差信号来推动执行机构,进一步来控制被控对象。只要输出量与期望之间存在偏差,系统就会对被控对象施加控制量,以达到控制的目的。本章所提及的控制系统多为闭环控制系统。

4. 闭环控制系统的控制要求

闭环控制系统的控制要求归结如下。

(1)稳定性:对于不同的系统有不同的要求,如恒值系统要求当系统受到扰动后,经过一定时间的调整能够回到原来的期望值;而随动系统,要求被控量始终跟踪参考量的变化。稳定性是对系统的基本要求,它通常由系统的结构决定,与外界因素无关。

(2)准确性:通常用稳态误差来表示,即系统达到稳态时输出量的实际值与期望值之间的偏差,这一性能表示稳态时的控制精度。

(3)快速性:当系统的输出量与输入量之间产生偏差时,消除这种偏差的快慢程度。快速性好的系统,消除偏差的过渡过程时间就短,就能复现快速变化的输入信号,因而具有较好的动态性能。

一个闭环控制系统往往在满足稳定性、准确性和快速性的要求之间存在着矛盾,如要求高精度势必会导致快速性的下降。因此,在系统的设计过程中,需要根据具体情况综合考虑系统的性能要求,并合理地解决。

3.1.2 控制系统的数学模型

数学模型是计算机仿真的基础,指描述系统内部各物理量之间关系的数学表达式。控制系统的数学模型是指动态数学模型,下面将介绍控制系统的输入、输出模型和状态空间模型以及结构图模型。

1. 输入、输出模型

输入、输出模型是指用系统的输入、输出信号或其变换式所表示的数学模型。根据输入输出信号的不同类型,有以下三种模型:

(1) 微分方程模型:利用系统的物理定律来获取描述系统动态特性的数学模型,其输入、输出信号为时域信号 $x(t)$、$y(t)$。一般情况下,描述系统的线性常系数微分方程可表示为:

$$a_n \frac{\mathrm{d}y^n(t)}{\mathrm{d}t^n} + a_{n-1}\frac{\mathrm{d}y^{n-1}(t)}{\mathrm{d}t^{n-1}} + \cdots + a_1\frac{\mathrm{d}y(t)}{\mathrm{d}t} + a_0 y(t)$$
$$= b_m \frac{\mathrm{d}x^m(t)}{\mathrm{d}t^m} + b_{m-1}\frac{\mathrm{d}x^{m-1}(t)}{\mathrm{d}t^{m-1}} + \cdots + b_1 \frac{\mathrm{d}x(t)}{\mathrm{d}t} + b_0 x(t) \quad (3.1)$$

式中:$a_i(i=0,1,\cdots,n)$,$b_j(j=0,1,\cdots,m)$ 均为实数,由系统本身结构参数决定。

(2) 传递函数模型:将微分方程进行拉普拉斯变换并假设初始条件为零,就可以得到系统的传递函数模型:

$$\frac{Y(s)}{X(s)} = G(s) = \frac{b_m s^m + b_{m-1} s^{m-1} + \cdots + b_0}{a_n s^n + a_{n-1} s^{n-1} + \cdots + a_0} \quad (3.2)$$

用微分方程表述的系统很难模拟成框图,而由拉普拉斯变换获得的传递函数模型能将输入、输出和系统表示成简单的代数关系。

【例 3-1】建立一个控制系统的传递函数模型,系统是输入为 $x(t)$、输出为 $y(t)$ 的单输入单输出(SISO)三阶线性定常系统,其微分方程为

$$\dddot{y} + 3.2\ddot{y} + 2.4\dot{y} = 2\ddot{x} + 3\dot{x} + 1$$

在零初始条件下,对上式进行拉普拉斯变换,可得到系统的传递函数模型:

$$G(s) = \frac{Y(s)}{X(s)} = \frac{2s^2 + 3s + 1}{s^3 + 3.2s^2 + 2.4s}$$

利用函数命令 tf(num,den) 编写如下 MATLAB 代码:

```
num=[2 3 1];      % 传递函数的分子
den=[1 3.2 2.4 0];  % 传递函数的分母
sys=tf(num,den)
```

得到下面的运行结果:

```
sys =
    2 s^2 + 3 s + 1
  ---------------------
  s^3 + 3.2 s^2 + 2.4 s
```

还可以利用传递函数的零极点增益形式来建立该模型。先将传递函数的分子

和分母多项式表示成一系列一阶因子连乘的形式,即
$$G(s) = \frac{Y(s)}{X(s)} = 2\frac{(s+0.5)(s+1)}{s(s+1.2)(s+2)}$$

其中,增益系数为 2,零点为 -0.5 和 -1,极点为 0、-1.2 和 -2。

利用函数命令 zpk(z,p,k) 编写如下代码:

```
z = [-0.5 -1];
p = [0 -1.2 -2];
k = 2;
sys = zpk(z,p,k)
```

运行结果:

```
sys =
    2 (s+0.5) (s+1)
   -------------------
    s (s+1.2) (s+2)
```

注意:如果传递函数的分子和分母为多个多项式相乘,如:
$$G(s) = \frac{(s^2+2s+3)(s^2+0.1s+0.2)}{(s^2+1.1s+2.3)(s^2+4s+1)}$$

可以使用 conv 函数来解决多项式展开的问题,上述传递函数可用下面的代码实现:

```
num = conv([1 2 3],[1 0.1 0.2]);
den = conv([1 1.1 2.3],[1 4 1]);
sys = tf(num,den)
```

(3)频率特性模型:频率特性可直接由传递函数得到,即频率特性 $G(j\omega)$ 与传递函数 $G(s)$ 之间的关系可以表示为
$$G(j\omega) = G(s)$$

由于 $G(j\omega)$ 是复数,一般用 $A(\omega)$ 来表示 $G(j\omega)$ 的模,称为幅频特性,用 $\varphi(\omega)$ 来表示 $G(j\omega)$ 的幅角,称为相频特性。那么,有
$$G(j\omega) = A(\omega)e^{j\varphi(\omega)}$$

注意:3 种输入、输出数学模型之间是可以互相转换的。

2. 状态空间模型

状态空间模型是一种应用更为广泛的数学模型,它可以用于表示非线性系统、多变量系统,并可以利用计算机方便地求出其数值响应。一个线性定常系统的状态空间模型为
$$\begin{cases} \dot{x} = Ax + Bu \\ y = Cx + Du \end{cases}$$

式中:x 为状态向量;$\dot{x}$ 为状态向量对时间的微分;y 为输出向量;u 为输入或控制

向量；A 为系统矩阵；B 为输入矩阵；C 为输出矩阵；D 为前向反馈矩阵。

【例 3-2】建立一个控制系统的状态空间模型,并实现不同模型之间的转换控制。系统状态空间模型各个系数矩阵分别为

$$A = \begin{bmatrix} 0 & 1 & 0 \\ 0 & 0 & 1 \\ -1 & -2 & -3 \end{bmatrix}, B = \begin{bmatrix} 0 \\ 0 \\ 1 \end{bmatrix}, C = \begin{bmatrix} 1 & 0 & 0 \end{bmatrix}, D = 0$$

编写 MATLAB 程序：

```
A = [0 1 0;0 0 1; -1 -2 -3];
B = [0;0;1];
C = [1 0 0];
D = 0;
sys1 = ss(A,B,C,D)     % 建立状态空间模型
sys2 = tf(sys1)        % 转换成传递函数模型
sys3 = ss(sys2)        % 变换回状态空间模型
sys4 = zpk(sys1)       % 转换成零极点形式
sys5 = ss(sys4)
```

运行结果如下：

```
sys1 =
  A =
         x1   x2   x3
   x1     0    1    0
   x2     0    0    1
   x3    -1   -2   -3
  B =
         u1
   x1     0
   x2     0
   x3     1
  C =
         x1   x2   x3
   y1     1    0    0
  D =
         u1
   y1     0
sys2 =
              1
       - - - - - - - - - - - - - - - - - - - - - - -
        s^3 + 3 s^2 + 2 s + 1
```

```
sys3 =
    A =
          x1   x2   x3
      x1  -3   -2   -1
      x2   1    0    0
      x3   0    1    0
    B =
          u1
      x1   1
      x2   0
      x3   0
    C =
          x1   x2   x3
      y1   0    0    1
    D =
          u1
      y1   0
sys4 =
                         1
      ---------------------------------------------
      (s+2.325)(s^2 + 0.6753s + 0.4302)
sys5 =
    A =
              x1        x2        x3
      x1   -0.3376      1         0
      x2   -0.3162   -0.3376      1
      x3      0         0      -2.325
    B =
          u1
      x1   0
      x2   0
      x3   1
    C =
          x1   x2   x3
      y1   1    0    0
    D =
          u1
      y1   0
```

可以观察到,运行结果中 sys1、sys3 和 sys5 并不完全相同,因为控制系统传递函数的状态空间不具有唯一性,这取决于变换方法,但传递函数 sys2 和 sys4 是一致的。

根据控制理论,传递函数并不能完全表示一个系统,它只能表示出系统的可控部分。而状态空间模型,既可以表示出系统的可控部分,又可以表示出其不可控部分。因此,在分析和设计时状态空间模型的应用更加广泛。

3. 结构图模型

在控制系统中,传递函数具有非常重要的地位,它可以通过结构图的形式表现出来。根据连接方式的不同,控制系统的结构图可分为以下 3 种形式:

1) 串联形式

控制系统由子系统 $G_1(s)$ 和 $G_2(s)$ 串联而成,则系统的传递函数为

$$G(s) = G_1(s) G_2(s)$$

其结构如图 3.3 所示。

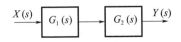

图 3.3　子系统串联结构

2) 并联形式

控制系统由子系统 $G_1(s)$ 和 $G_2(s)$ 并联而成,则系统的传递函数为

$$G(s) = G_1(s) \pm G_2(s)$$

其结构如图 3.4 所示。

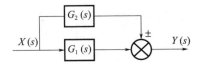

图 3.4　子系统并联结构

3) 反馈形式

控制系统由子系统 $G_1(s)$ 和 $H(s)$ 并联而成,则系统的传递函数为

$$G(s) = \frac{G_1(s)}{1 \pm G_1(s)H(s)}$$

其结构如图 3.5 所示。

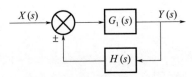

图 3.5　子系统反馈连接结构

3.1.3 控制系统的性能指标

性能指标是评价所设计出的控制系统的性能好坏的标准,这里只对系统的动态指标进行介绍。控制系统的动态指标是在单位阶跃响应的情况下定义的,主要包括超调量、调节时间、峰值时间、上升时间、恢复时间。

1. 超调量

超调量是指控制系统阶跃响应曲线 $h(t)$ 超出稳态值的最大值与稳态值的比值,一般用百分数来表示,即:

$$\sigma = \frac{h(t_p) - h(\infty)}{h(\infty)} \times 100\% \tag{3.3}$$

2. 调节时间

调节时间是指在控制系统阶跃响应曲线中,$h(t)$ 进入稳态值附近 $\pm 5\% h(\infty)$(或 $\pm 2\% h(\infty)$)的误差带而不再超出的最小时间,也称为过渡时间,用 t_s 表示。

3. 峰值时间

峰值时间是指从 0 到阶跃响应曲线 $h(t)$ 中超过其稳态值而达到第一个峰值之间所需要的时间,用 t_p 表示。

4. 上升时间

上升时间是指在控制系统阶跃响应曲线中,响应从 $0.1h(\infty)$ 到 $0.9h(\infty)$ 所需要的时间,用 t_r 表示。

【例 3-3】稳定的控制系统传递函数为

$$G(s) = \frac{Y(s)}{X(s)} = \frac{2s^2 + 3s + 1}{s^3 + 3.2s^2 + 2.4s + 1}$$

绘制其阶跃响应曲线,并指出系统的各性能指标。
利用阶跃响应函数 step 编写如下 MATLAB 代码:

```
num=[2 3 1];
den=[1 3.2 2.4 1];
sys=tf(num,den);
step(sys)
grid on
```

运行结果如图 3.6 所示。图中曲线上从左至右 4 个点分别为上升时间点、峰值点、调节时间点以及稳态时间点,于是可以知道系统上升时间为 0.723s、超调量为 31.1%、调节时间为 9.65s、稳态误差为 0。

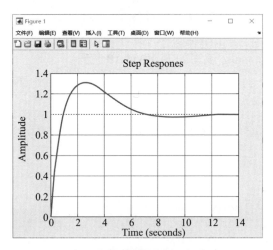

图 3.6　系统阶跃响应曲线

3.2　控制系统分析方法

控制系统的传统分析方法有时域分析法、根轨迹分析法、频域分析法,它们属于经典控制理论的范畴。状态空间分析法能揭示系统内部变量和外部变量之间的关系,因而有可能找出系统中未被认识的许多重要特性,它比经典控制理论更为全面。

3.2.1　时域分析法

时域分析法以拉普拉斯变换为工具,从传递函数出发直接在时间域上对控制系统性能进行研究。时域分析法主要用于分析系统的动态性能,是其他分析方法的基础。

1. 时域响应

时域响应是指系统在外部输入作用下的输出过程。根据外部输入的不同,有单位脉冲响应、单位阶跃响应、单位斜坡响应、单位加速度响应、单位正弦响应等。

1) 单位脉冲响应

外部输入为

$$r(t) = \delta(t) = \begin{cases} \infty, t = 0 \\ 0, t \neq 0 \end{cases}$$

式中:

$$\int_{-\infty}^{+\infty} \delta(t) \mathrm{d}t = 1$$

其拉普拉斯变换为

$$R(s) = L[\delta(t)] = 1 \tag{3.4}$$

【例 3-4】 求例 3-3 中系统的单位脉冲响应。

利用脉冲函数 impulse 编写如下 MATLAB 代码：

```
A=[0 1 0;0 0 1;-1 -2 -3];
B=[0;0;1];
C=[1 0 0];
D=0;
sys=ss(A,B,C,D);
impulse(sys)
```

运行结果如图 3.7 所示。

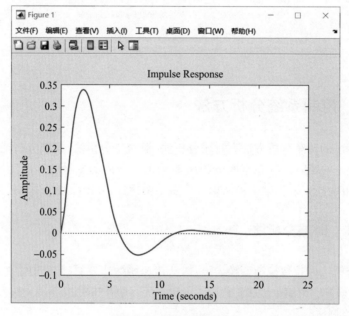

图 3.7 单位脉冲响应

2) 单位阶跃响应

外部输入为

$$r(t) = 1(t) = \begin{cases} 1, t > 0 \\ 0, t \leqslant 0 \end{cases}$$

其拉普拉斯变换为

$$R(s) = L[1(t)] = \frac{1}{s} \tag{3.5}$$

如例 3-3,可利用 step 函数进行仿真。

3) 单位斜坡响应

外部输入为

$$r(t) = \begin{cases} t, t > 0 \\ 0, t \leq 0 \end{cases}$$

其拉普拉斯变换为

$$R(s) = L[r(t)] = \frac{1}{s^2} \qquad (3.6)$$

4) 单位加速度响应

外部输入为

$$r(t) = \begin{cases} \frac{1}{2}t^2, t > 0 \\ 0, \quad t \leq 0 \end{cases}$$

其拉普拉斯变换为

$$R(s) = L[r(t)] = \frac{1}{s^3} \qquad (3.7)$$

5) 单位正弦响应

外部输入为

$$r(t) = \begin{cases} \sin t, t > 0 \\ 0, \quad t \geq 0 \end{cases}$$

利用单位正弦响应可以获得系统对不同频率的稳态响应,从而进一步判断系统性能。

除了 impluse 函数和 step 函数,MATLAB 还提供了很多时域分析函数,表 3.1 列出了常用连续系统时域分析函数。

表 3.1 常用连续系统时域分析函数

函数名	功能
impulse	单位脉冲响应
step	单位阶跃响应
initial	零输入响应
convar	白噪声方差响应
lism	任意指定形式输入响应

对于离散系统,只需在连续系统对应函数前加上 d 即可,如 dimpulse、dstep 等。

2. 稳定性分析

控制系统的稳定是系统能够正常工作的首要条件。若控制系统在受到一定扰动作用下,仍能恢复至原平衡状态,则该系统是稳定的;否则,该系统是不稳定的。下面介绍判断系统是否稳定的方法。

1）理论分析

系统传递函数为

$$C(s) = \frac{N(s)}{D(s)} \tag{3.8}$$

当系统特征方程 $D(s)=0$ 的根的实部全部为负值，即系统的特征根均在根平面的左半平面时，系统就是稳定的；否则，只要有实部为正的特征根，系统就不稳定。

常用的稳定性判据有劳斯判据和赫尔维茨判据。

2）数值计算

MATLAB 提供了直接求取系统所有零极点的函数 zpk，因此可以直接根据零极点的分布情况对系统的稳定性进行判断。

MATLAB 还提供了直接求根的函数 roots，因此可以对特征方程求根来判断稳定性。

【例 3-5】 已知单位负反馈控制系统的开环传递函数为

$$G_0(s) = \frac{s+1}{s(s+0.1)(s+0.2)}$$

试判断该系统的稳定性。

解：其闭环传递函数为

$$G(s) = \frac{G_0(s)}{1+G_0(s)} = \frac{s+1}{s^3 + 0.3s^2 + 1.02s + 1}$$

根据劳斯判据易知该系统是不稳定的。

编写如下代码来分析其稳定性：

```
z = -1;
p = [0 -0.1 -0.2];
k = 1;
G0 = zpk(z,p,k);
G = feedback(G0,1);      % 单位负反馈
sys1 = tf(G)
```

这样可以计算出闭环传递函数：

```
sys1 =
       s + 1
  ---------------
  s^3 + 0.3 s^2 + 1.02 s + 1
```

该结果与理论分析一致。

下面利用 zpk 函数（或 tf2zpk）和 roots 函数来分析系统稳定性：

```
sys2 = zpk(sys1);
sys2.p{:}              % 获得系统所有极点
roots(sys1.den{:})     % 获得所有特征根
ans =
   0.2210 + 1.1398i
   0.2210 - 1.1398i
  -0.7419 + 0.0000i
ans =
   0.2210 + 1.1398i
   0.2210 - 1.1398i
  -0.7419 + 0.0000i
```

可以看到利用 zpk 函数得到的极点和利用 roots 函数得到的特征根是一致的，并且存在实部为正的特征根，所以系统是不稳定的。

3.2.2 根轨迹分析法

根轨迹是指系统的某个特定参数(通常是开环增益 K)从 0 变化到无穷大时，描绘闭环系统特征方程的根在 S 平面内所有可能位置的图形。通过观察根轨迹图，能够获得大量被控系统的闭环特性，从而对控制器的设计做出选择。

1. 幅值条件和相角条件

对于如图 3.8 所示的控制系统，把特征方程 $1 + G(s)H(s) = 0$ 稍做调整，有如下的根轨迹方程：

$$G(s)H(s) = \frac{K\prod_{i=1}^{m}(s+Z_i)}{\prod_{j=1}^{n}(s+P_j)} = -1 \qquad (3.9)$$

式中：$Z_i(i=1,2,\cdots,m)$、$P_j(j=1,2,\cdots,n)$ 为开环传递函数 $G(s)$ 和 $H(s)$ 的全部零点和极点。

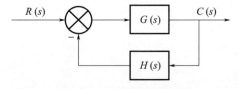

图 3.8　控制系统框图

根轨迹，即是指上述方程在开环增益 K 从 0 变换到无穷大时，闭环极点在复 S 平面内的变化情况，也就是 180°根轨迹。

上述方程可以分解成幅值和相角两个方程,分别称为幅值条件和相角条件。
幅值条件:

$$\frac{K\prod_{i=1}^{m}|(s+Z_i)|}{\prod_{j=1}^{n}|(s+P_j)|} = -1 \tag{3.10}$$

相角条件:

$$\sum_{i=1}^{m}\angle(s+Z_i) - \sum_{j=1}^{n}\angle(s+P_j) = 180°(2q+1), q = 0, \pm1, \pm2, \cdots$$

同时满足幅值条件和相角条件的 s 值就是特征方程的根。根轨迹也就是 S 平面上满足这两个条件的 s 点的连线。

2. 根轨迹绘制

MATLAB 提供了 pzmap 函数用于绘制系统零极点,还提供了 rlocus 函数获得系统的根轨迹图。rlocus 函数可以计算出根轨迹的 n 条分支,并以其选定的实轴和虚轴绘制图形。

注意:绘制根轨迹时,应令 S 平面实轴和虚轴的比例尺相同,这样才能正确反映 S 平面上坐标位置与相角的关系。在 MATLAB 中可以利用 axis equal 命令来实现。

【例 3-6】已知系统闭环传递函数为

$$G(s) = \frac{2(s+1)}{(s^2+2s+3)(s+3)}$$

试绘制系统的零极点图。
编写如下 MATLAB 程序:

```
clear all;
num = [2 2];
den = conv([1 2 3],[1 3]);
sys = tf(num,den);
sys1 = zpk(sys);
z = sys1.z;
p = sys1.p;
pzmap(sys1);
title('零极点图')
grid on
axis equal
```

运行程序得到如图 3.9 所示的零极点图,图中圆圈代表零点,叉代表极点。

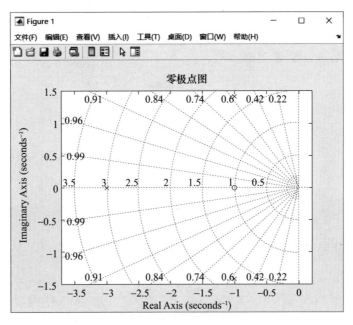

图 3.9 零极点图

【例 3 - 7】已知系统单位负反馈系统开环传递函数为

$$G(s) = \frac{K(s+2)}{s(s+1)(s+3)}$$

试绘制系统的根轨迹图。
编写如下 MATLAB 程序：

```
clear all
num = [1 2];
den = conv([1 0],conv([1 1],[1 3]));
sys = tf(num,den);
rlocus(sys)
title('根轨迹图')
axis equal
```

运行程序得到如图 3.10 所示的根轨迹图,图中圆圈代表零点,叉代表极点。

MATLAB 还提供了 rlocfind 函数,它可以计算出与根轨迹上指定极点相对应的根轨迹增益,该函数适用于连续时间系统和离散时间系统,其基本使用语法为 [k,poles] = rlocfind(sys),执行后根轨迹图窗口中会显示一个"十"字形光标,可以通过移动鼠标来选中指定极点,由 k 返回根轨迹增益,poles 返回所有对应的极点。

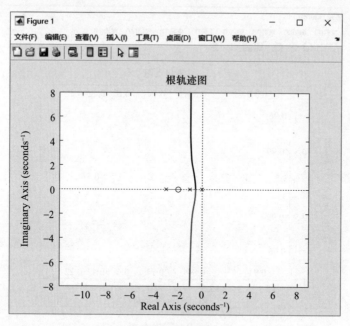

图 3.10　根轨迹图

【例 3-8】已知系统单位负反馈系统开环传递函数为：
$$G(s) = \frac{K(s+4)}{s(s+2.3)(s+5.6)}$$
试绘制系统的根轨迹图，并在根轨迹上选择一点，计算该点对应的增益 K 及其他闭环极点的位置。

编写如下 MATLAB 程序：

```
clear all
num = [1 1];
den = conv([1 0],conv([1 2.3],[1 5.6]));
sys = tf(num,den);
rlocus(sys)                    % 绘制根轨迹图
title('根轨迹图')
axis equal
[k,poles] = rlocfind(sys)      % 计算指定点处对应的增益及其他闭环极点
```

运行程序后，绘制了根轨迹，并在图形窗口中出现一个"十"字形光标，如图 3.11 所示。同时，MATLAB 命令窗口提示 Select a point in the graphics window，在图形窗口选择一个点。单击鼠标左键选中指定极点，图中会以红色"十"字标记出指定极点，如图 3.12 所示。

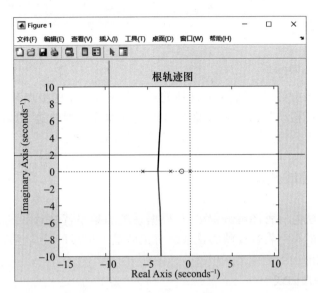

图 3.11 在根轨迹上选择指定极点

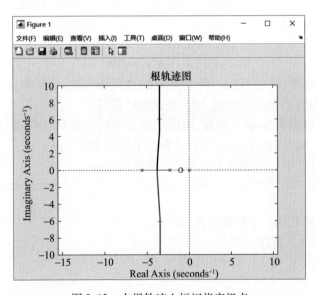

图 3.12 在根轨迹上标记指定极点

上述程序还有如下计算结果：

```
selected_point =
  -3.6655 + 1.9355i
k =
   8.1565
```

```
poles =
  -3.7181 + 1.9400i
  -3.7181 - 1.9400i
  -0.4638 + 0.0000i
```

从计算结果中可以看到,鼠标选择的极点与计算出来的极点有一定的偏差,这是由于通过鼠标移动"十"字形光标时难以精准地选中根轨迹,计算值为最近值。计算结果中有 3 个极点,这与图 3.12 中的标记结果一致。

3.2.3 频域分析法

频域分析法是一种图解分析法,它根据系统的频率特性对系统的性能进行分析。控制系统的频率特性反映的是系统对正弦输入信号的响应性能,可以得出定性和定量的结论。

1. 频率特性曲线

频率特性曲线包括三种常用形式,分别为奈奎斯特(Nyquist)曲线(极坐标图)、伯德(Bode)图(对数坐标图)和尼柯尔斯(Nichols)图(对数幅相图)。

1)奈奎斯特曲线

系统频率特性表示为

$$G(j\omega) = A(\omega) e^{j\varphi(\omega)} \tag{3.11}$$

在极坐标系中,向量 $G(j\omega)$ 随频率 ω 的变化而变化,当频率 ω 由 0 变换至无穷大时,向量 $G(j\omega)$ 顶点的轨迹,即为奈奎斯特曲线。

MATLAB 提供了 nyquist 函数,用以绘制系统的奈奎斯特曲线,其频率范围由函数自动选取,且在响应快速变化的位置会采用更多取样点。

【例 3-9】已知一个典型的一阶环节传递函数为

$$G(s) = \frac{1}{s+1}$$

试绘制该一阶环节的奈奎斯特曲线。

编写如下 MATLAB 程序:

```
clear all
num = 1;
den = [1 1];
sys = tf(num,den);
nyquist(sys);
grid
```

运行程序得到如图 3.13 所示的奈奎斯特曲线,曲线上的箭头表示 ω 的变化方向。

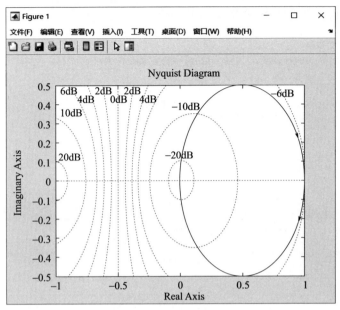

图 3.13　奈奎斯特曲线

2）伯德图

伯德图由对数幅频特性和对数相频特性两张图组成。

对数幅频特性：频率特性的对数值 $L(\omega)=20\lg A(\omega)$ 与频率的关系曲线，纵轴为 ω，单位为 dB，采用线性分度；

对数相频特性：频率特性的相角 $\varphi(\omega)$ 与频率 ω 的关系曲线，横轴采用对数分度，纵轴为线性分度，单位为度（°）。

对数幅频特性采用 $20\lg A(\omega)$，可以把幅值的乘除运算简化为加减运算，从而简化曲线的绘制过程。

MATLAB 提供了 bode 函数，用于绘制系统伯德图。

【例 3-10】已知一个典型的二阶环节传递函数为

$$G(s)=\frac{1}{s^2+s+1}$$

试绘制该二阶环节的伯德图。

编写如下 MATLAB 程序：

```
clear all
num = 1;
den = [1 1 1];
sys = tf(num,den);
bode(sys)
grid
```

程序运行得到如图 3.14 所示的伯德图。

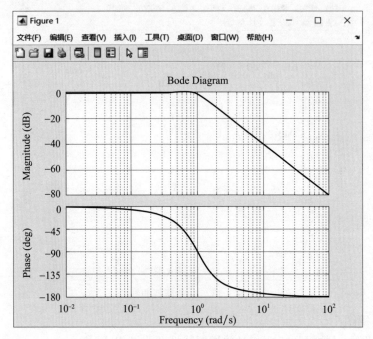

图 3.14　伯德图

3）尼柯尔斯图

尼柯尔斯图，即对数幅相图，它是将对数幅频特性和相频特性两张图在以角频率 ω 为参变量的情况下合成一张图。其纵轴为 $L(\omega)=20\lg A(\omega)$，横轴为相角 $\varphi(\omega)$。MATLAB 提供了 nichols 函数，用于绘制系统尼柯尔斯图。

【例 3-11】已知一个高阶系统的传递函数为

$$G(s)=\frac{0.1s^3+0.3s^2+0.11s+1.7}{2.01s^3+1.9s^2+3.12s+1}$$

试绘制该二阶环节的尼柯尔斯图。

编写如下 MATLAB 程序：

```
clear all
num = [0.1 0.3 0.11 1.7];
den = [2.01 1.9 3.12 1];
sys = tf(num,den)
nichols(sys)
grid
```

运行程序得到如图 3.15 所示的尼柯尔斯图。

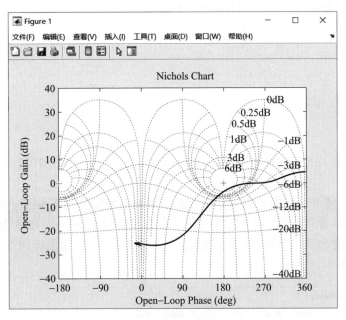

图 3.15 尼柯尔斯图

2. 频域性能指标

频率特性在数值上和曲线形状上的特点通常可用频域性能指标来衡量,它们可以很大程度地表明系统动静态特性。常用频域性能指标有下面四种:

(1)谐振峰值 M_r:幅频特性的最大值,它反映系统的平稳性。

(2)谐振频率 ω_r:幅频特性 $A(\omega)$ 出现最大值时所对应的频率。

(3)频带 ω_b:幅频特性 $A(\omega)$ 的幅值衰减到初始值的 $\sqrt{3}$ 倍时所对应的频率,它表示系统复现快速变化信号的能力。

(4)零频 $A(0)$:频率 $\omega=0$ 时的幅值,它表示系统阶跃响应的终值,反映系统的稳态精度,越接近 1,系统的精度越高。

【例 3 – 12】已知二阶系统的传递函数为

$$G(s) = \frac{2}{s^2 + 2s + 3}$$

试计算此系统的谐振幅值和谐振频率。

编写如下 MATLAB 程序:

```
num = 2;
den = [1 2 3];
sys = tf(num,den);
[mag,pha,w] = bode(sys);    % 获得伯德图的幅值、相角、角频率点向量
[A,i] = max(mag(1,:));      % 获得峰值
```

```
Mr = 20 * log10(A)          % 计算谐振幅值
Wr = w(i,1)                 % 计算谐振频
```

程序运行结果为:

```
Mr =
  -3.0103
Wr =
  1
```

从上述运行结果中可以看到,系统的谐振峰值 $M_r = -3.0103\text{dB}$,谐振频率 $\omega_r = 1\text{rad/s}$。

事实上,还可以直接从频率特性图上获得谐振峰值和谐振频率。在频率特性图的图形窗口中单击鼠标右键,选择菜单命令 Characteristics→ Peak Response,频率特性图上会出现一个圆点,该点就是系统的谐振频率处,单击该圆点可以看到它的信息,如图 3.16 所示。

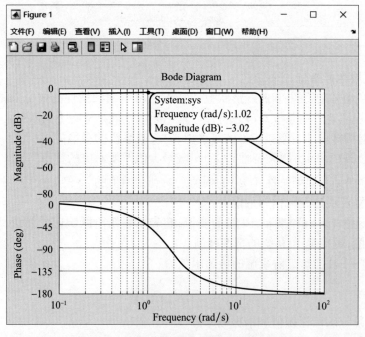

图 3.16　从频率特性图中找到谐振频率处

图 3.15 是利用伯德图,从图中可以看到谐振峰值为 -3.02,谐振频率为 0.926,与之前的计算是一致的。当然,也可以利用奈奎斯特曲线和尼柯尔斯图,原理是一样的。

3. 稳定性分析

1) 奈奎斯特稳定判据

当 ω 从负无穷大变化到正无穷大时,系统的奈奎斯特曲线逆时针包围点 $(-1,\mathrm{j}0)$ 的次数 N 等于系统位于右半平面的极点数 P 时,闭环系统稳定;否则,系统不稳定。此即奈奎斯特稳定判据,可直接从图像中判断稳定性。

采用伯德图时,奈奎斯特稳定判据:当 ω 从负无穷大变化到正无穷大时,在开环对数幅频特性曲线 $L(\omega) \geqslant 0$ 的频段内,相频特性曲线对 $-180°$ 线的正穿越与负穿越次数之差为 P,则闭环系统稳定。

【例 3-13】已知单位负反馈系统的开环传递函数为

$$G(s) = \frac{0.5(s+4)}{(s+2)(s-1)(s+3)}$$

试绘制系统的奈奎斯特曲线,并利用奈奎斯特稳定判据判断闭环系统的稳定性。编写如下 MATLAB 程序:

```
clear all
num = 0.5 * [1 4];
den = conv([1 2],conv([1 -1],[1 3]));
sys = tf(num,den);
nyquist(sys)
grid on
axis equal
```

运行程序得到如图 3.17 所示的奈奎斯特曲线。

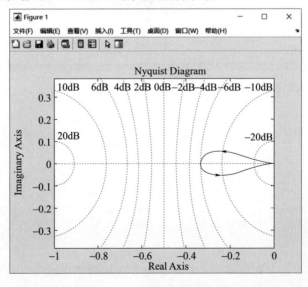

图 3.17 开环奈奎斯特曲线

开环系统有一个右半复平面的极点 $P=1$,其奈奎斯特曲线逆时针包围点 $(-1,\mathrm{j}0)0$ 次,那么根据奈奎斯特稳定判据可知,闭环系统不稳定。

2)稳定裕度

稳定裕度定量地表示系统的稳定性,分别有增益裕度和相角裕度。

增益裕度表示 $G(\mathrm{j}\omega)H(\mathrm{j}\omega)$ 曲线在负实轴上相对于点 $(-1,\mathrm{j}0)$ 的靠近程度,用 $K_\mathrm{g} = \dfrac{1}{|G(\mathrm{j}\omega_\mathrm{g})H(\mathrm{j}\omega_\mathrm{g})|}$ 来表示,其中,ω_g 满足 $\angle G(\mathrm{j}\omega_\mathrm{g})H(\mathrm{j}\omega_\mathrm{g}) = -180°$,增益裕度也表示系统处于临界状态时,系统增益所允许的增大倍数。

使系统达到临界稳定状态而还可增加的滞后相角就称为系统的相角裕度,用 $\gamma = 180° + \psi(\omega_\mathrm{c})$ 来表示,其中 ω_c 是截止频率。相角裕度 γ 是增益截止频率处相角与 180°线之间的距离。

MATLAB 提供了 margin 函数,用于计算系统的稳定裕度。

【例 3-14】已知一个高阶系统的开环传递函数为

$$G(s) = \dfrac{2(0.141s+1)}{s(0.12s+1)(0.29s+1)(0.33s+1)}$$

试计算系统的增益裕度和相角裕度。

编写如下 MATLAB 程序:

```
clear all
num = [0.282 2];
den = conv(conv([1 0],[0.12 1]),conv([0.29 1],[0.33 1]));
sys = tf(num,den);
[gm,pm,wcg,wcp] = margin(sys)
margin(sys)
grid on
```

运行程序得到下面的结果:

```
gm =
    3.5633
pm =
   38.8237
wcg =
    3.4331
wcp =
    1.6108
```

其中 gm、pm、wcg 和 wcp 分别为增益裕度和相角裕度以及相应的相角交界频率和截止频率,即 $K_\mathrm{g} = 3.5633$,$\gamma = 38.8237°$,$\omega_\mathrm{g} = 3.433\mathrm{rad/s}$,$\omega_\mathrm{c} = 1.6108\mathrm{rad/s}$。

图 3.18 为命令 margin(sys)的结果,它利用伯德图展示了系统的稳定裕度。

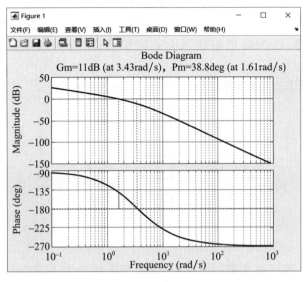

图 3.18　计算稳定裕度

3.2.4　状态空间分析法

现代控制论采用状态空间法来分析控制系统,它用一组状态变量的一阶微分方程组作为系统的数学模型,它可以反映出系统全部独立变量的变化情况,从而同时确定系统的全部内部运动状态。

1. 状态空间表示

描述系统状态变量与输入变量之间关系的一阶微分方程组(连续系统)或一阶差分方程组(离散系统)称为系统的状态方程。它表征了输入对内部状态的变换过程,其一般形式为

$$\dot{x}(t) = f(x(t), u(t), t) \tag{3.12}$$

描述系统输出量与系统状态变量和输入变量之间函数关系的代数方程称为输出方程。它表征了系统内部状态变化和输入所引起的系统输出变换,其一般形式为

$$y(t) = g(x(t), u(t), t) \tag{3.13}$$

状态空间表示,也就是将状态方程与输出方程组合起来,它表征一个系统完整的动态过程,所以也称为动态方程。其一般形式为

$$\begin{cases} \dot{x}(t) = f(x(t), u(t), t) \\ y(t) = g(x(t), u(t), t) \end{cases}$$

线性定常系统通常有如下向量矩阵形式:

$$\begin{cases} \dot{x} = Ax + Bu \\ y = Cx + Du \end{cases}$$

式中：x 为状态向量；y 为输出向量；A 为系统内部状态的系数矩阵；B 为输入对状态作用的矩阵；C 为输出与状态关系的矩阵；D 为输入直接对输出作用的矩阵。

上述系统动态方程可用如图 3.19 所示的框图表示。

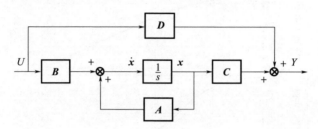

图 3.19　线性系统框图

除了之前提到的 ss 函数，MATLAB 还提供了 tf2ss 数和 zp2ss 函数，用于建立状态空间模型，它们有如下使用语法：

[A,B,C,D] = tf2ss(num,den)：其中，A、B、C、D 是状态空间模型的 4 个矩阵，num 是传递函数的分子多项式，den 是传递函数的分母多项式。

[A,B,C,D] = zp2ss(z,p,k)：其中，A、B、C、D 是状态空间模型的 4 个矩阵，z、p、k 分别为传递函数的零点、极点和增益。

【例 3-15】已知系统的传递函数为

$$G(s) = \frac{(s+1)(s+2)}{(s+3)(s+4)}$$

试求系统的状态空间模型。

编写如下 MATLAB 程序：

```
clear all
% 由传递函数形式转换成状态空间形式
num = conv([1 1],[1 2]);
den = conv([1 3],[1 4]);
sys1 = tf(num,den);
[A1,B1,C1,D1] = tf2ss(num,den)
sys2 = ss(sys1)
% 由零极点形式转换成状态空间形式
z = [-1 -2];
p = [-3 -4];
k = 1;
sys3 = zpk(z,p,k);
```

```
[A2,B2,C2,D2] = zp2ss(z,p,k)
sys4 = ss(sys3)
```

上述程序用了4种不同的方式建立状态空间模型,其运行结果如下:

```
A1 =
    -7  -12
     1    0
B1 =
     1
     0
C1 =
    -4  -10
D1 =
     1
sys2 =
   A =
          x1  x2
      x1  -7  -3
      x2   4   0
   B =
          u1
      x1   2
      x2   0
   C =
          x1    x2
      y1  -2  -1.25
   D =
          u1
      y1   1
A2 =
  -7.0000  -3.4641
   3.4641        0
B2 =
     1
     0
C2 =
  -4.0000  -2.8868
D2 =
     1
sys4 =
```

```
A =
        x1    x2
x1     -3    -2
x2      0    -4
B =
        u1
x1    1.414
x2    1.414
C =
         x1          x2
y1    -1.414     -1.414
D =
        u1
y1      1
```

由运行结果可知,系统的状态空间表示有 4 种:

$$\begin{cases} \dot{x} = \begin{bmatrix} -7 & -12 \\ 1 & 0 \end{bmatrix} x + \begin{bmatrix} 1 \\ 0 \end{bmatrix} u \\ y = \begin{bmatrix} -4 & 10 \end{bmatrix} x + u \end{cases}, \quad \begin{cases} \dot{x} = \begin{bmatrix} -7 & -3 \\ 4 & 0 \end{bmatrix} x + \begin{bmatrix} 2 \\ 0 \end{bmatrix} u \\ y = \begin{bmatrix} -2 & -1.25 \end{bmatrix} x + u \end{cases}$$

$$\begin{cases} \dot{x} = \begin{bmatrix} -7 & -3.4641 \\ 3.46411 & 0 \end{bmatrix} x + \begin{bmatrix} 1 \\ 0 \end{bmatrix} u \\ y = \begin{bmatrix} -4 & -2.8868 \end{bmatrix} x + u \end{cases}, \quad \begin{cases} \dot{x} = \begin{bmatrix} -3 & -2 \\ 0 & -4 \end{bmatrix} x + \begin{bmatrix} 1.414 \\ 1.414 \end{bmatrix} u \\ y = \begin{bmatrix} -1.414 & -1.414 \end{bmatrix} x + u \end{cases}$$

2. 标准型

从例 3 – 14 中可以看到,一个系统的状态空间表示可以是不唯一的。虽然同一控制系统、同一传递函数所产生的状态空间模型会是各种各样,但其独立的状态变量个数相同,这说明不同状态空间模型之间必然存在一定的联系,这种联系就是线性变换。

状态变量做非奇异变换

$$\bar{x} = px$$

便可得到新的状态空间模型

$$\begin{cases} \dot{\bar{x}} = PAP^{-1}\bar{x} + PBu \\ y = CP^{-1}\bar{x} + Du \end{cases}$$

由于上述非奇异变换,状态空间模型变成了另一种形式。而变换矩阵 **P** 不唯一,于是状态空间表示也不唯一。

尽管如此,可控标准型、可观标准型、对角标准型和约当标准型特别有用,下面进行介绍。

1）可控标准型

控制系统传递函数的分母多项式为
$$D(s) = s^n + a_1 s^{n-1} + \cdots + a_{n-1} s + a_n$$

分子多项式为
$$N(s) = b_1 s^{n-1} + b_2 s^{n-2} + \cdots + b_{n-1} s + b_n$$

则可控标准型为

$$\begin{cases} \dot{x} = \begin{bmatrix} 0 & & & -a_n \\ 1 & \ddots & & -a_{n-1} \\ & \ddots & 0 & \vdots \\ & & 1 & -a_1 \end{bmatrix} x + \begin{bmatrix} 1 \\ 0 \\ \vdots \\ 0 \end{bmatrix} u \\ y = \begin{bmatrix} b_1 & b_2 & \cdots & b_n \end{bmatrix} x + Du \end{cases}$$

2）可观标准型

可观标准型与可控标准型是共轭的，其形式为

$$\begin{cases} \dot{x} = \begin{bmatrix} 0 & 1 & & \\ & \ddots & \ddots & \\ & & 0 & 1 \\ -a_n & -a_{n-1} & \cdots & -a_1 \end{bmatrix} x + \begin{bmatrix} b_1 \\ b_2 \\ \vdots \\ b_n \end{bmatrix} u \\ y = \begin{bmatrix} 1 & 0 & \cdots & 0 \end{bmatrix} x + Du \end{cases}$$

3）对角标准型

当矩阵 A 所有特征根均不相等时，根据矩阵论的知识可知，它可以通过线性变换变成一个对角阵，即：

$$A = \begin{bmatrix} \lambda_1 & & & 0 \\ & \lambda_2 & & \\ & & \ddots & \\ 0 & & & \lambda_n \end{bmatrix}$$

式中：$\lambda(i=1,2,\cdots,n)$ 为矩阵 A 的 n 个不同特征根。

有时，矩阵 A 有的特征根为复数，那么矩阵 A 不能转化成上述纯粹的对角标准型，但是可以转化成下面的形式。

$$A = \begin{bmatrix} A_1 & & & 0 \\ & A_2 & & \\ & & \ddots & \\ 0 & & & A_m \end{bmatrix}$$

式中：$A_1, A_2, \cdots, A_m$ 为一个块，对应着不同的特征根；若该特征根为实数，则这个块为一个标量；如果该特征根为复数，则一定是共轭出现。这个块为：

$$\begin{bmatrix} \sigma & \omega \\ -\omega & \sigma \end{bmatrix}$$

式中：$\sigma \pm j\omega$ 为这对共轭特征根。

MATLAB 提供了 canon 函数，根据不同的参数选择，可以将系统状态空间模型转化成对角标准型或可控标准型。

【例 3-16】已知一个控制系统的状态空间表示为：

$$\begin{cases} \dot{x} = \begin{bmatrix} 0 & 0 & -1 \\ 1 & 1 & -2 \\ 0 & 1 & -3 \end{bmatrix} x + \begin{bmatrix} 1 \\ 0 \\ 0 \end{bmatrix} u \\ y = \begin{bmatrix} 1 & 2 & 3 \end{bmatrix} x \end{cases}$$

试求系统的对角标准型和可控标准型。

编写如下 MATLAB 程序：

```
clear all
A = [0 0 -1;1 1 -2;0 1 -3];
B = [1;0;0];
C = [1 2 3];
D = 0;
sys = ss(A,B,C,D);
[sys1,Pc] = canon(sys,'modal')% 对角标准型
[sys2,Ps] = canon(sys,'companion')% 可控标准型
```

程序运行结果如下：

```
sys1 =
    A =
              x1       x2        x3
    x1    0.2734   0.5638       0
    x2   -0.5638   0.2734       0
    x3        0        0    -2.547
    B =
           u1
    x1   2.187
    x2  -4.623
    x3   0.531
    C =
              x1       x2        x3
    y1   -0.9606  -0.5585   0.9789
    D =
           u1
    y1     0
```

```
Pc =
    2.1875   -2.0082    0.0512
   -4.6226   -2.4972    2.9467
    0.5310   -1.3522    4.7962
sys2 =
  A =
       x1  x2  x3
   x1   0   0  -1
   x2   1   0   1
   x3   0   1  -2
  B =
       u1
   x1   1
   x2   0
   x3   0
  C =
       x1  x2  x3
   y1   1   2   5
  D =
       u1
   y1   0
Ps =
    1    0    0
    0    1   -1
    0    0    1
```

程序中：P_c 和 P_s 为线性变换矩阵。

系统的对角标准型为

$$\begin{cases} \dot{x} = \begin{bmatrix} 0.2734 & 0.5638 & 0 \\ -0.5638 & 0.2734 & 0 \\ 0 & 0 & 2.5468 \end{bmatrix} x + \begin{bmatrix} 2.1875 \\ -4.6226 \\ 0.5310 \end{bmatrix} u \\ y = \begin{bmatrix} -0.9606 & -5.5585 & 0.9789 \end{bmatrix} x \end{cases}$$

其可控标准型为

$$\begin{cases} \dot{x} = \begin{bmatrix} 0 & 0 & -1 \\ 1 & 0 & 1 \\ 0 & 1 & -2 \end{bmatrix} x + \begin{bmatrix} 1 \\ 0 \\ 0 \end{bmatrix} u \\ y = \begin{bmatrix} 1 & 2 & 5 \end{bmatrix} x \end{cases}$$

4) 约当标准型

如果系统的特征方程有 k 个 m_i 重特征根 $\lambda_i(i=1,2,\cdots,k)$，那么矩阵 A 可以

变换成约当矩阵 $J = \mathrm{diag}(J_1, J_2, \cdots, J_k)$，其中 J_i 为 m_i 重特征根对应的约当块：

$$J_i = \begin{bmatrix} \lambda_1 & 1 & & 0 \\ & \lambda_2 & \ddots & \\ & & \ddots & 1 \\ 0 & & & \lambda_m \end{bmatrix}_{(m_i \times m_i)}$$

MATLAB 提供了 jordan 函数，可以将矩阵变换为约当阵，并返回变换矩阵。

【例 3 - 17】已知控制系统的状态空间模型为：

$$\begin{cases} \dot{x} = \begin{bmatrix} 1 & -3 & -2 \\ -1 & 1 & -1 \\ 2 & 4 & 5 \end{bmatrix} x + \begin{bmatrix} 1 \\ 1 \\ 0 \end{bmatrix} u \\ y = \begin{bmatrix} 0 & 1 & 0 \end{bmatrix} x \end{cases}$$

试求系统的约当标准型。

编写如下 MATLAB 程序：

```
clear all
A = [1 -3 -2;-1 1 -1;2 4 5];
B = [1;1;0];
C = [0 1 0];
D = 0;
[V,Aj] = jordan(A);
P = V^(-1)         % P 为变换矩阵,Aj 为变换后的约当矩阵
Bj = P * B;
Cj = C * P^(-1);
Dj = D;
sys = ss(Aj,Bj,Cj,Dj)
```

程序运行结果如下：

```
P =
        0   -1    0
        1    1    1
        0    2    1
sys =
    A =
         x1   x2   x3
    x1    2    1    0
    x2    0    2    0
    x3    0    0    3
    B =
```

```
         u1
   x1   -1
   x2    2
   x3    2
   C =
         x1   x2   x3
   y1   -1    0    0
   D =
         u1
   y1    0
```

系统的约当标准型为

$$\begin{cases} \dot{x} = \begin{bmatrix} 2 & 1 & 0 \\ 0 & 2 & 0 \\ 0 & 0 & 3 \end{bmatrix} x + \begin{bmatrix} -1 \\ 2 \\ 2 \end{bmatrix} u \\ y = \begin{bmatrix} -1 & 0 & 0 \end{bmatrix} x \end{cases}$$

MATLAB 还提供了 ss2ss 函数,该函数可以根据指定变换矩阵对状态空间模型进行线性变换。基本使用语法为 sys$T$ = ss2ss(sys,T),其中 T 为指定变换矩阵。

【例 3-18】 将例 3-17 中的系统模型通过下面变换矩阵进行变换。

在例 3-17 的程序之后编写如下 MATLAB 程序:

```
T=[0 -1 0;1 1 1;0 2 1];
sys1=ss(A,B,C,D);
sys2=ss2ss(sys1,T)
% [As,Bs,Cs,Ds]=ss2ss(A,B,C,D,T)   % ss2ss 函数的另一种用法
```

运行程序得到如下结果:

```
sys2 =
   A =
         x1   x2   x3
   x1    2    1    0
   x2    0    2    0
   x3    0    0    3
   B =
         u1
   x1   -1
   x2    2
   x3    2
   C =
         x1   x2   x3
```

```
    y1 -1  0  0
    D =
       u1
    y1  0
```

可以看到,这个结果与例 3 - 17 得到的约当标准型是一致的。

3. 稳定性分析

线性定常系统

$$\dot{x} = Ax$$

若 A 为非奇异矩阵,则系统存在唯一平衡状态 $x = 0$。其稳定性可以通过李雅普诺夫(Lyapunov)二方法来分析。取李雅普诺夫函数

$$V(x) = x^T P x$$

式中:P 为正定实对称矩阵,所以 $V(x)$ 对 x 有连续偏导数,$V(x) > 0$,且有

$$\dot{V}(x) = x^T (A^T p + PA) x$$

成立。

令

$$(A^T p + PA) = -Q$$

上式称为李雅普诺夫(Lyapunov)方程。其中,Q 为对称矩阵。若 $Q > 0$,则 $V(x) < 0$,因此 $xe = 0$ 渐进稳定,而且是大范围渐进稳定。

在实际应用中先给定正定矩阵 Q,然后通过李雅普诺夫方程求出实对称矩阵 P,再判断 P 的正定性。若 $P > 0$,则系统稳定。

MATLAB 提供了 lyap 函数,用于求解李雅普诺夫方程。还提供了 lyap2 函数,该函数采用特征值分解的方法求解李雅普诺夫方程,其运算速度比 lap 函数快得多。

【例 3 - 19】已知系统的状态矩阵 A 和给定正定对称矩阵 Q 分别为

$$A = \begin{bmatrix} 1 & -1 \\ 1 & -2 \end{bmatrix}, Q = \begin{bmatrix} 1 & 0 \\ 0 & 1 \end{bmatrix}$$

试求李雅普诺夫方程的解。

编写如下 MATLAB 程序:

```
clear all
A = [1 -1;1 -2];
Q = [1 0;0 1];
tic         % 计时
P1 = lyap(A',Q)          % 使用 lyap 函数求解
toc
tic
P2 = lyap2(A',Q)         % 使用 lyap2 函数求解
toc
```

程序运行得到如下结果：

```
P1 =
  -2.0000    1.5000
1.5000   -0.5000
P2 =
  -2.0000    1.5000
1.5000   -0.5000
```

可以看到，两个函数求得的结果是一致的，但是 lyap2 函数运算速度要快得多。

3.3　小结

本章主要介绍了控制系统的基本概念以及控制系统的分析方法，详细介绍了 Simulink 标准模块库和 S – Function 在模型中的使用。通过大量的控制系统仿真实例来详细介绍了 S – Function 在建模与仿真中的应用。

当然，Simulink 仿真方法的介绍是必不可少的，包括 Simulink 的基本操作、系统建模，以及运行仿真。读者需要掌握 Simulink 中模块、信号线、系统模型的操作方法以及简单子系统的建立方法，这些是进行系统仿真的基本条件。读者还要对系统建模、仿真运行的基本流程有所了解，特别是仿真参数的设置，这是影响仿真结果的重要因素。

第4章
模糊逻辑控制建模

模糊逻辑控制(fuzzy logic control)是以模糊集合论、模糊语言变量和模糊逻辑控制推理为基础的一种计算机数字控制技术。1965年美国的 L. A. Zadeh 创立了模糊集合论,1973年给出了模糊逻辑控制的定义和相关的定理。1974年,英国的 E. H. Mamdani 首次根据模糊逻辑控制语句组成模糊逻辑控制器,并将它应用于锅炉和蒸汽机的控制,获得了实验室的成功。这一开拓性的工作标志着模糊逻辑控制论的诞生。Zadeh 创立的模糊数学对不明确系统的控制有极大的贡献,自20世纪70年代以后一些实用的模糊逻辑控制器的相继出现,模糊数学在控制领域中又向前迈进了一大步。

4.1 模糊逻辑控制基础

在传统的控制领域控制系统动态模式的精确与否是影响控制优劣的最主要关键,系统动态的信息越详细,越能达到精确控制的目的。

然而,复杂的系统变量太多,往往难以正确地描述系统的动态,于是利用各种方法来简化系统动态,以达成控制的目的,却不尽理想。

换言之,传统的控制理论对于明确系统有强而有力的控制能力,但对过于复杂或难以精确描述的系统显得无能为力,因此便尝试以模糊数学来处理这些控制问题。

"模糊"是人类感知万物、获取知识、思维推理、决策实施的重要特征。"模糊"比"清晰"所拥有的信息容量更大,内涵更丰富,更符合客观世界。

4.1.1 模糊逻辑控制的基本概念

一般控制系统的架构包含5个主要部分:

(1)定义变量:也就是决定程序被观察的状况及考虑控制的动作。例如,在一般控制问题上输入变量有输出误差 E 与输出误差变化率 EC,而模糊逻辑控制还将控制变量作为下一个状态的输入 U。E,EC,U 统称为模糊变量。

(2)模糊化:将输入值以适当的比例转换到论域的数值,利用口语化变量来描述测量物理量的过程,根据适合的语言值(linguistic value)求该值相对的隶属度,此口语化变量称为模糊子集合(fuzzy subsets)。

(3)知识库:包括数据库(data base)与规则库(rule base)两部分。其中,数据库提供处理模糊数据的相关定义,规则库则通过一群语言控制规则描述控制目标和策略。

(4)逻辑判断:模仿人类下判断时的模糊概念。运用模糊逻辑控制和模糊推论法进行推论,得到模糊逻辑控制信号。该部分是模糊逻辑控制器的精髓所在。

(5)去模糊化:将推论所得到的模糊值转换为明确的控制信号作为系统的输入值。

4.1.2 模糊逻辑控制原理

模糊逻辑控制是以模糊集合理论、模糊语言及模糊逻辑控制为基础的控制,它是模糊数学在控制系统中的应用,是一种非线性智能控制。模糊逻辑控制通常用"if 条件,then 结果"的形式来表现,它是利用人的知识对控制对象进行控制的一种方法,所以又通俗地称为语言控制。

一般用于无法以严密的数学表示的控制对象模型。即可利用人的经验和知识来很好地控制。因此,利用人的智力,模糊地进行系统控制的方法就是模糊逻辑控制。

模糊逻辑控制系统的原理框图如图 4.1 所示。

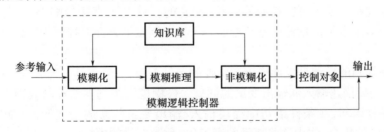

图 4.1　模糊逻辑控制系统原理框图

模糊逻辑控制系统原理框图的核心部分为模糊逻辑控制器。模糊逻辑控制器的控制规律由计算机的程序实现。实现一步模糊逻辑控制算法的过程是微机采样获取被控制量的精确值,然后将此量与给定值比较得到误差信号 E。

一般选误差信号 E 作为模糊逻辑控制器的一个输入量,把 E 的精确量进行模糊量化变成模糊量,误差 E 的模糊量可用相应的模糊语言表示,从而得到误差 E 的模糊语言集合的一个子集 e(e 实际上是一个模糊向量)。

再由 e 和模糊逻辑控制规则 R(模糊关系)根据推理的合成规则进行模糊决策,得到模糊逻辑控制量:

$$u = e \cdot R$$

式中:u 为一个模糊量。

为了对被控对象施加精确的控制,还需要将模糊量 u 进行非模糊化处理转换为精确量。得到精确数字量后,经数模转换变为精确的模糊量送给执行机构。对被控对象进行第一步控制。然后,进行第二次采样,完成第二步控制。如此循环下去,最终实现对被控对象的模糊逻辑控制。

4.1.3 模糊逻辑控制器设计内容

利用 MATLAB 实现模糊逻辑控制器的设计,需要包括以下 6 个方面的内容:
(1)确定模糊逻辑控制器的输入变量和输出变量(控制量)。
(2)设计模糊逻辑控制器的控制规则。
(3)确立模糊化和非模糊化(又称清晰化)的方法。
(4)选择模糊逻辑控制器的输入变量及输出变量的论域并确定模糊逻辑控制器的参数(如量化因子、比例因子)。
(5)模糊逻辑控制器的软/硬件实现。
(6)合理选择模糊逻辑控制算法的采样时间。

4.1.4 模糊逻辑控制规则设计

控制规则是模糊逻辑控制器的核心,它的正确与否直接影响控制器的性能。其数目的多少也是衡量控制器性能的一个重要因素。下面对控制规则做进一步的探讨。

控制规则的设计是设计模糊逻辑控制器的关键,一般包括三部分设计内容:
(1)选择描述输入和输出变量的词集。模糊逻辑控制器的控制规则表现为一组模糊条件语句,在条件语句中描述输入/输出变量状态的一些词汇(如"正大""负小"等)的集合,称为这些变量的词集(也称为变量的模糊状态)。

选择较多的词汇描述输入、输出变量,可以使制定控制规则方便,但是控制规则相应变得复杂。选择词汇过少,使得描述变量变得粗糙,导致控制器的性能变坏。一般情况下都选择 7 个词汇,但也可以根据实际系统需要选择 3 个或 5 个语言变量。

针对被控对象,改变模糊逻辑控制结果的目的之一是尽量减小稳态误差。因此,对应于控制器输入、输出误差采用的词集如下:

(负大,负中,负小,零,正小,正中,正大)
用英文字头缩写为(NB,NM,NS,ZO,PS,PM,PB)

(2)定义各模糊变量的模糊子集。定义一个模糊子集实际上就是要确定模糊子集隶属函数曲线的形状。将确定的隶属函数曲线离散化,就得到了有限个点上的隶属度,便构成了一个相应的模糊变量的模糊子集。

理论研究显示,在众多隶属函数曲线中,用正态型模糊变量来描述人进行控制活动时的模糊概念是适宜的。但在实际的工程中机器对于正态型分布的模糊变量的运算是相当复杂和缓慢的,而三角形分布的模糊变量的运算简单、迅速。因此,控制系统的众多控制器一般采用计算相对简单、控制效果迅速的三角形分布。

(3)建立模糊逻辑控制器的控制规则。模糊逻辑控制器的控制规则是基于手动控制策略,而手动控制策略又是人们通过学习、试验以及长期经验积累而逐渐形成的,存储在操作者头脑中的一种技术知识集合。

手动控制过程一般是通过对被控对象(过程)的一些观测,操作者再根据已有的经验和技术知识,进行综合分析并做出控制决策,从而使系统达到预期的目标。

手动控制的作用与自动控制系统中控制器的作用基本相同,所不同的是手动控制决策是基于操作系统经验和技术知识,而控制器的控制决策是基于某种控制算法的数值运算。利用模糊集合理论的概念,可以把利用语言归纳的手动控制策略上升为数值运算,于是可以采用微型计算机完成这个任务以代替人的手动控制,实现所谓的模糊自动控制。

4.1.5 模糊逻辑控制系统的应用领域

模糊逻辑控制以现代控制理论为基础,同时与自适应控制技术、人工智能技术、神经网络技术相结合,在控制领域得到了前所未有的应用。

1. Fuzzy – PID 复合控制

Fuzzy – PID 复合控制将模糊技术与常规 PID 控制算法相结合,达到较高的控制精度。当温度偏差较大时,采用 Fuzzy 控制,响应速度快,动态性能好;当温度偏差较小时,采用 PID 控制,静态性能好,满足系统控制精度。因此,它比单个的模糊逻辑控制器和单个的 PID 调节器都有更好的控制性能。

2. 自适应模糊逻辑控制

这种控制方法具有自适应自学习的能力,能自动地对自适应模糊逻辑控制规则进行修改和完善,提高了控制系统的性能。对于具有非线性、大时滞、高阶次的复杂系统有着更好的控制性能。

3. 参数自整定模糊逻辑控制

参数自整定模糊逻辑控制也称为比例因子自整定模糊逻辑控制。这种控制方法对环境变化有较强的适应能力,在随机环境中能对控制器进行自动校正,使得控制系统能主动地适应被控对象特性的变化。

4. 专家模糊逻辑控制

模糊逻辑控制与专家系统技术相结合进一步提高了模糊逻辑控制器智能水平。这种控制方法既保持了基于规则方法的价值和用模糊集处理带来的灵活性,也把专家系统技术的表达与利用知识的长处结合起来,能够处理更广泛的控制问题。

5. 仿人智能模糊逻辑控制

IC 算法具有比例模式和保持模式的特点,这两种特点使得系统在误差绝对值变化时可处于闭环运行和开环运行两种状态。这就能妥善解决稳定性、准确性、快速性的矛盾,较好地应用于纯滞后对象。

6. 神经模糊逻辑控制

这种控制方法以神经网络为基础,利用了模糊逻辑控制,具有较强的结构性知识表达能力,即描述系统定性知识的能力、神经网络强大的学习能力以及定量数据的直接处理能力。

7. 多变量模糊逻辑控制

这种控制适用于多变量控制系统。一个多变量模糊逻辑控制器有多个输入变量和输出变量。

4.2 模糊逻辑控制工具箱

4.2.1 模糊逻辑控制工具箱的功能特点

模糊逻辑控制工具箱具有以下 5 个特点:

(1)易于使用。模糊逻辑控制工具箱提供了建立和测试模糊逻辑控制系统的一整套功能函数,包括定义语言变量及其隶属度函数、输入模糊推理规则、整个模糊推理系统的管理以及交互式地观察模糊推理的过程和输出结果。

(2)提供图形化的系统设计界面。在模糊逻辑控制工具箱中包含 5 个图形化的系统设计工具,即隶属度函数编辑器(用于通过可视化手段建立语言变量的隶属度函数)、模糊推理过程浏览器、系统输入/输出特性曲面浏览器、模糊推理规则编辑器和模糊推理系统编辑器(用于建立模糊逻辑控制系统的整体框架,包括输入与输出数目、去模糊化方法等)。

(3)支持模糊逻辑控制中的高级技术,包括模糊推理方法的选择(用户可在广泛采用的 Sugeno 型推理方法和 Mamdani 型推理方法两者之间选择)、用于模式识别的模糊聚类技术和自适应神经模糊推理系统。

(4)集成的仿真和代码生成。模糊逻辑控制工具箱通过 Real Tine Workshop 生成 ANSI-C 源代码,能够实现 Simulink 的无缝连接,易于实现模糊系统的实时应用。

(5)独立运行的模糊推理机。在用户完成模糊逻辑控制系统的设计后,可以利用模糊逻辑控制工具箱提供的模糊推理机,将设计结果以 ASCII 码文件保存,实现模糊逻辑控制系统的独立运行或者作为其他应用的一部分运行。

4.2.2 模糊逻辑控制系统的基本类型

在模糊逻辑控制系统中,模糊模型的表示主要有两类:

(1)模糊规则的后件是输出量的某一模糊集合,如 NB、PB 等。由于这种表示比较常用,且首次由 Mamdani 采用,因而称它为模糊系统的标准模型或 Mamdani 模型。

(2)模糊规则的后件是输入语言变量的函数,典型的情况是输入变量的线性组合。由于该方法是日本学者 Takagi 和 Sugeno 首先提出,因此通常称它为模糊系统的 Takagi – Sugeno 模型,简称 Sugeno 模型。

下面详细介绍基于这两种模型的模糊逻辑控制系统。

1. 基于标准模型的模糊逻辑控制系统

在标准模型模糊逻辑控制系统中,模糊规则的前件和后件均为模糊语言值,即具有如下形式:

$$\text{IF } x_1 \text{ is } A_1 \text{ and } x_2 \text{ is } A_2 \text{ and}\cdots\text{and } x_n \text{ is } A_n \text{ THEN } y \text{ is } B$$

式中:$A_i(i=1,2,\cdots,n)$为输入模糊语言值;B 为输出模糊语言值。

基于标准模型的模糊逻辑控制系统的原理框图如图 4.2 所示。

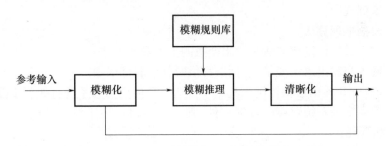

图 4.2 基于标准模型的模糊逻辑控制系统原理框图

图 4.2 中的模糊规则库由若干 IF – THEN 规则构成。模糊推理机在模糊推理系统中起着核心作用,它将输入模糊集合按照模糊规则映射成输出模糊集合。它提供了一种量化专家语言信息和在模糊逻辑控制原则下系统地利用这类语言信息的一般化模式。

2. 基于 Takagi – Sugeno 模型的模糊逻辑控制系统

Takagi – Sugeno 模糊逻辑控制系统是一类较为特殊的模糊逻辑控制系统,其模糊规则不同于一般的模糊规则形式。

在 Takagi – Sugeno 模糊逻辑控制系统中,采用如下形式的模糊规则:

$$\text{IF } x_1 \text{ is } A_1 \text{ and } x_2 \text{ is } A_2 \text{ and}\cdots\text{and } x_n \text{ is } A_n \text{ THEN } y = \sum_{i=1}^{n} c_i x_i$$

式中,$A_i(i=1,2,\cdots,n)$为输入模糊语言值;$c_i(i=1,2,\cdots,n)$为真值参数。

可以看出,Takagi - Sugeno 模糊逻辑控制系统的输出量是精确值。这类模糊逻辑控制系统的优点是输出量可用输入值的线性组合来表示,因而能够利用参数估计方法来确定系统的参数$c_i(i=1,2,\cdots,n)$;同时,可以应用线性控制系统的分析方法来近似分析和设计模糊逻辑控制系统。

但是 Takagi - Sugeno 模糊逻辑控制系统也有缺点:规则的输出部分不具有模糊语言值的形式,因此不能充分利用专家的控制知识,模糊逻辑控制的各种不同原则在这种模糊逻辑控制系统中应用的自由度也受到限制。

4.2.3 模糊逻辑控制系统的构成

标准型模糊逻辑控制系统是模糊逻辑控制系统类型中应用最为广泛的系统。MATLAB 模糊逻辑控制工具箱主要针对这一类型的模糊逻辑控制系统提供了分析和设计手段,同时对 Takagi - Sugeno 模糊逻辑控制系统也提供了一些相关函数。下面将以标准模型模糊逻辑控制系统作为主要讨论对象。

构造一个模糊逻辑控制系统必须明确其主要组成部分。一个典型的模糊逻辑控制系统主要由如下四个部分组成:
(1)模糊规则;
(2)模糊推理算法;
(3)输入量的模糊化方法和输出变量的去模糊化方法;
(4)输入与输出语言变量,包括语言值及其隶属度函数。

在 MATLAB 模糊逻辑控制工具箱中构造一个模糊推理系统有如下步骤:
(1)模糊推理系统对应的数据文件,其后缀为.fis,用于对该模糊系统进行存储、修改和管理;
(2)确定输入、输出语言变量及其语言值;
(3)确定各语言值的隶属度函数,包括隶属度函数的类型与参数;
(4)确定模糊规则;
(5)确定各种模糊运算方法,包括模糊推理方法、模糊化方法、去模糊化方法等。

4.2.4 模糊推理系统的建立、修改与存储管理

MATLAB 模糊逻辑控制工具箱把模糊推理系统的各部分作为一个整体,并以文件形式对模糊推理系统进行建立、修改和存储管理等。表 4.1 所列为该工具箱提供的有关模糊推理系统的管理函数。

表 4.1 模糊推理系统的管理函数

函数名称	函数功能
newfis	创建新的模糊推理系统
readfis	从磁盘读出存储的模糊推理系统
getfis	获得模糊推理系统的特性数据
writefis	保存模糊推理系统
showfis	显示添加注释了的模糊推理系统
setfis	设置模糊推理系统的特性
plotfis	图形显示模糊推理系统的输入/输出特性
mamzsug	将 Mamdani 型模糊推理系统转换为 Sugeno 型

1. 创建新的模糊推理系统函数 newfis

该函数用于创建一个新的模糊推理系统,其特性可以由函数的参数指定。调用格式如下:

a = newfis (fisName , fisType , andMethod , orMethod , impMethod , aggMethod , defuzzMethod)

其中,fisName 为模糊推理系统名称;fisType 为模糊推理系统类型;andMethod 为与运算操作符;orMethod 为或运算操作符;impMethod 为模糊蕴涵方法;aggMethod 为各条规则推理结果的综合方法;defuzzMethod 为去模糊化方法;a 为返回值,为模糊推理系统对应的矩阵名称。

在 MATLAB 内存中,模糊推理系统的数据是以矩阵形式存储的。
在 MATLAB 命令行中输入以下代码:

```
a = newfis( 'newsys');
getfis(a)
```

返回结果如下:
```
getfis(a)
Nane = newsys
Type = mamdani
NumInputs = 0
InLabels =
NumOutputs = 0
OutLabels =
NumRules = 0
AndMethod = min
OrMethod = max
ImpMethod = min
AggMethod = max
DefuzzMethod = centroid
```

```
ans =
newsys
```

2. 从磁盘中读出模糊推理系统函数 readfis

该函数调用格式如下:

```
fismat = readfis( 'filename')
```

在 MATLAB 命令行中输入以下代码:

```
a = readfis( 'newsys');
getfis(a)
```

返回结果如下:

```
getfis(fismat)
Name = tipper
Type = mandani
NumInputs = 2
InLabels =
service
food
NumOutputs = 1
OutLabels =
tip
NumRules = 3
AndMethod = min
OrMethod = max
ImpMethod = min
AggMethod = max
DefuzzMethod = centroid
ans =
tipper
```

3. 获得模糊推理系统的特性函数 getfis

利用函数 getfis 可以获取模糊推理系统的部分或全部特性。其调用格式如下:

```
getfis(a)
getfis(a,'fisprop')
getfis(a,'vartype',varindex)
getfis(a,'vartype',var index,'varprop')
getfis(a,'vartype',var index,'mf ',mf index)
getfis(a,'vartype',varindex,'mf ',mf index,'mfprop')
```

其中，fisprop 为要设置的 FIS 特性字符串；vartype 为指定语言变量的类型；varprop 为要设置的变量域名的字符串；varindex 为指定语言变量的编号；mf 为隶属函数的名称；mfindex 为隶属函数的编号；mfprop 为要设置的隶属函数域名的字符串。

例如，在 MATLAB 命令行窗口输入以下代码：

```
a = readfis('tipper');
```

可以得到结果如下：

```
getfis(a)
Name = tipper
Type = mandani
NumInputs = 2
InLabels =
service
food
NumOutputs m 1
OutTabels =
tip
NumRules = 3
AndMethod = min
OrMethod = max
ImpMethod = min
AggMethod = max
DefuzzMethod = centroid
ans =
tipper
```

利用 getfis 获取上式返回值 a 的属性：

```
getfis(a,'type')
ans =
mamdani
```

4. 将模糊推理系统以矩阵形式保存在内存中的数据写入磁盘文件函数 writefis

该函数可以将模糊推理系统的数据写入磁盘文件。其调用格式如下：

```
writefis(fismat)
writefis(fismat,'filename')
writefis(fismat,'filename','dialog')
```

其中，fismat 为矩阵名称。

例如，在 MATLAB 命令行窗口输入以下语句：

```
a = newfis('tipper');
a = addvar(a,'input','service',[0 10]);
```

```
a = addmf(a,'input',1,'poor','gaussmf',[1.5 0]);
a = addmf(a,'input',1,'good','gaussmf',[1.5 5]);
a = addnf(a,'input',1,'excellent','gaussmf',[1.5 10]);
writefis(a,'my_file')
```

得到结果如下：

```
ans =
my_file
```

在 MATLAB 文件夹中会生成一个名为 my_file.fis 的文件，其内容如下：

```
m[ System ]
Name = 'my_file'
Type = 'mandani'
Version = 2.0
NumInputs = 1
NumOutputs = 0
NumRules = 0
AndMethod = 'min'
OrMethod = 'max'
ImpMethod = 'min'
AggMethod = 'max'
DefuzzMethod = 'centroid'
[Input1]
Name = 'service'
Range = [0 10]
NumMFs = 3
MF1 = 'poor':'gaussmf',[1.5 0]
MF2 = 'good':'gaussmf',[1.5 5]
MF3 = 'excellent':'gaussmf',[1.5 10]
[Rules]
```

5. 以分行的形式显示模糊推理系统矩阵的所有属性函数 showfis

该函数的调用格式如下：

```
showfis(fisMat)
```

式中：fisMat 为模糊推理系统在内存中的矩阵表示。

例如，在 MATLAB 命令行窗口输入以下语句：

```
a = readfis('tipper');
showfis(a)
```

得到结果如下：

```
showfis(a)
1. Name                    tipper
2. Type                    mamdani
3. Inputs/Outputs          [2 1]
4. NumInputMFs             [3 2]
5. NumOutputMFs            3
6. NumRules                3
7. AndMethod               min
8. OrMethod                max
9. ImpMethod               min
10. AggNethod              max
11. DefuzzMethod           centroid
12. InLabels               service
13.                        food
14. OutLabels              tip
15. InRange                [0 10]
16.                        [0 10]
17. OutRange               [0 30]
18. InMFLabels             poor
19.                        good
20.                        excellent
21.                        rancid
22.                        delicious
23. OutMFLabels            cheap
24.                        average
25.                        generous
26. InMFTypes              gaussmf
27.                        gaussmf
28.                        gaussmf
29.                        trapmf
30.                        trapmf
31. OutMFTypes             trimf
32.                        trimf
33.                        trimf
34. InMFParams             [1.5 0 0 0]
35.                        [1.5 5 0 0]
36.                        [1.5 10 0 0]
37.                        [0 0 1 3]
```

```
38.                    [791010]
39.OutMFParams         [0 5 10 0]
40.                    [10 15 20 0]
41.                    [20 25 30 0]
42.Rule Antecedent     [1 1]
43.                    [2 0]
44.                    [3 2]
42.Rule Consequent     1
43.                    2
44.                    3
45.Rule Weight         1
46.                    1
47.1
48.Rule Connection     2
49.1
50.2
```

6. 设置模糊推理系统的特性函数 setfis

该函数的调用格式如下：

```
a = setfis(a,'f ispropname','newf isprop')
a = setfis(a,'vartype','varindex,'varpropname','newvarprop)
a = setfis(a,'vartype',varindex,'mf',mf index,…' mfpropname',newmfprop)
```

例如，在 MATLAB 命令行窗口输入以下代码：

```
a = readfis( "tipper');
a2 = setfis(a,'name','eating');
getfis(a2,'name');
```

在 MATLAB 工作区会产生一个名为 eating 的变量。

7. 绘图表示模糊推理系统的函数 plotfis

该函数的调用格式如下：

```
plotfis(fisMat)
```

其中，fisMat 为模糊推理系统对应的矩阵名称。

8. 将 Mamdani 型模糊推理系统转换成 Sugeno 型模糊推理系统的函数 mam2sug

函数 mam2sug 可将 Mamdani 型模糊推理系统转换成零阶的 Sugeno 型模糊推理系统，得到的 Sugeno 型模糊推理系统具有常数隶属度函数，其常数值由原来 Mamdani 型系统得到的隶属度函数的质心确定，并且其前件不变。

该函数的调用格式如下:

```
sug_fisMat = mam2sug(mam fisMat)
```

4.2.5 模糊语言变量及其语言值

专家的控制知识在模糊推理系统中以模糊规则的形式表示。为了直接反映人类自然语言的模糊性特点,在模糊规则的前件和后件中引入语言变量和语言值的概念。

语言变量分为输入语言变量和输出语言变量。输入语言变量是对模糊推理系统输入变量的模糊化描述,通常位于模糊规则的前件中;输出语言变量是对模糊推理系统输出变量的模糊化描述,通常位于模糊规则的后件中。

语言变量具有多个语言值,每个语言值对应一个隶属度函数。语言变量的语言值构成了对输入和输出空间的模糊分割,模糊分割的个数即语言值的个数以及语言值对应的隶属度函数决定了模糊分割的精细化程度。

模糊分割的个数也决定了模糊规则的个数,模糊分割的个数越多,控制规则的个数也越多。因此在设计模糊推理系统时,应在模糊分割的精细程度与控制规则的复杂性之间取得折中。

MATLAB 模糊逻辑控制工具箱提供了向模糊推理系统添加或删除模糊语言变量及其语言值的函数,如表 4.2 所列。

表 4.2 添加或删除模糊语言变量函数

函数名称	函数功能
addvar	添加模糊语言变量
rmvar	删除模糊语言变量

1. 向模糊推理系统添加语言变量函数 addvar

该函数的调用格式如下:

```
a = addvar(a,'varType','varName',varBounds)
```

式中:varType 为指定语言变量的类型;varName 为指定语言变量的名称;varBounds 为指定语言变量的论域范围。

例如,在 MATLAB 命令行窗口中输入以下代码:

```
a = newfis('tipper');
a = addvar(a,'input','service',[0 10]);
```

得到结果如下:

```
getfis(a,"input',1)
Name = service
```

```
NunMFs = 0
MFLabels =
Range = [010]
ans =
Name:'service'
NumMEs:0
range;[0 10]
```

2. 从模糊推理系统中删除语言变量 rmvar

该函数的调用格式如下:

```
fis2 = rmvar(fis,'varType',varIndex)
[fis2,errorStr] = rmvar(fis,'varType',varIndex)
```

式中:fis 为矩阵名称;varType 用于指定语言变量的类型;varIndex 为语言变量的编号。

当一个模糊语言变量正在被当前的模糊规则集使用时,不能删除该变量。在一个模糊语言变量被删除后,MATLAB 模糊逻辑控制工具箱将会自动地对模糊规则集进行修改,以保证一致性。

例如,在 MATLAB 命令行窗口中输入以下代码:

```
a = newfis('mysys');
a = addvar(a,'input','temperature',[0 100]);
```

得到结果如下:

```
getfis(a)
Name = mysys
Type = mandani
NumInputs = 1
InLabels =
temperature
NumOutputs = 0
OutLabels =
NumRules = 0
AndMethod = min
OrMethod = max
ImpMethod = min
AggMethod = max
DefuzzMethod = centroid
ans =
mysys
```

4.2.6 模糊语言变量的隶属度函数

MATLAB 模糊工具箱提供了许多函数,表 4.3 所列为模糊隶属度函数,用以生成特殊情况的隶属函数,包括常用的三角形、高斯形、π 形、钟形等隶属函数。

表 4.3 模糊隶属度函数

函数名称	函数功能
pimf	建立 π 形隶属度函数
gauss2mf	建立双边高斯型隶属度函数
gaussmf	建立高斯型隶属度函数
gbellmf	生成一般的钟形隶属度函数
smf	建立 S 形隶属度函数
trapmf	生成梯形隶属度函数
trimf	生成三角形隶属度函数
zmf	建立 Z 形隶属度函数

1. 建立 π 形隶属度函数 pimf

π 形函数是一种基于样条的函数,由于其形状类似字母 π 而得名。该函数的调用格式如下:

```
y = pimf(x,params)
y = pimf(x,[a b c d])
y = pimf(x,[a b c d])
```

式中:x 指定函数的自变量范围;$[abcd]$ 决定函数的形状,a 和 d 分别对应曲线下部的左右两个拐点,b 和 c 分别对应曲线上部的左右两个拐点。

【例 4-1】 利用函数 pimf 建立 π 形隶属度函数曲线。

解: 编写如下 MATLAB 代码。

```
% 建立 π 形隶属度函数 pimf
clear all
clc
x = 0:0.1:10;
y = pimf(x,[1 4 5 10]);
plot(x,y)
xlabel('函数输入值')
ylabel('函数输出值')
grid on
```

得到 π 形隶属度函数曲线，如图 4.3 所示。

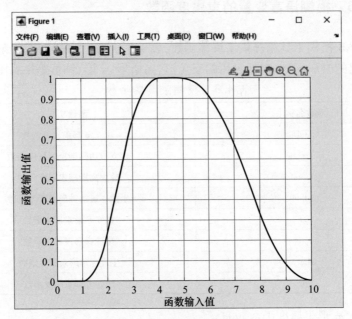

图 4.3　π 形隶属度函数曲线

2. 建立双边高斯形隶属度函数 gauss2mf

双边高斯形隶属度函数的曲线由两个中心点相同的高斯形函数的左、右半边曲线组合而成，其调用格式如下：

$$y = \text{gauss2mf}(x,[\text{sig}_1\ c_l\ \text{sig}_2\ c_2])$$

其中，sig_1、c_l、sig_2、c_2 分别对应左、右半边高斯函数的宽度与中心点，$c_2 > c_1$。

【例 4 - 2】利用函数 gauss2mf 建立双边高斯形隶属度函数。

解：编写如下 MATLAB 代码。

```
% 建立双边高斯形隶属度函数 gauss2mf
clear all
clc
x = [0:0.1:10]';
y1 = gauss2mf(x,[2 4 1 8]);
y2 = gauss2mf(x,[2 5 1 7]);
y3 = gauss2mf(x,[2 6 1 6]);
y4 = gauss2mf(x,[2 7 1 5]);
y5 = gauss2mf(x,[2 8 1 4]);
plot(x,[y1 y2 y3 y4 y5]);
```

得到双边高斯形隶属函数曲线，如图 4.4 所示。

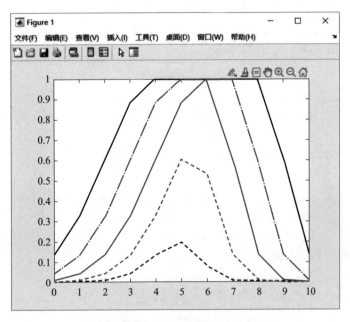

图4.4 双边高斯形隶属度函数曲线

3. 建立高斯形隶属度函数 gaussmf

该函数的调用格式如下：

$$y = \text{gaussmf}(x, [\text{sig } c])$$

式中：c 决定了函数的中心点；sig 决定了函数曲线的宽度 σ。

高斯形函数的形状由 sig 和 c 两个参数决定，高斯函数的表达式为

$$y = e^{\frac{(x-c)^2}{\sigma^2}} \tag{4.1}$$

式中：x 为指定变量的论域。

【例4-3】利用函数 gaussmf 建立高斯形隶属度函数。

解：编写如下 MATLAB 代码。

```
% 利用函数 gaussmf 建立高斯形隶属度函数
clear all
clc
x = 0:0.1:10;
y = gaussmf(x,[2 5]);
plot(x,y)
xlabel('函数输入值')
ylabel('函数输出值')
grid on
```

得到高斯形隶属度函数曲线，如图4.5所示。

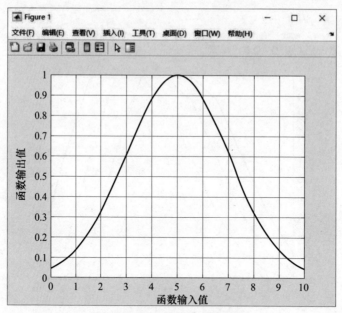

图 4.5　高斯形隶属度函数曲线

4. 建立一般的钟形隶属度函数 gbellmf

该函数的调用格式如下：

$$y = \text{gbellmf}(x, \text{params})$$

式中：x 指定变量的取值范围；params 指定钟形函数的形状。

钟形函数的表达式为

$$y = \frac{1}{1 + \left|\dfrac{x-c}{a}\right|^{2b}} \tag{4.2}$$

【例 4-4】利用函数 gbellmf 建立一般的钟形隶属度函数。

解：编写如下 MATLAB 代码。

```
% 建立一般的钟形隶属度函数 gbellmf
clear all
clc
x = 0:0.1:10;
y = gbellmf(x,[2 4 6]);
plot(x,y)
xlabel('函数输入值')
ylabel('函数输出值')
grid on
```

得到一般的钟形隶属度函数曲线，如图 4.6 所示。

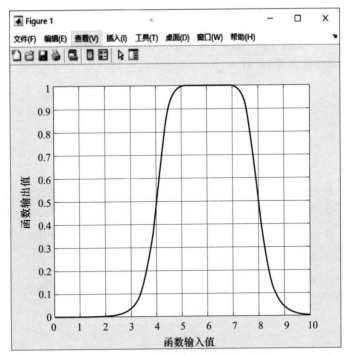

图 4.6 一般的钟形隶属度函数曲线

5. 建立 S 形隶属度函数 smf

该函数的调用格式如下：

$$y = \mathrm{smf}(x,[a\ b])$$

【例 4-5】利用函数 smf 建立 S 形隶属度函数。

解：编写如下 MATLAB 代码。

```
% 利用函数 smf 建立 S 形隶属度函数
clear all
clc
x = 0:0.1:10;
y = smf(x,[1 8]);
plot(x,y)
xlabel('函数输入值')
ylabel('函数输出值')
grid on
```

得到 S 形隶属度函数曲线，如图 4.7 所示。

6. 建立梯形隶属度函数 trapmf

该函数的调用格式如下：

$$y = \mathrm{trapmf}(x,[a\ b\ c\ d])$$

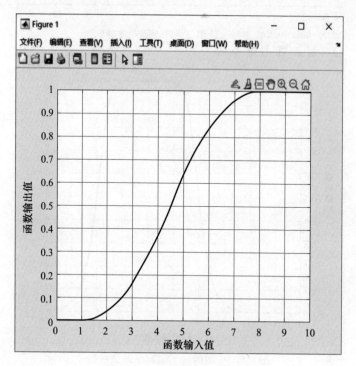

图 4.7 S形隶属度函数曲线

式中:x 指定变量的论域范围;a、b、c 和 d 指定梯形隶属度函数的形状。

梯形函数的表达式为

$$f(x,a,b,c,d) = \begin{cases} 0, x < a \\ \dfrac{x-a}{b-a}, a \leqslant x \leqslant b \\ 1, b < x < c \\ \dfrac{d-x}{d-c}, c \leqslant x \leqslant d \\ 0, d < x \end{cases}$$

【例 4-6】利用函数 trapmf 建立梯形隶属度函数。

解: 编写如下 MATLAB 代码。

```
% 利用函数 trapmf 建立梯形隶属度函数
clear all
clc
x = 0:0.1:10;
y = trapmf(x,[1 5 7 8]);
plot(x,y)
```

```
xlabel('函数输入值')
ylabel('函数输出值')
grid on
```

得到梯形隶属度函数曲线,如图4.8所示。

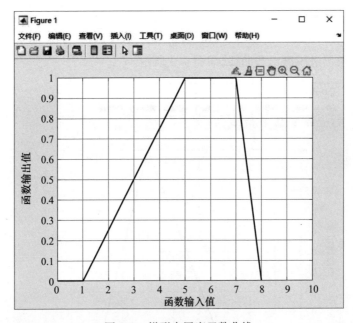

图4.8 梯形隶属度函数曲线

7. 建立三角形隶属度函数 trimf

该函数的调用格式如下:

$$y = \text{trimf}(x,[a\ b\ c])$$

式中:x 指定变量的论域范围;a、b 和 c 指定三角形函数的形状,其表达式为

$$f(x,a,b,c,d) = \begin{cases} 0, x < a \\ \dfrac{x-a}{b-a}, a \leqslant x \leqslant b \\ 1, b < x < c \\ \dfrac{d-x}{d-c}, c \leqslant x \leqslant d \\ 0, c < x \end{cases}$$

【例4-7】利用函数 trimf 建立三角形隶属度函数。

解:编写如下 MATLAB 代码。

```
% 利用函数 trimf 建立三角形隶属度函数
clear all
```

```
clc
x = 0:0.1:10;
y = trimf(x,[3 6 8]);
plot(x,y)
xlabel('函数输入值')
ylabel('函数榆出值')
grid on
```

得到三角形隶属度函数曲线,如图 4.9 所示。

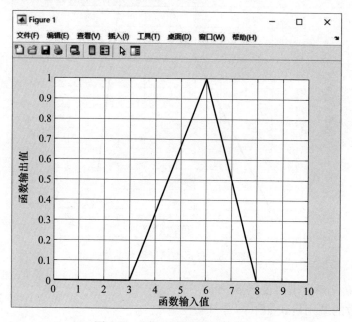

图 4.9　三角形隶属度函数曲线

8. 建立 Z 形隶属度函数 zmf

该函数的调用格式如下:

$$y = \text{zmf}(x,[a\ b])$$

Z 形隶属度函数是一种基于样条插值的函数,两个参数 a 和 b 分别定义样条插值的起点和终点;参数 x 指定变量的论域范围。Z 形隶属度函数表达式为

$$f(x,a,b,c,d) = \begin{cases} 1, x \leqslant a \\ 1 - 2\left(\dfrac{x-a}{b-a}\right)^2, a \leqslant x \leqslant \dfrac{a+b}{2} \\ 2\left(\dfrac{x-a}{b-a}\right)^2, \dfrac{a+b}{2} \leqslant x \leqslant b \\ 0, \quad b \leqslant x \end{cases}$$

【例 4 - 8】 利用函数 zmf 建立 Z 形隶属度函数。

解: 编写如下 MATLAB 代码。

```
% 建立 Z 形隶属度函数 zmf
clear all
clc
x = 0:0.1:10;
y = zmf(x,[3 7]);
plot(x,y)
xlabel('函数输入值')
ylabel('函数输出值')
grid on
```

得到 Z 形隶属度函数曲线,如图 4.10 所示。

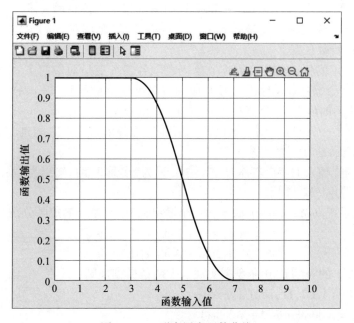

图 4.10　Z 形隶属度函数曲线

4.2.7　模糊规则的建立与修改

模糊规则在模糊推理系统中以模糊语言的形式描述人类的经验和知识,规则能否正确地反映人类专家的经验和知识,能否准确地反映对象的特性,直接决定模糊推理系统的性能。模糊规则的这种形式化表示是符合人们通过自然语言对许多知识的描述和记忆习惯的。

MATLAB 模糊逻辑控制工具箱为用户提供了有关对模糊规则建立和操作的函数,如表4.4 所列。

表4.4 模糊规则建立和修改函数

函数名称	函数功能
addrule( )	向模糊推理系统添加模糊规则函数
parsrule( )	解析模糊规则函数
showrule( )	显示模糊规则函数

1. 向模糊推理系统添加模糊规则函数 addrule

该函数的调用格式如下:

$$fisMat2 = addrule(fisMat1, rulelist)$$

式中:fisMat1 和 fisMat2 为填加规则前后模糊推理系统对应的矩阵名称;rulelist 以向量的形式给出需要添加的模糊规则,该向量的格式有严格的要求。如果模糊推理系统有 m 个输入语言变量和 n 个输出语言变量,则向量 rulelist 的列数必须为 $m + n + 2$,而行数任意。

在 rulelist 的每一行中,前 m 个数字表示各输入变量对应的隶属度函数的编号,其后的 n 个数字表示输出变量对应的隶属度函数的编号,第 $m + n + 1$ 个数字是该规则适用的权重,权重值在 0~1 之间,一般设定为 1;第 $m + n + 2$ 个数字为 0 或 1 两个值之一,若为 1,则表示模糊规则前件的各语言变量之间是"与"的关系,若为 0,则表示是"或"的关系。

例如,当"输入1"为"名称1"和"输入2"为"名称3"时,输出为"输出1"的"状态2",则写为[1 3 2 1 1]。

例如,系统 fisMat 有两个输入和一个输出,其中两条模糊规则分别为

IF x is X_1 and y is Y_1 THEN z is Z_1

IF x is X_1 and y is Y_2 THEN z is Z_2

则可采用如下的 MATLAB 命令来实现以上两条模糊规则:

rulelist ≈ [1 1 1 1 1;1 2 2 1 1];

fisMat = addrule(fisMat,rulelist)

2. 解析模糊规则函数 parsrule

函数 parsrule 对给定的模糊语言规则进行解析并添加到模糊推理系统矩阵中,其调用格式如下:

$$fisMat2 = parsrule(fisMat1, txtRuleList, ruleFormat, lang)$$

3. 显示模糊规则函数 showrule

该函数的调用格式如下:

$$showrule(fisMat, indexList, format, lang)$$

本函数用于显示指定的模糊推理系统的模糊规则,模糊规则可以按 3 种方式显

示,即详述方式(verbose)、符号方式(symbolic)和隶属度函数编号方式(membership function index referencing)。第一个参数是模糊推理系统矩阵的名称,第二个参数是规则编号,第三个参数是规则显示方式。规则编号以向量形式指定多个规则。

4.2.8 模糊推理计算与去模糊化

在建立好模糊语言变量及其隶属度的值,并构造完成模糊规则之后,就可执行模糊推理计算。模糊推理的执行结果与模糊蕴含操作的定义、推理合成规则、模糊规则前件部分的连接词 and 的操作定义等有关,因而有多种不同的算法。

目前常用的模糊推理合成规则是"极大·极小"合成规则,其基本原理为:
前提1:如果 x 为 A,则 y 是 B
前提2:如果 x 为 A',则 y 是 $B' = A' \cdot (A \rightarrow B)$
设 R 表示规则,按照"极大·极小"合成规则进行模糊推理的结论 B' 计算公式为: $B' = A' \cdot R = \int_\gamma V(\mu_{A'}(x) \hat{} \mu_R(x,y))/y$

在 MATLAB 模糊逻辑控制工具箱中提供了有关对模糊推理计算与去模糊化的函数,如表 4.5 所列。

表 4.5 模糊推理计算与去模糊化的函数

函数名称	函数功能
evalfis	执行模糊推理计算函数
defuzz	执行输出去模糊化函数
gensurf	生成模糊推理系统的输出曲面并显示函数

1. 执行模糊推理计算函数 evalfis

该函数用于计算已知模糊系统在给定输入变量时的输出值,其调用格式如下:
$$output = evalfis(input, fisMat)$$

2. 执行输出去模糊化函数 defuzz

该函数的调用格式如下:
$$out = defuzz(x, mf, type)$$

式中:x 为变量的论域范围;mf 为待去模糊化的模糊集合;type 为去模糊化的方法。

3. 生成模糊推理系统的输出曲面并显示函数 gensurf

该函数的调用格式如下:
gensurf(*fisMat*)
gensurf(*fisMat*, inputs, outputs)
gensurf(*fisMat*, inputs, outputs, gr ids, refinput)
式中:*fisMat* 为模糊推理系统对应的矩阵;inputs 为模糊推理系统的一个或两个输

入语言变量的编号;outputs 为模糊推理系统的输出语言变量的编号;grids 用于指定 x 和 y 坐标方向的网络数目;当系统输入变量多于两个时,参数 refinput 用于指定保持不变的输入变量。

【例 4-9】 假设一个单输入单输出系统,输入为学生成绩好坏的值(0~10),输出为奖学金金额(0~100)。有以下 3 条规则:

(1) IF 成绩差　　　　THEN 奖学金　　低
(2) IF 成绩中等　　　THEN 奖学金　　中等
(3) IF 成绩很好　　　THEN 奖学金　　高

设计一个模糊推理系统,并绘制输入与输出曲线。

解: 设计一个基于 Mamdani 模型的模糊推理系统,代码如下:

```
clear all
clc
fisMat = newfis('s5_9');
fisMat = addvar(fisMat,'input','成绩',[0 10]);
fisMat = addvar(fisMat,'output','奖学金',[0 100]);
fisMat = addmf(fisMat,'input',1,'差','gaussmf',[1.8 0]);
fisMat = addmf(fisMat,'input',1,'中等','gaussmf',[1.8 5]);
fisMat = addmf(fisMat,'input',1,'很好','gaussmf',[1.8 10]);
fisMat = addmf(fisMat,'output',1,'低','trapmf',[0 0 10 50]);
fisMat = addmf(fisMat,'output',1,'中等','trimf',[10 30 80]);
fisMat = addmf(fisMat,'output',1,'高','trapmf',[50 80 100 100]);
rulelist =[1 1 1 1;2 2 1 1;3 3 1 1];
fisMat = addRule(fisMat,rulelist);
subplot(3,1,1);plotmf(fisMat,'input',1);xlabel('成绩');ylabel('输入隶属度');
subplot(3,1,2);plotmf(fisMat,'output',1);xlabel('奖学金');ylabel('输出隶属度')
subplot(3,1,3);gensurf(fisMat); subplot(3,1,1);plotmf(fisMat,input',1);
xlabel('成绩');ylabel('输入隶属度');
```

可以得到如图 4.11 所示的隶属度函数的设定与输入/输出曲线。

由图 4.11 可见,由于隶属度函数的合适选择,模糊系统的输出是输入的严格递增函数,也就是说,奖学金是随着成绩的提高而增加的。

【例 4-10】 某一学校选拔过程要根据学生的数学成绩和学生身高来确定学生是否能够通过选拔。假设数学成绩 $\in [0,100]$,模糊化成两级——差与好;学生身高 $\in [0,10]$,模糊化成两级——高和正常;学生通过率 $\in [0,100]$,模糊化成三级——高、低和正常。

模糊规则为

IF 数学成绩 is 差 and 身高 is 高　　　THEN 通过率 is 高
IF 数学成绩 is 好 and 身高 is 高　　　THEN 通过率 is 低

IF 数学成绩 is 好 and 身高 is 正常   THEN 通过率 is 正常

适当选择隶属度函数后,设计一个基于 Mamdani 模型的模糊推理系统,计算当数学成绩和身高分别为 50 和 1.5 以及 80 和 2 时阀门开启角度的增量,并绘制输入/输出曲面图。

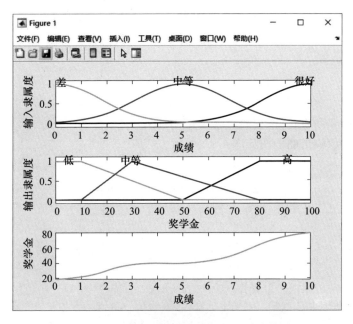

图 4.11　隶属度函数的设定与输入/输出曲线

解:建立模糊推理系统的 MATLAB 程序如下:

```
clear all
clc
fisMat = newfis('ex5_10');
fisMat = addvar(fisMat,'input','数学成绩',[0 100]);
fisMat = addvar(fisMat,'input','身高',[0 10]);
fisMat = addvar(fisMat,'output','通过率',[0 100]);
fisMat = addmf(fisMat,'input',1,'差 ','trapmf',[0 0 60 80]);
fisMat = addmf(fisMat,'input',1,'好','trapmf',[60 80 100 100]);
fisMat = addmf(fisMat,'input',2,'正常','trimf',[0 1 5]);
fisMat = addmf(fisMat,'input',2,'高','trapmf',[1 5 10 10]);
fisMat = addmf(fisMat,'output',1,'低','trimf',[0 30 50]);
fisMat = addmf(fisMat,'output',1,'正常','trimf',[30 50 80]);
fisMat = addmf(fisMat,'output',1,'高','trimf',[50 80 100]);
% rulelist =[1 1 1 1;2 1 3 1 1;1 2 2 1 1;2 2 2 1 1];
rulelist =[1 2 3 1 1;2 2 1 1 1;2 1 2 1 1;1 1 2 1 1];
```

```
fisMat = addrule(fisMat,rulelist);
gensurf(fisMat);
in = [50 1.5;80 2];
out = evalfis(in,fisMat);
```

运行代码可得如下结果:

```
out =
56.6979
45.1905
```

即当数学成绩和身高分别为 50 和 1.5 时,选拔通过率为 56.6979;数学成绩和身高分别为 80 和 2 时,选拔通过率为 45.1905。

系统输入/输出曲面图如图 4.12 所示。

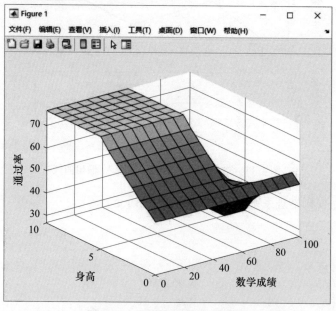

图 4.12　系统输入/输出曲面图

4.3　模糊逻辑控制工具箱的图形界面工具

在 MATLAB 中可以通过编程实现模糊逻辑控制,也可以使用模糊逻辑控制工具箱的图形用户界面工具建立模糊推理系统,输出曲面视图窗口。

模糊逻辑控制工具箱有 5 个主要的图形界面(GUI)工具,即模糊推理系统编辑器(FIS)、隶属度函数编辑器、模糊规则编辑器、模糊规则浏览器、模糊推理输入/输出曲面视图。这些图形化工具之间是动态连接的。在任何一个给定的系统，都可以使用某几个或者全部 GUI 工具。

4.3.1 FIS 编辑器

基本模糊推理系统编辑器提供了利用 GUI 对模糊系统的高层属性的编辑、修改功能，这些属性包括输入、输出语言变量的个数和去模糊化方法等。

用户在基本模糊编辑器中可以通过菜单选择激活其他几个图形界面编辑器，如隶属度函数编辑器、模糊规则编辑器等。

在 MATLAB 的命令行窗口中直接输入 fuzzy，可以启动 FIS 编辑器，如图 4.13 所示。

从图 4.13 中可以看到，在窗口上半部以图形框的形式列出了模糊推理系统的基本组成部分，即输入模糊变量（inputl）、模糊规则（Mamdani 型或 Sugeno 型）和输出模糊变量（output1）。

双击上述图形框可以激活隶属度函数编辑器和模糊规则编辑器等相应的编辑窗口。

在窗口下半部分的右侧，列出了当前选定的模糊语言变量（currentvariable）的名称、类型及其论域范围。

窗口的下半部分的左侧列出了模糊推理系统的名称（FISname）、类型（FIStype）和一些基本属性，包括"与"运算（and method）、"或"运算（or method）、蕴含运算（implication）、模糊规则的综合运算（aggregation）以及去模糊化（defuzzification）等。用户可以根据实际需要选择不同的参数。

另外，FIS 编辑器图形界面上方有 3 个选项，分别是 File、Edit 和 View。

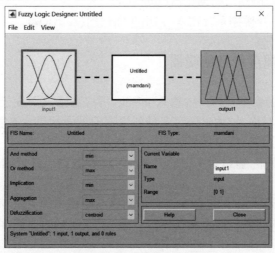

图 4.13　FIS 编辑器图形界面

1. 文件(File)菜单

NewMamdaniFIS——新建 Mamdani 型模糊推理系统。
NewSugenoFIS——新建 Sugeno 型模糊推理系统。
ImportFromWorkspace——从工作空间加载一个模糊推理系统。
ImportFromFile——从磁盘文件加载一个模糊推理系统。
ExporttoWorkspace——将当前的模糊推理系统保存到工作空间。
ExporttoFile——将当前的模糊推理系统保存到磁盘文件。
Print——打印模糊推理系统的信息。
Close Window——关闭窗口。

2. 编辑(Edit)菜单

Undo——撤销最近的操作。
Add Variable…Input——添加输入语言变量。
Add Variable…Output——添加输出语言变量。
Remove Selected Variable——删除所选语言变量。
AddMFs——在当前变量中添加系统所提供的隶属度函数。
Add Custom MF——在当前变量中添加用户自定义的隶属度函数(.m 文件)。
RemoveSelectedMF——删除所选隶属度函数。
RemoveAllMFs——删除当前变量的所有隶属度函数。
Membership Functions——打开隶属度函数编辑器(mfedit)。
Rules——打开模糊规则编辑器(ruleedit)。
FISProperties——打开模糊推理系统编辑器(fuzzy)。

3. 视图(View)菜单

Rules——打开模糊规则浏览器(ruleview)。
Surface——打开模糊系统输入/输出曲面视图(surfview)。

4.3.2 隶属度函数编辑器

在 MATLAB 的命令行窗口中输入 mfedit,可以激活隶属度函数编辑器。在该编辑器中,提供了对输入/输出语言变量各语言值的隶属度函数类型、参数进行编辑、修改的图形界面工具,其界面如图 4.14 所示。

在该图形界面中,窗口上半部分为隶属度函数的图形显示,下半部分为隶属度函数。

在菜单部分,File 菜单和 View 菜单的功能与模糊推理系统编辑器的文件功能类似。Edit 菜单的功能包括添加隶属度函数、添加定制的隶属度函数以及删除隶属度函数等。

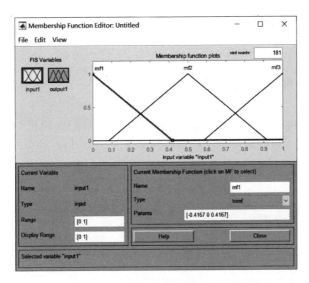

图 4.14　隶属度函数编辑器图形界面

4.3.3　模糊规则编辑器

在 MATLAB 的命令行窗口中输入 ruleedit 即可激活模糊规则编辑器。在模糊规则编辑器中,提供了添加、修改和删除模糊规则的图形界面,如图 4.15 所示。

在模糊规则编辑器中提供了一个文本编辑窗口,用于规则的输入和修改。模糊规则的形式可有三种,即语言型(verbose)、符号型(simbolic)以及索引型(indexed)。

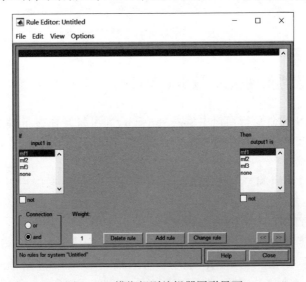

图 4.15　模糊规则编辑器图形界面

模糊规则编辑器的菜单功能与前两种编辑器基本类似,在其 View 菜单中能够激活其他的编辑器或窗口。

4.3.4 模糊规则浏览器

在 MATLAB 的命令行窗口中输入 ruleview 即可激活模糊规则浏览器。在模糊规则浏览器中,以图形形式描述了模糊推理系统的推理过程,其界面如图 4.16 所示。

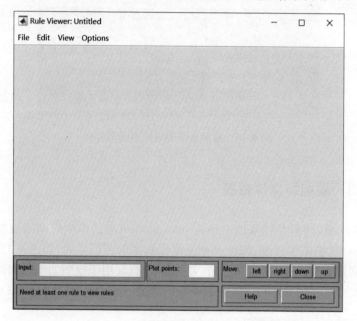

图 4.16 模糊规则浏览器图形界面

4.3.5 模糊推理输入/输出曲面视图

在 MATLAB 的命令行窗口中输入 surfview,即可打开模糊推理的输入/输出曲面视图窗口。该窗口以图形的形式显示模糊推理系统的输入/输出特性曲面,其界面如图 4.17 所示。

【例 4-11】利用 MATLAB 模糊逻辑控制工具箱的图形用户界面 FIS 编辑器,重新求解例 4-10 中的问题。

解:首先在 MATLAB 的命令行窗口中输入 fuzzy 打开 FIS 编辑器。

然后在模糊推理系统 FIS 编辑器窗口中选择 Edit -> AddVariable -> Input 命令,添加一个输入语言变量,并将两个输入语言和一个输出语言变量的名称(name)分别定义为数学成绩、身高和通过率,如图 4.18 所示。

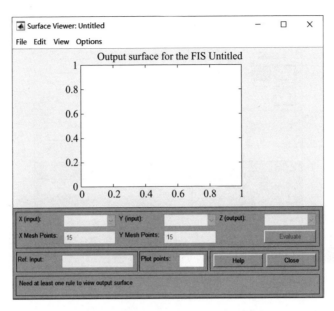

图 4.17　模糊推理输入/输出曲面视图

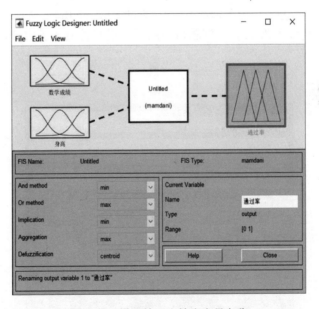

图 4.18　设置输入和输出变量名称

利用 FIS 编辑器窗口中的 Edit > MembershipFunctions 命令,打开隶属度函数编辑器,将"数学成绩"取值范围和显示范围均设置为[0,100];3 条隶属度函数曲线类型设置为 trapmf,且其名称和参数分别设置为差[00 60 80]、好[60 80 100 100],设置完成后如图 4.19 所示。

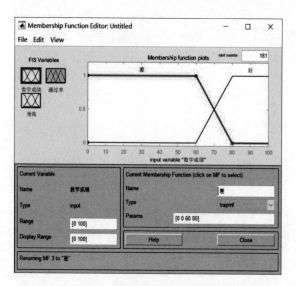

图 4.19 设置"数学成绩"参数

与设置"数学成绩"类似,设置"身高"和"通过率"的参数。

在 Membership Functions Editor 窗口中,通过 Edit -> Rules 命令打开模糊规则编辑器,所有权重均设置为1,并根据题目中的模糊逻辑控制规则完成设置,如图 4.20 所示。

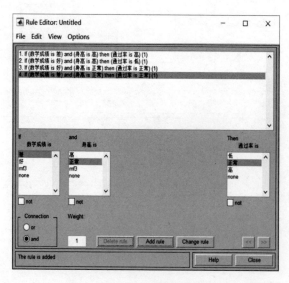

图 4.20 设置模糊逻辑控制规则和权重

在图 4.20 中增加规则后,在图 4.18 中选择 View -> Surface 命令系统会画出系统输入/输出曲面图,如图 4.21 所示。对比图 4.21 和图 4.12 可知,用 GUI 搭建的模糊系统与用 MATLAB 代码生成的模糊系统输入/输出曲面相同。

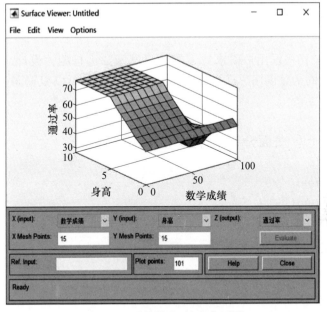

图 4.21　系统输入/输出曲面图

利用 RuleEditor 窗口中的 View - >Rules 命令,可以得到模糊推理系统模块规则浏览器,如图 4.22 所示。当在 Input 文本框中输入[80;2]时,可以得到对应的通过率为 45.2,这与例 4 - 10 中结果一致。

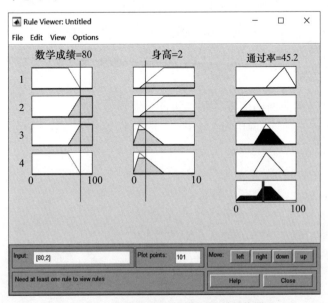

图 4.22　模糊推理系统模块规则浏览器

4.4 模糊聚类分析

FIS 推理结构根据用户需求选定的隶属度函数进行相关设计,MATLAB 工具箱提供了大量的函数供用户产生相应的 FIS 结构,用户可以根据 MATLAB 工具箱实现数据的聚类操作。

4.4.1 FIS 曲面分析

函数: gensurf。
格式: gensurf(fis)。
使用前两个输入和第一个输出来生成给定模糊推理系统(fis)的输出曲面。

```
gensurf(fis,inputs,output)
```

使用分别由向量 *input* 和标量 output 给定的输入(一个或两个)和输出(只允许一个)来生成一个图形。

```
gensurf(fis,inputs,output,grids)
```

指定 X(第一、水平)和 Y(第二、垂直)方向的网格数。如果是二元向量,X 和 Y 方向上的网格可以独立设置。

```
gensurf(fis,inputs,output,grids,ref input)
```

用于多于两个的输入,*refinput* 向量的长度与输入相同:将对应要显示的输入 refinput 项,设置为 NaN;对其他输入的固定值设置为双精度实标量。

```
[x,y,z] = gensurf(-)
```

返回定义输出曲面的变量并且删除自动绘图。

产生 FIS 输出曲面,调用 MATLAB 自带文件,编程如下:

```
clc,clear,close all
a = readfis('tipper');
gensurf(a)
axis tight
grid on
box on
```

运行程序,输出图形如图 4.23 所示。

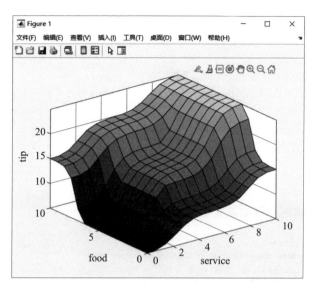

图 4.23　FIS 输出曲面

4.4.2　FIS 结构分析

函数：genfis1。

格式：fismat = genfis1（data）。

　　　fismat = genfis1(***data***,***numMF***,inmftype,outmftype)。

说明：genfis1 为 anfis 训练生成一个 Sugeno 型作为初始条件的 FIS 结构（初始隶属函数）。genfis1(***data***,***numMF***,inmftype,outmftype) 使用对数据的网格分割方法，从训练数据集生成一个 FIS 结构。

　　data 为训练数据矩阵，除最后一列表示单一输出数据外，其他各列表示输入数据。***numMF*** 为一个向量，它的坐标指定与每一输入相关的隶属函数的数量。如果想使用与每个输入相关的相同数量的隶属函数，那么只需使 ***numMF*** 成为一个数就足够了。inmnftype 为一个字符串数组，它的每行指定与每个输入相关的隶属函数类型。outmftype 是一个字符串数组，它的每行指定与每个输出相关的隶属函数类型。

　　不使用数据聚类的方法，直接从数据生成 FIS 结构，编程如下：

```
clc,clear,close all
data = [rand(10,1) 10 * rand(10,1)-5 rand(10,1)];
numMFs = [3 7];
mfType = str2mat( 'pimf','trimf');
fismat = genfis1(data,numMFs,mfType);
[x,mf] = plotmf(fismat,'input',1);
```

```
subplot(2,1,1),
plot(x,mf);
grid on
xlabel('input 1 (pimf)');
[x,mf] = plotmf(fismat,'input',2);
subplot(2,1,2),
plot(x,mf);
xlabel('input 2 (trimf)');
grid on
axis tight
```

运行程序,输出图形如图 4.24 所示。

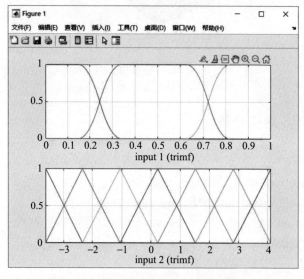

图 4.24　不使用数据聚类方法从数据生成 FIS 结构

4.4.3　模糊均值聚类

函数:fcm。

格式:[center,U,obj Fcn] = fcm(data,cluster_n)。
说明,对给定的数据集应用模糊 C 均值聚类方法进行聚类。其中,data 为要聚类的数据集,每行是一个采样数据点;cluster_n 为聚类中心的个数(大于1);***center*** 为迭代后得到的聚类中心的矩阵,这里每行给出聚类中心的坐标;***U*** 为得到的所有点对聚类中心的模糊分类矩阵或隶属度函数矩阵;obj Fcn 为迭代过程中,目标函数的值。

fcm(data,cluster_n,options)。

使用可选的变量 options 控制聚类参数,包括停止准则,和/或设置迭代信息显示。其中,options①为分类矩阵 U 的指数,默认值是 2.0;options②为最大迭代次数,默认值是 100;options③为最小改进量,即迭代停止的误差准则,默认值是 $1e-5$;options④为迭代过程中显示的信息,默认值是 1。

如果任意一项为 NaN,这些选项就使用默认值;当达到最大迭代次数时,或目标函数两次连续迭代的改进量小于指定的最小改进量,即满足停止误差准则时,聚类过程结束。

产生随机数据,进行均值聚类分析,编程如下:

```
clc,clear,close all
data = rand(100,2);
[center,U,obj Fcn] = fcm(data,2);
plot(data(:,1),data(:,2),'o');
maxU = max(U);
index1 = find(U(1,:) = = maxU);
index2 = find(U(2,:) = = maxU);
line(data( index1,1),data( index1,2),'linestyle','none','marker','*','color','g');
line( data( index2,1),data( index2,2),'linestyle','none','marker','*','color','r');
axis tight
grid on
box on
```

运行程序,输出图形如图 4.25 所示。

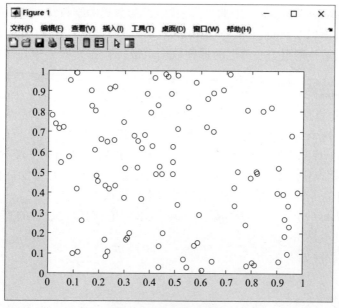

图 4.25　模糊均值聚类

4.4.4 模糊聚类工具箱

数据聚类形成了许多分类,是系统建模算法的基础之一,并对系统行为产生一种聚类表示。MATLAB模糊逻辑工具箱装备了一些工具,使用户能够在输入数据中发现聚类,用户可以用聚类信息产生Sugneo-type模糊推理系统,使用最少规则建立最好的数据行为;按照每一个数据聚类的模糊品质联系自动地划分规则。这种类型的FIS产生器能被命令行函数genfis2自动地完成。

模糊聚类的相关函数如下。

1. fcm

功能:利用模糊C均值方法的模糊聚类。

格式:[center,U,obj Fcn] = fcm(data,cluster_n);
fcm(data,cluster_n,options);

2. genfis2

功能:用于减聚类方法的模糊推理系统模型。

格式:fismat = grnfis2(Xin,Xout,radii);
fismat = grnfis2(Xin,Xout,radii,xBounds);
fismat = grnfis2(Xin,Xout,radii,xBounds,options);

说明:Xin为输入数据集;Xout为输出数据集;radii用于假设数据点位于一个单位超立方体内的条件下,指定数据向量的每一维聚类中心影响的范围,每一维取值在0~1之间;***xBounds*** 为 $2 \times N$ 维的矩阵,其中 N 为数据的维数;***options*** 为参数向量。

(1)***options***(1) = quashFactor:quashFactor用于与聚类中心的影响范围radii相乘,用于决定某一聚类中心邻近的那些数据点被排除作为聚类中心的可能性。默认为1.25。

(2)***options***(2) = acceptRatio:acceptRatio用于指定在选出第一类聚类中心后,只有某个数据点作为聚类中心的可能性值高于第一聚类中心可能性值的一定比例,只有高于这个比例才能作为新的聚类中心。默认为0.5。

(3)***options***(3) = rejectRatio:reiectRatio用于指定在选出第一类聚类中心后,只有某个数据点作为聚类中心的可能性值低于第一聚类中心可能性值的一定比例,只有低于这个比例才能作为新的聚类中心。默认为0.15。

(4)***options***(4) = verbose:如果verbose为非零值,则聚类过程的有关信息将显示出来,否则不显示。

genfis2函数程序如下:

```
tripdata
subplot(211),plot(datin)
subplot(212),plot(datin
```

```
fismat = genfis2(datin,datout,0.5);
fuzout = evalfis(datin,fismat);
trnRMSE = norm( fuzout - datout)/sqrt(length( fuzout))
trnRMSE =
0.5276
figure,
plot( datout,'o')
hold on
plot(fuzout)
```

运行程序,结果如图 4.26 和图 4.27 所示。

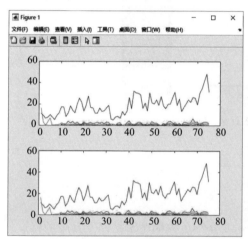

图 4.26　训练数据

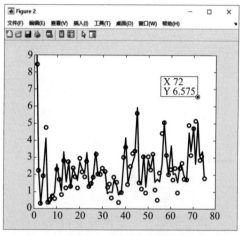

图 4.27　减类模糊推理系统输出数据

3. subclust

功能:数据的模糊减聚类。

格式:$[c,s]$ = subclust(X,radii,xBounds,options)。

说明:X 包括用于聚类的数据,X 的每一行为一个向量;返回参数 c 为聚类中心向量,向量 s 包含了数据点每一维聚类中心的影响范围。

subclust 函数示例如下:

```
[c,s] = subclust(X,0.5);
[c,s] = subclust(x,[0.5,0.25,0.3],[2.0,0.8,0.7]);
```

4. findcluster

功能:模糊 C 均值聚类和子聚类交互聚类的 GUI 工具。

格式:findcluster。

程序如下:

```
findcluster( 'file.dat')
```

运行程序,结果如图 4.28 所示。

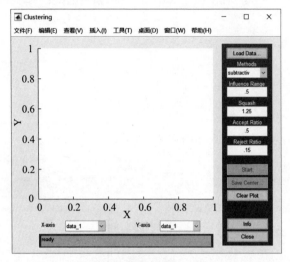

图 4.28　聚类工具箱 GUI 窗口

4.5　小结

本章简单介绍了模糊逻辑控制理论,主要介绍了模糊逻辑控制工具箱的特点、函数,重点介绍了模糊逻辑控制在 MATLAB 中的应用。

模糊控制是建立在模糊理论的基础上的,本章详细介绍了 MATLAB 提供的 FIS(模糊推理系统),FIS 由 5 个部分组成,即 FIS 编辑器、隶属函数编辑器、模糊规则编辑器、模糊规则观察器、曲面观察器,它们都有图形用户界面。FIS 与模糊逻辑控制器的连接,也是本章学习的重点。

第5章 建模与仿真技术的应用

5.1 独轮自行车建模与仿真

1. 问题提出

为实现图 5.1 所示的某品牌独轮车,控制工程师研制了图 5.2 所示的实物仿真模型。通过对该实物模型的理论分析与实物仿真实验研究,有助于我们实现对独轮自行车机器人的有效控制。

图 5.1 独轮车

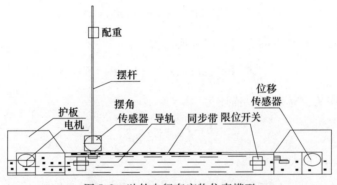

图 5.2 独轮自行车实物仿真模型

控制理论中把此问题归结为一阶直线倒立摆控制问题。另外,诸如机器人行走过程中的平衡控制、火箭发射中的垂直度控制、卫星飞行中的姿态控制、海上钻井平台的稳定控制、飞机安全着陆控制等均涉及"倒立摆的控制问题"。

2. 建模机理

由于此问题为单一刚性铰链、两自由度动力学问题,因此,依据经典力学的牛顿定律即可满足要求。

3. 系统建模

如图5.3所示,设小车的质量为 m_0,倒立摆的质量为 m,摆长为 $2l$,摆的偏角为 θ,小车的位移为 x,作用在小车上水平方向的力为 F,O_1 为摆杆的质心。

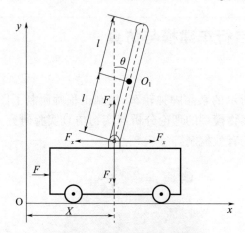

图 5.3　一阶倒立摆的物理模型

根据刚体绕定轴转动的动力学微分方程,转动惯量与加速度乘积等于作用于刚体主动力对该轴力矩的代数和,则摆杆绕其重心的转动方程为

$$J\ddot{\theta} = F_y l\sin\theta - F_x l\cos\theta \tag{5.1}$$

摆杆重心的水平运动可描述为

$$F_x = m\frac{d^2}{dt^2}(x + l\sin\theta) \tag{5.2}$$

摆杆重心在垂直方向上的运动可描述为

$$F_y - mg = m\frac{d^2}{dt^2}(l\cos\theta) \tag{5.3}$$

小车水平方向运动可以描述为

$$F - F_x = m_0\frac{d^2 x}{dt^2} \tag{5.4}$$

由式(5.2)和式(5.4)得

$$(m_0 + m)\ddot{x} + ml(\cos\theta \cdot \ddot{\theta} - \sin\theta \cdot \dot{\theta}^2) = F \tag{5.5}$$

由式(5.1)和式(5.3)得

$$(J + ml^2)\ddot{\theta} + ml\cos\theta \cdot \ddot{x} = mlg \cdot \sin\theta \tag{5.6}$$

整理式(5.5)和式(5.6)得

$$\begin{cases} \ddot{x} = \dfrac{(J+ml^2)F + lm(J+ml^2)\sin\theta \cdot \dot{\theta}^2 - m^2l^2g\sin\theta\cos\theta}{(J+ml^2)(m_0+m) - m^2l^2\cos^2\theta} \\ \ddot{\theta} = \dfrac{ml\cos\theta \cdot F + m^2l^2\sin\theta\cos\theta \cdot \dot{\theta}^2 - (m_0+m)mlg\sin\theta}{m^2l^2\cos^2\theta - (m_0+m)(J+ml^2)} \end{cases} \tag{5.7}$$

因为摆杆是均质细杆,所以可求其对于质心的转动惯量。因此设细杆摆长为 $2l$,单位长度的质量为 ρ_l,取杆上一个微段 $\mathrm{d}x$,其质量为 $m = \rho_l \cdot \mathrm{d}x$,则此杆对于质心的转动惯量有:

$$J = \int_{-l}^{l}(\rho_l \mathrm{d}x)x^2 = 2\rho_l l^3/3$$

杆的质量为:

$$m = 2\rho_l \cdot l$$

所以此杆对于质心的转动惯量有:

$$J = \frac{ml^2}{3}$$

4. 模型简化

由式(5.7)可见,一阶直线倒立摆系统的动力学模型为非线性微分方程组。为了便于应用经典控制理论对该控制系统进行设计,必须将其简化为线性定常的系统模型。

若只考虑 θ 在其工作点 $\theta_0 = 0$ 附近($-10° < \theta < 10°$)的细微变化。则可近似认为

$$\begin{cases} \dot{\theta}^2 \approx 0 \\ \sin\theta \approx \theta \\ \cos\theta \approx 1 \end{cases}$$

在这一简化思想下,系统精确模型可简化为:

$$\begin{cases} \ddot{x} = \dfrac{(J+ml^2)F - m^2l^2g\theta}{J(m_0+m) - mm_0l^2} \\ \ddot{\theta} = \dfrac{(m_0+m)mlg\theta - mlF}{(m_0+m)J + mm_0l^2} \end{cases}$$

若给定一阶直线倒立摆系统的参数为:小车的质量 $m_0 = 1\mathrm{kg}$;倒摆振子的质量 $m = 1\mathrm{kg}$;倒摆长度 $2L = 0.6\mathrm{m}$;重力加速度取 $g = 10\mathrm{m/s}^2$,则可得到进一步简化:

$$\begin{cases} \ddot{x} = -6\theta + 0.8F \\ \ddot{\theta} = 40\theta - 2.0F \end{cases} \tag{5.8}$$

上式为系统的微分方程模型,对其进行拉氏变换可得系统的传递函数模型为

$$\begin{cases} G_1(s) = \dfrac{\Theta(s)}{F(s)} = \dfrac{-2.0}{s^2 - 40} \\ G_2(s) = \dfrac{X(s)}{\Theta(s)} = \dfrac{-0.4s^2 + 10}{s^2} \end{cases} \quad (5.9)$$

图 5.4 为系统的动态结构图:

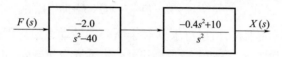

图 5.4 系统动态结构图

同理可求系统的状态方程模型如下。

设系统状态为

$$x = \begin{bmatrix} x_1 \\ x_2 \\ x_3 \\ x_4 \end{bmatrix} = \begin{bmatrix} \theta \\ \dot{\theta} \\ x \\ \dot{x} \end{bmatrix}$$

则有系统状态方程:

$$\dot{x} = \begin{bmatrix} \dot{x}_1 \\ \dot{x}_2 \\ \dot{x}_3 \\ \dot{x}_4 \end{bmatrix} = \begin{bmatrix} 0 & 1 & 0 & 0 \\ 40 & 0 & 0 & 0 \\ 0 & 0 & 0 & 1 \\ -6 & 0 & 0 & 0 \end{bmatrix} \times \begin{bmatrix} x_1 \\ x_2 \\ x_3 \\ x_4 \end{bmatrix} + \begin{bmatrix} 0 \\ -2 \\ 0 \\ 0.8 \end{bmatrix}, F = Ax + BF \quad (5.10)$$

输出方程:

$$y = \begin{bmatrix} \theta \\ x \end{bmatrix} = \begin{bmatrix} 1 & 0 & 0 & 0 \\ 0 & 0 & 1 & 0 \end{bmatrix} \times \begin{bmatrix} x_1 \\ x_2 \\ x_3 \\ x_4 \end{bmatrix} = Cx \quad (5.11)$$

由此可见,通过对系统模型的简化,得到了一阶直线倒立摆系统的微分方程、传递函数、状态方程三种线性定常的数学模型,这就为下面的系统设计奠定了基础。

5. 模型验证

对于所建立的一阶直线倒立摆系统数学模型,还应对其可靠性进行验证,以保证以后系统数字仿真实验的真实、有效。

5.2 基于双闭环控制的一阶倒立摆控制系统建模与仿真

在图5.5所示的一阶倒立摆控制系统中,通过检测小车位置与摆杆的摆动角,来适当控制驱动电机拖动力的大小,控制器由一台,工控电脑/工控计算机完成。

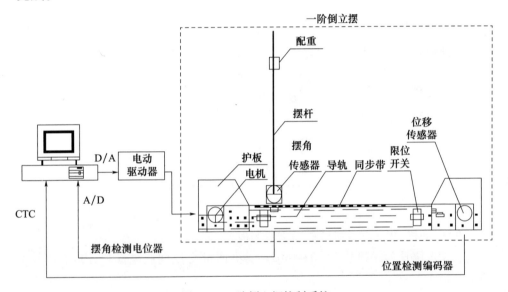

图 5.5 一阶倒立摆控制系统

本节将借助于 Simulink 封装技术 – 子系统,在模型验证的基础上,采用双闭环 PID 控制方案,实现倒立摆位置伺服控制的数字仿真实验。

1. 系统建模

1)对象模型

由 5.1 节式(5.7)知,一阶倒立摆精确模型为:

$$\begin{cases} \ddot{x} = \dfrac{(J+ml^2)\boldsymbol{F} + lm(J+ml^2)\sin\theta \cdot \dot{\boldsymbol{\theta}}^2 - m^2l^2g\sin\theta\cos\theta}{(J+ml^2)(m_0+m) - m^2l^2\cos^2\theta} \\ \ddot{\theta} = \dfrac{ml\cos\theta \cdot \boldsymbol{F} + m^2l^2g\sin\theta\cos\theta \cdot \dot{\boldsymbol{\theta}}^2 - (m_0+m)mlg\sin\theta}{m^2l^2\cos^2\theta - (m_0+m)(J+ml^2)} \end{cases}$$

当小车的质量 $m_0 = 1\text{kg}$,倒摆振子的质量 $m = 1\text{kg}$,倒摆长度 $2l = 0.6\text{m}$,重力加速度取 $g = 10\text{m/s}$ 时得

$$\begin{cases} \ddot{x} = \dfrac{0.12F + 0.036\sin\theta \cdot \dot{\theta}^2 - 0.9\sin\theta\cos\theta}{0.24 - 0.09\cos^2\theta} \\ \ddot{\theta} = \dfrac{0.3\cos\theta \cdot F + 0.09\sin\theta\cos\theta \cdot \dot{\theta}^2 - 6\sin\theta}{0.09\cos^2\theta - 0.24} \end{cases}$$

若只考虑 θ 在其工作点 $\theta = 0$ 附近（$-10° < \theta < 10°$）的小范围变化，则可近似认为

$$\begin{cases} \dot{\theta}^2 \approx 0 \\ \sin\theta \approx \theta \\ \cos\theta \approx 1 \end{cases}$$

由此得到简化的近似模型为

$$\begin{cases} \ddot{x} = -6\theta + 0.8F \\ \ddot{\theta} = 40\theta - 2.0F \end{cases}$$

其等效动态结构图如图 5.6 所示。

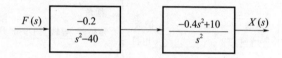

图 5.6　一阶倒立摆系统动态结构图

2）电动机、驱动器及机械传动装置的模型

假设选用日本松下电工 MSMA021 型小惯量交流伺服电动机，其有关参数如下：

驱动电压：$U = 0 \sim 100V$　　　　　额定功率：$P_N = 200W$
额定转速：$n = 3000r/min$　　　　　转动惯量：$J = 3 \times 10^{-6} kg \cdot m^2$
额定转矩：$T_N = 0.64N \cdot m$　　　　最大转矩：$T_M = 1.9N \cdot m$
电磁时间常数：$T_1 = 0.001s$　　　　机电时间常数：$T_m = 0.003s$

经传动机构变速后输出的拖动力 $F = 0 \sim 16N$；与其配套的驱动器为 MS-DA021A1A，控制电压 $U_{DA} = \pm 10V$。

忽略电机的空载转矩和系统摩擦，认为驱动器和机械传动装置均为纯比例环节，并假设这两个环节的增益分别为 K_d 和 K_m。

对于交流伺服电动机，其传递函数可近似为：

$$\frac{K_V}{T_m T_1 s^2 + T_m s + 1}$$

由于是小惯性电机，其时间常数 T_1、T_m 相对都很小，这样可以进一步将电动机模型近似等效为一个比例环节：K_V。

综上，电动机、驱动器、机械传动装置三个环节就可以成为一个比例环节：

$$G(s) = K_d K_v K_m = K_s$$
$$K_s = F_{max}/U_{max} = 16/10 = 1.6$$

2. 模型验证

尽管上述教学模型系经机理建模得出,但其准确性(或正确性)还需运用一定的理论方法加以验证,以保证仿真实验的有效性。模型验证的理论方法是一项专门技术,本书受篇幅所限不能深入阐述。下面给出的是一种必要条件法,即我们所进行的模型验证实验的结果是依据经验可以判定的,其验证结果是正确的就能证明模型也是正确的。

1)模型封装

我们采用仿真实验的方法在 MATLAB 的 Simulink 图形仿真环境下进行模型验证实验,其原理如图 5.7 所示。其中,上半部分为精确模型仿真图,下半部分为简化模型仿真图。

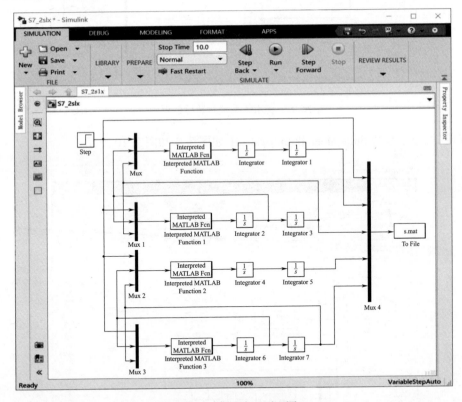

图 5.7 模型验证原理图

利用前面介绍的 Simulink 压缩子系统功能可将验证原理图更加简捷地表示为图 5.8 的形式。

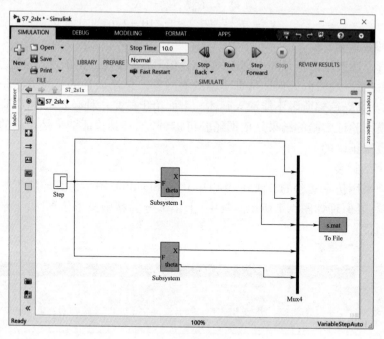

图 5.8　利用子系统封装后的框图

其中,两个子系统 Subsystem 和 Subsystem1 如图 5.9 和图 5.10 所示。

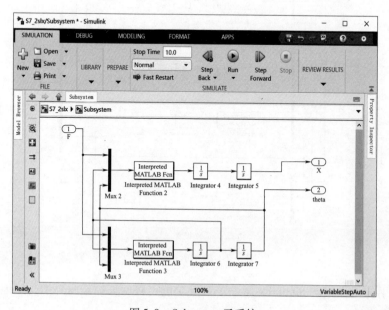

图 5.9　Subsystem 子系统

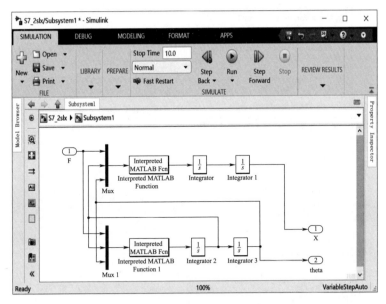

图 5.10　Subsystem1 子系统

Step 模块和 To File 模块的设置如图 5.11 和图 5.12 所示。

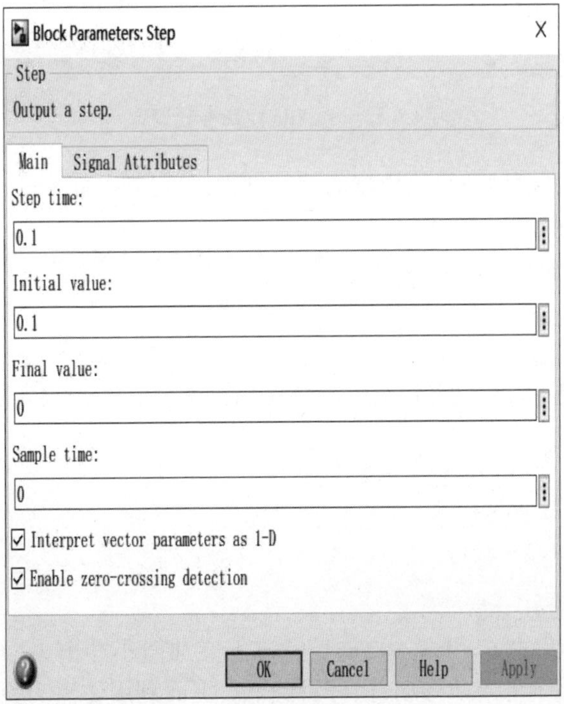

图 5.11　Step 模块参数设置

177

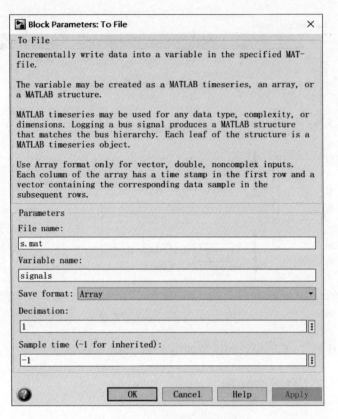

图 5.12 To File 模块参数设置

由得到的精确模型和简化模型的状态方程,可得到 Fcn,Fcn1,Fcn2 和 Fcn3 的函数表达式如下:

Fcn:(0.12*u(1)+0.036*sin(u(3))*power(u(2),2)-0.9*sin(u(3))*cos(u(3)))/(0.24-0.09*
power(cos(u(3)),2))
Fcn1:(0.3*cos(u(3))*u(1)+0.09*sin(u(3))*cos(u(3))*power(u(2),2)-6*sin(u(3)))/
(0.09*power(cos(u(3)),2)-0.24)
Fcn2:0.8*u(1)-6*u(3)
Fcn3:40*u(3)-2.0*u(1)

2)实验设计

假定使倒立摆在($\theta=0, x=0$)初始状态下突加微小冲击力($F = 0.1N$)作用,则依据经验知,小车将向前移动,摆杆将倒下。下面利用仿真实验来验证正确数学模型的这一"必要性质"。

3)编制 MATLAB 绘图子程序

```
% Inverted pedultlln
% Model test in open loop
%  signals recuperation
% 将导入到 s.mat 中的仿真试验数据读出
clear
load s.mat
t = signals(1,:);          % 读取时间信号
f = signals(2,:);          % 读取作用力 F 信号
x = signals(3,:);          % 读取精确模型中的小车位置信号
q = signals(4,:);          % 读取精确模型中的倒摆摆角信号
xx = signals(5,:);         % 读取简化模型中的小车速度信号
qq = signals(6,:);         % 读取简化模型中的倒摆摆角速度信号
% Drawing control and x(t)response signals
% 画出在控制力作用下的系统响应曲线
% 定义曲线的横纵坐标、标题、坐标范围和曲线的颜色等特征
figure(1)                  % 定义第一个图形
hf = line(t,f(:));         % 绘制时间—作用力曲线
grid on                    % 加网格
axis([0 1 0 0.12])         % 定义坐标范围
xlabel('Time(s)')          % 定义横坐标
ylabel('Force(N)')         % 定义纵坐标
axet = axes('Position',get(gca,'Position'),'XAxisLocation','bottom','YAxis-
Location',
'right','Color','None','XColor','k','Ycolor','k');   % 定义曲线属性
ht = line(t,x,'color','r','parent',axet);   % 绘制时间—精确模型小车位置曲线
ht = line(t,xx,'color','r','parent',axet);  % 绘制时间—简化模型小车位置曲线
ylabel('Evolution of the x position')    % 定义坐标名称
axis([0 1 0 0.1])                         % 定义坐标范围
title('Response x and x" in meter to a f(t) pulse of 0.1 N')% 定义曲线标题名称
gtext('\leftarrow f(t)')
gtext('x(t) \rightarrow')
gtext('\leftarrow x'(t)')
figure(2)
hf = line(t,f(:));
xlabel('Time(s)')
ylabel('Force(N)')
axis([0 1 0 0.12])
axet = axes('Position',get(gca,'Position'),'XAxisLocation','bottom','YAxis-
```

```
Location','right','Color','None','XColor','k','Ycolor','k');
ht = line(t,q,'color','r','parent',axet);
grid on
ht = line(t,qq,'color','r','parent',axet);
ylabel('Angle evolution(rad)')
axis([0 1 -0.3 0])
title('Response x and x" in meter to a f(t) pulse of 0.1 N')
gtext('\leftarrow f(t)')
gtext('x(t) \rightarrow')
gtext('\leftarrow x'(t)')
```

4)仿真实验

执行该程序之结果如图 5.13 和图 5.14 所示,从中可见,在 0.1N 的冲击力作用下,摆杆倒下(θ 由零逐步增大),小车位移逐渐增加;这一结果符合前述的实验设计,故可以在一定程度上确认该"一阶倒立摆系统"的数学模型是有效的。同时,由图中我们也可看出:近似模型在 0.8s 以前与精确模型非常接近;因此,也可以认为"近似模型在一定条件下可以表述原系统模型的性质"。

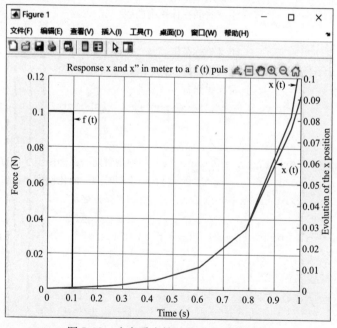

图 5.13　小车受力情况及小车位移曲线

3. 双闭环 PID 控制器设计

从图 5.6 所示的一阶倒立摆系统动态结构图中不难看出,对象传递函数中含有不稳定的零极点,即该系统位置伺服控制的核心是"在保证摆杆不倒的条件下,使小车位置可控"(注:此处本应证明系统的可控性,受篇幅所限,请感性趣的读者自行证明);因此,依据负反馈闭环控制原理,将小车位置作为系统"外环",而将摆杆摆角作为"内环",则摆角作为外环内的一个扰动,能够得到闭环系统的有效抑制实现其直立不倒的自动控制。

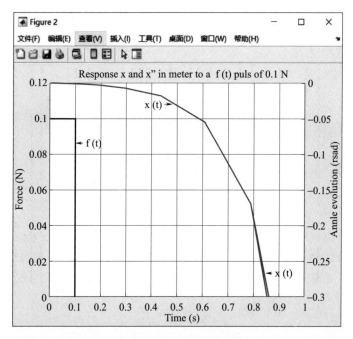

图 5.14　小车受力情况及摆杆摆角位移曲线

综上所述,设计一阶倒立摆位置伺服控制系统如图 5.15 所示。剩下的问题就是如何确定控制器(校正装置)$D(s)/D'_1(s)$ 和 $D_2(s)/D'_2(s)$ 的结构与参数。

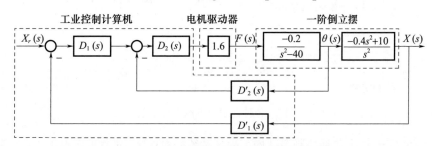

图 5.15　一阶倒立摆位置伺服控制系统动态结构图

1)内环控制器的设计
(1)控制器结构的选择。
考虑到对象为一非线性的自不稳定系统,故拟采用反馈校正,这是因为其具有如下特点：
①削弱系统中非线性等特性的影响；
②降低系统对参数变化的敏感性；
③抑制扰动；
④减小系统的时间常数。

所以，对系统"内环"采用反馈校正进行控制。图 5.16 所示为采用反馈校正控制的系统内环框图。

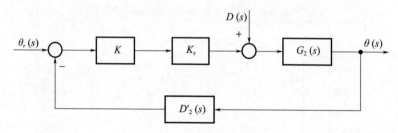

图 5.16　反馈控制框图

图中，K_s 为伺服电机与减速机构的等效模型（已知 $K_s = 1.6$），反馈控制器 $D'_2(s)$ 可有 PD,PI,PID 三种形式。那么应该采用什么形式的反馈校正装置（控制器）呢？下面，我们采用绘制各种控制器下的"闭环系统根轨迹"的方法进行分析，以选出一种适合的控制器结构。

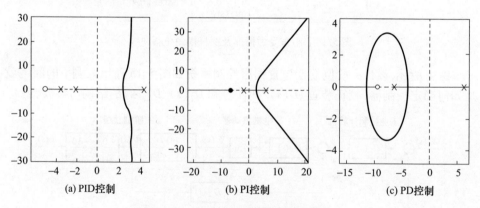

图 5.17　各种控制器下的内环根轨迹

图 5.17 给出了各种控制器结构下内环系统的根轨迹（其中暂定 $D_2(s) = K$ 为纯比例环节），从图中不难看出：采用 PD 结构的反馈控制器可使系统结构简单，使原来不稳定的系统稳定。所以，我们选定反馈校正装置的结构为 PD 形式的控制器。

综上有 $D'_2(s) = K_{P2} + K_{D2}(s)$，同时为了加强对干扰量 $D(s)$ 的抑制能力，在前向通道上加一个比例环节 $D_2(s) = K$。从而有系统内环动态结构如图 5.18 所示。

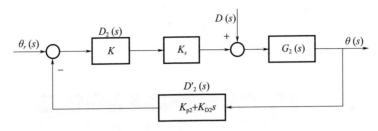

图 5.18　系统内环动态结构框图

(2) 控制器参数的整定。

首先暂定比例环节 $D_2(s)$ 的增益 $K = -20$，又已知 $K_s = 1.6$，这样可以求出内环的传递函数为

$$W_2 = \frac{KK_sG_2(s)}{1 + KK_sG_2(s)D'_2(s)}$$

$$= \frac{-20 \times 1.6 \times \frac{-2.0}{s^2 - 40}}{1 + (-20) \times 1.6 \times \frac{-2.0}{s^2 - 40}(K_p2 + K_{D2}s)}$$

$$= \frac{64}{s^2 + 64K_{p2} + 64K_{D2} - 40}$$

由于对系统内环的特性并无特殊的指标要求，对于这一典型的二阶系统采取典型参数整定办法，即以保证内环系统具有"快速跟随性能特性"(使阻尼比 $\zeta = 0.7$，闭环增益 $K = 1$ 即可)为条件来确定反馈控制器的参数 K_{P2} 和 K_{D2}，这样就有：

$$\begin{cases} 64K_{P2} - 40 = 64 \\ 64K_{D2} = 2 \times 0.7 \times \sqrt{64} \end{cases}$$

由上式得

$$\begin{cases} K_{P2} = 1.625 \\ K_{D2} = 0.175 \end{cases}$$

系统内环的传递函数为

$$W_2(s) = \frac{64}{s^2 + 11.2s + 64}$$

(3) 系统内环的动态跟随性能指标。

首先进行理论分析，系统内环的动态跟随性能指标如下：

固有角频率：$w_n = \sqrt{64} = 8$；

阻尼比：$\zeta = 0.7$；

超调量：$\sigma\% = \frac{-\tau\pi}{e^{\sqrt{1-\zeta^2}}} \times 100\% = 4.6\%$；

调节时间：$t_s \approx \dfrac{3}{\zeta\omega_n} = 0.536\text{s}$（5%允许误差所对应的$t_s$）；

根据得到的内环的闭环传递函数搭建模型，如图 5.19 所示，进行仿真。

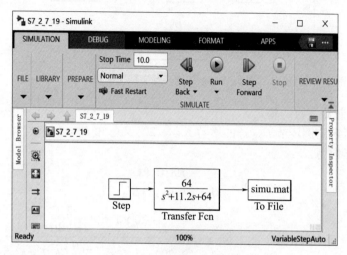

图 5.19 搭建的仿真模型

相应的 MATLAB 代码如下：

```
clear
load simu.mat
t = ans(1,:);
x = ans(2,:);
plot(t,x)
grid on
axis([0 2 0 1.2])
xlabel('Time(s)')
ylabel('The response of the step signal(100% )')
title('Response')
```

得到的仿真图形如图 5.20 所示。从仿真图中可以得知，其响应时间和超调量与理论分析的值相符合。

2）系统外环控制器设计

外环系统前向通道的传递函数为

$$W_2(s)G_1(s) = \frac{64}{s^2+11.2s+64} \times \frac{-0.4s^2+10}{s^2} = \frac{64(-0.4s^2+10)}{s^2(s^2+11.2s+64)}$$

可见，系统开环传递函数可视为一个高阶（四阶）且带有不稳定零点的"非最小相位系统"。为了便于设计，需要先对它进行一些必要的简化处理（否则，不便利用经典控制理论与方法对其进行设计)。

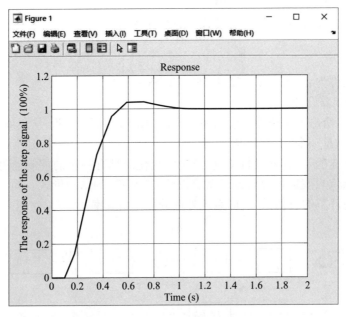

图 5.20　单位阶跃信号作用下的响应曲线

(1)系统外环模型的降阶。

对于一个高阶系统,当高次项的系数小到一定程度时,其对系统的影响可忽略不计。这样可降低系统的阶次,以使系统得到简化。

首先,对内环等效闭环传递函数进行近似处理。由上可知,系统内环闭环递函数为

$$W_2(s) = \frac{64}{s^2 + 11.2s + 64}$$

若可以将高次项 s^2 忽略,则可以得到近似的一阶传递函数:

$$W_2 \approx \frac{64}{11.2s + 64} = \frac{1}{0.175s + 1}$$

近似条件可以由频率特性导出,即

$$W(j\omega) = \frac{64}{(j\omega)^2 + 11.2(j\omega) + 64} = \frac{64}{(64 - \omega^2) + 11.2j\omega} \approx \frac{64}{64 + 11.2j\omega}$$

所以,近似条件为 $\omega_c^2 \leq \frac{64}{10}$,即 $\omega_c \leq 2.52$。

其次,对象模型 $G_1(s)$ 进行近似处理。

我们知道,$G_1(s) = \dfrac{-0.4s^2 + 10}{s^2}$,如果可以将分子中的高次项($-0.4s^2$)忽略,则环节可近似为二阶环节,即 $G_1(s) \approx \dfrac{10}{s^2}$。

同理,近似条件为 $0.4\omega_c^2 \leq \dfrac{10}{10}$,即 $\omega_c \leq 1.58$。

经过以上处理后,系统开环传递函数被简化为:
$$W_2(s)G_1(s) \approx \dfrac{57}{s^2(s+5.7)}$$

近似条件为 $\omega_c \leq \min(2.52, 1.58) = 1.58$。

(2)控制器设计。

图 5.21 给出了系统外环前向通道上传递函数的等效过程,从最终的简化模型不难看出:这是一个"Ⅱ型系统"。鉴于"一阶倒立摆位置伺服控制系统"对抗扰性能与跟随性能的要求(对摆杆长度、质量的变化应具有一定的抑制能力,同时可使小车有效定位),我们可以将外环系统设计成"典型"的结构形式。同时,系统还应满足前面各环节的近似条件,即系统外环的截止角频率。

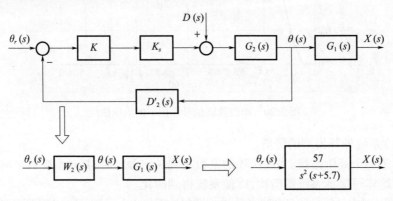

图 5.21 模型简化过程

为了满足以上对系统的设计要求,不难发现所需要加入的调节器 $D_1(s)$ 也应为 PD 的形式。设加入的调节器为 $D_1(s) = K_p(\tau s + 1)$;同时,为使系统有较好的跟随性能,我们采用单位反馈($D'_1(s) = K = 1$)来构成外环反馈通道,如图 5.22 所示。则系统的开环传递函数为

$$W(s) = W_2(s)G_1(s)D_1(s) = \dfrac{57}{s^2(s+5.7)}K_p(\tau s + 1)$$

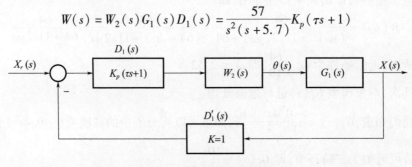

图 5.22 闭环系统结构图

为保证系统剪切角频率 $\omega_c \leq 1.58$,不妨取 $\omega_c = 1.2$。对于典型Ⅱ型系统(图5.23(a)),其频率特性有如下关系(图5.23(b))。

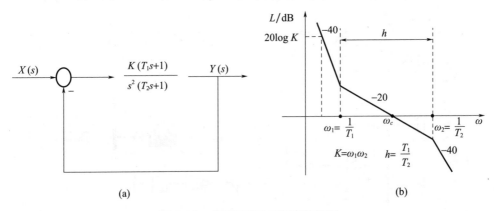

图5.23 典型Ⅱ型系统频率特性图

当 $h = \dfrac{T_1}{T_2} = 5$ 时,为典型Ⅱ型系统最优参数,则有 $h = \dfrac{\tau}{1/5.7} = 5$ 即 $\tau = 0.877$,不妨取 $\tau = 1$,则有系统开环传递函数 $W(s) = \dfrac{10/k_p(s+1)}{s^2(0.175s+1)}$。

当 $K = \omega_1 \omega_2$ 时,则 $10K_p = \omega_1 \omega_c = 1 \times 1.2$,即 $K_p = 0.12$。

至此,图5.23中的控制器均已求出:

$D_1(s) = 0.12(s+1), D'_1(s) = 1, D_2(s) = -20, D'_2(s) = 0.175s + 1.625$。

综上所述,有图5.24所示的系统动态结构图。

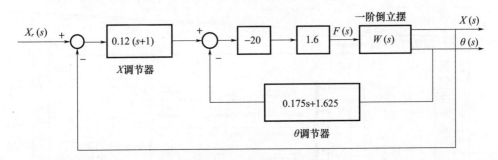

图5.24 系统动态结构图

4. 仿真实验

综合上述内容,有图5.25所示的Simulink仿真系统结构图。需要强调的是:对象模型为精确模型的封装子系统形式。

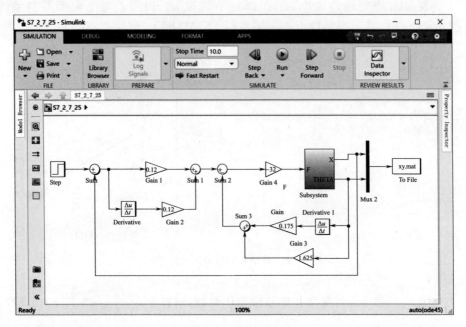

图 5.25 仿真框图

子系统结构如图 5.26 所示。

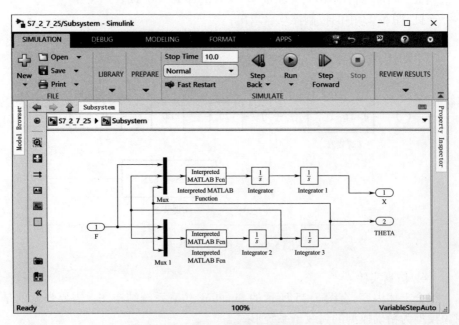

图 5.26 子系统结构框图

其中,Step 模块设置如图 5.27 所示,To File 模块设置如图 5.28 所示。

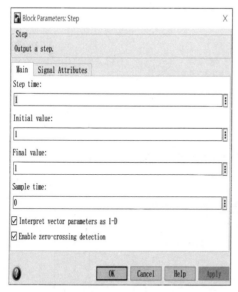
图 5.27　Step 模块设置

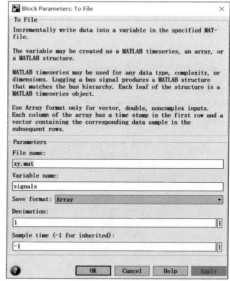
图 5.28　To File 模块设置

Fcn 设置为：$(0.12*u(1)+0.036*\sin(u(3))*\text{power}(u(2),2)-0.9*\sin(u(3))*\cos(u(3)))/(0.24-0.09*\text{power}(\cos(u(3)),2))$

Fcn1 设置为：$(0.3*\cos(u(3))*u(1)+0.09*\sin(u(3))*\cos(u(3))*\text{power}(u(2),2)-6*\sin(u(3)))/(0.09*\text{power}(\cos(u(3)),2)-0.24)$ 系统仿真程序如下：

```
% Inverted Pendulum PID
% signals recuperation
% 将导入到 xy.mat 中的仿真实验数据读出
clear
load xy.mat
t = signals(1,:);
x = signals(2,:);
q = signals(3,:);
% drawing x(t) and theta(t) response signals
% 画小车位置和摆杆角度的响应曲线
plot(t,x)
axis([0 10 -0.3 1.2])
xlabel('Time(s)')
ylabel('Angle evolution(rad)')
```

```
grid on
axet = axes('Position',get(gca,'Position'),'XAxisLocation','bottom','YAxis-
Location','right','Color','None','XColor','k','Ycolor','k');
ht = line(t,q,'color','r','parent',axet);
axis([0 10 -0.3 1.2])
title('\theta(t) and x(t) Response to a step input')
ylabel('Evolution of the x position(m)')
gtext('\leftarrow x(t)')
gtext('\leftarrow theta(t)')
```

系统仿真绘图子程序及仿真结果如图5.29所示。

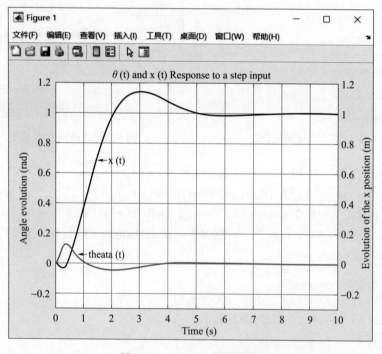

图5.29 Simulink仿真框图

从图中可见,双闭环PID控制方案是有效的。为检验控制系统的鲁棒性能,还可以改变倒立摆系统的部分参数来检验系统是否具有一定的鲁棒性。例如,将倒立摆的摆杆质量改为1.1kg,此时Simulink仿真框图仍为图5.25,只是将Fcn和Fcn1作如下修改:

Fcn设置为

$(0.132*u(1)+0.0436*\sin(u(3))*power(u(2),2)-1.090*\sin(u(3))*\cos(u(3)))/(0.2772-0.1090*power(\cos(u(3)),2))$

Fcn1 设置为：

$(0.33 * \cos(u(3)) * u(1) + 0.109 * \sin(u(3)) * \cos(u(3)) * \mathrm{power}(u(2), 2) - 6.93 * \sin(u(3)))/(0.109 * \mathrm{power}(\cos(u(3)), 2) - 0.2772)$

其仿真结果如图 5.30 所示。

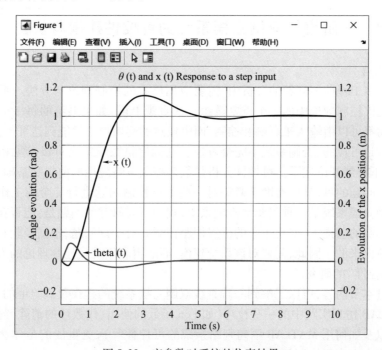

图 5.30　变参数时系统的仿真结果

从仿真结果可见，控制系统仍能有效地控制并保持倒摆直立，并使小车移动到指定位置，系统控制是有效的。

为了进一步验证控制系统的鲁棒性能，且便于进行比较，我们不妨改变倒立摆的摆杆质量和长度多作几组试验。从中分析可知，所设计的双闭环 PID 控制器在系统参数的一定变化范围内能有效地工作，保持摆杆直立并使小车有效定位，控制系统具有一定的鲁棒性。

5. 结论

(1)本节从理论上证明了所设计的一阶直线倒立摆双闭环 PID 控制方案是可行的。

(2)本节中之结果在实际应用时(实物仿真)还有如下问题：

①微分控制规律易受噪声干扰，具体实现时应充分考虑信号的数据处理问题；

②如采用模拟式旋转电位器进行摆角检测，在实际应用中检测精度不佳；

③实际应用中还需考虑初始状态下的起摆过程控制问题。

(3)一阶直线倒立摆的控制问题是一个非常典型而具有明确物理意义的运动控制系统问题,对其深入的分析与应用研究,有助于提高我们分析问题与解决问题的能力。

5.3 一阶直线双倒立摆系统的可控性建模与仿真

1. 引言

在许多工程控制问题的分析中,需要应用已有的控制理论与方法。系统的可控性是现代控制理论中的一个重要概念。从直观上讲,如果系统的每一个状态变量的运动都可以由输入来影响和控制,而由任意的起始位置都能到达平衡位置,那么系统就是可控的,否则系统不完全可控。它的严格数学定义可以参见相关的专著,这里不再展开论述了。可控性分析是很多控制策略应用的前提和基础,事先确定所研究问题的可控性,有助于避免对一些不可控制问题进行徒劳的工作。一阶直线双倒立摆系统是一种欠驱动机械系统,我们所要研究的问题是:能否在保持两个摆杆不倒的前提下,实现小车的位置伺服控制。对于该问题,根据经验和直觉是难以判断出来的。因此,需要对该系统建模,而后再利用现代控制理论的方法进行系统"可控性"的研究。

通过本节内容,可以了解到一阶直线双倒立摆系统的建模及其验证的方法,掌握 MATLAB 仿真实践中的一些技巧(如 Fcn 函数的使用、代数环的消除、封装技术的应用以及如何用 MATLAB 语句判断系统的可控性等),更重要的是体会到可控性这一概念在实际控制问题研究中的重要意义。

2. 系统建模

1)一阶直线双倒立摆系统数学模型的建立

为了简化系统分析,在模型的建立过程中,忽略空气阻力以及摩擦力。这样,可将一阶直线双倒立摆系统抽象成小车和两匀质刚性杆组成的系统,如图 5.31 所示。系统内部相关参数定义如下:系统的内部各相关参数定义为:M——小车的质量;x——小车的位置;F——拖动力;m_1,m_2——两个摆杆的质量;$2L_1,2L_2$——两个摆杆的长度;J_1,J_2——两个摆杆的转动惯量;θ_1,θ_2——两个摆杆与竖直向上方向上的夹角。

对小车和摆杆分别进行受力分析,应用牛顿定律建立系统的动力学方程。小车的受力情况如图 5.32 所示。其中,F_{x1} 和 F_{x2} 分别为左右两个摆杆对小车作用力的水平分量。左右两个摆杆的受力情况大致相同。下面以左边的摆杆为例进行分析(用下标 1、2 来区分左、右摆杆),其受力情况如图 5.33 所示。

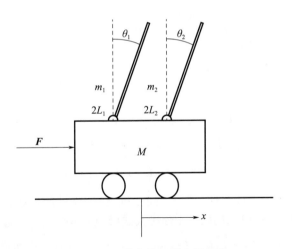

图 5.31 一阶直线双倒立摆系统

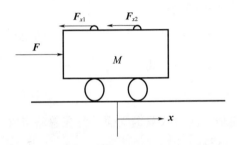

图 5.32 小车的受力情况

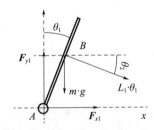

图 5.33 摆杆的受力情况（以左杆为例）

根据牛顿第二定律有

$$F - F_{x1} - F_{x2} = M\ddot{x} \tag{5.12}$$

式中：F_{x1} 和 F_{x2} 分别为小车对摆杆作用力在 x 轴方向的分量和 y 轴方向上的分量。摆杆的质心 B 点对于 A 点转动，相对线速度的大小为 $L_1\dot{\theta}_1$，而 A 点本身随小车以速度 $\dot{x}$ 运动，所以 B 点相对于地面的速度在 x 轴方向的分量为 $v_{x1} = \dot{x} + L_1\dot{\theta}_1\cos\theta_1$ 由此可得 B 点在 x 轴方向的加速度为 $\dfrac{\mathrm{d}v_{x1}}{\mathrm{d}t} = \ddot{x} + L_1\ddot{\theta}_1\cos\theta_1 - L_1\sin\theta_1\dot{\theta}_1^2$，因此有方程：

$$F_{x1} = m_1(\ddot{x} + L_1\ddot{\theta}_1\cos\theta_1 - L_1\sin\theta_1\dot{\theta}_1^2) \tag{5.13}$$

B 点相对于地面的速度在 y 轴方向的分量为 $v_{y1} = L_1\dot{\theta}_1\sin\theta_1$，所以 B 点在 y 轴方向的加速度为 $\dfrac{\mathrm{d}v_{y1}}{\mathrm{d}t} = L_1\ddot{\theta}_1\sin\theta_1 + L_1\cos\theta_1\dot{\theta}_1^2$ 因此有方程。

$$m_1g - F_{y1} = m_1(L_1\ddot{\theta}_1\sin\theta_1 + L_1\cos\theta_1\dot{\theta}_1^2) \tag{5.14}$$

摆杆的惯量 $J_1 = \frac{1}{3}m_1L_1^2$。在 F_{x1} 和 F_{y1} 的作用下摆杆绕 B 点转动,有方程:

$$F_{y1}L_1\sin\theta_1 - F_{x1}L_1\cos\theta_1 = \frac{1}{3}m_1L_1^2\ddot{\theta}_1 \tag{5.15}$$

同理,对于右边的摆杆可得方程组:

$$F_{x2} = m_2(\ddot{x} + L_2\ddot{\theta}_2 - L_2\sin\theta_2\dot{\theta}_2^2) \tag{5.16}$$

$$m_2g - F_{y2} = m_2(L_2\ddot{\theta}_2\sin\theta_2 + L_2\cos\theta_2\dot{\theta}_2^2) \tag{5.17}$$

$$F_{y2}L_2\sin\theta_2 - F_{x2}L_2\cos\theta_2 = \frac{1}{3}m_2L_2^2\ddot{\theta}_2 \tag{5.18}$$

对上述 7 个方程进行整理,消去中间变量,整理成只含有 F 以及 θ_1,θ_2,x 及其导数的形式。把式(5.13)和式(5.16)代入式(5.12)得

$$F = (M + m_1 + m_2)\ddot{x} + m_1L_1(\ddot{\theta}_1\cos\theta_1 - \sin\theta_1\dot{\theta}_1^2) + m_2L_2(\ddot{\theta}_2\cos\theta_2 - \sin\theta_2\dot{\theta}_2^2)$$

$$\tag{5.19}$$

把式(5.13)代入式(5.15)解出 F,再代入式(5.14)得

$$g\sin\theta_1 = \frac{4}{3}\ddot{\theta}_1L_1 + \ddot{x}\cos\theta_1 \tag{5.20}$$

把式(5.16)代入式(5.18)解出 F,再代入式(5.17)得

$$g\sin\theta_2 = \frac{4}{3}\ddot{\theta}_2L_2 + \ddot{x}\cos\theta_2 \tag{5.21}$$

以上式(5.19)、式(5.20)、式(5.21)便是一阶直线双倒立摆系统在忽略空气阻力以及摩擦力的条件下的精确数学模型表达式。

2)系统数学模型的线形化

为了便于分析和计算,当 $|\theta_1|、|\theta_2| < 10°$时,可以作近似处理:$\cos\theta_1 \approx 1$,$\cos\theta_2 \approx 1$,$\sin\theta_1 \approx \theta_1$,$\sin\theta_2 \approx \theta_2$,$\left(\frac{d\theta_1}{dt}\right)^2 \approx 0$,$\left(\frac{d\theta_2}{dt}\right)^2 \approx 0$。将上述条件代入式(5.19)、式(5.20)、式(5.21)。进行线性化处理之后的微分方程为

$$F = (M + m_1 + m_2)\ddot{x} + m_1L_1\ddot{\theta}_1 + m_2L_2\ddot{\theta}_2 \tag{5.22}$$

$$g\theta_1 = \frac{4}{3}\ddot{\theta}L_1 + \ddot{x} \tag{5.23}$$

$$g\theta_2 = \frac{4}{3}\ddot{\theta}L_2 + \ddot{x} \tag{5.24}$$

由式(5.23)和式(5.24)分别解出 $\ddot{\theta}_1$ 和 $\ddot{\theta}_2$ 代入式(5.22)得

$$F = (M + \frac{1}{4}m_1 + \frac{1}{4}m_2)\ddot{x} + \frac{3}{4}m_1g\theta_1 + \frac{3}{4}m_2g\theta_2 \tag{5.25}$$

解得:

$$\ddot{x} = F\frac{4}{4M + m_1 + m_2} - \frac{3m_1g\theta_1}{4M + m_1 + m_2} - \frac{3m_2g\theta_2}{4M + m_1 + m_2} \tag{5.26}$$

分别代入式(5.23)和式(5.24)得：

$$\ddot{\theta}_1 = \theta_1 \frac{3g(4M+4m_1+m_2)}{4L_1(4M+m_1+m_2)} + \theta_2 \frac{9m_2g}{4L_1(4M+m_1+m_2)} - F\frac{3}{L_1(4M+m_1+m_2)}$$
(5.27)

$$\ddot{\theta}_2 = \theta_2 \frac{3g(4M+4m_2+m_1)}{4L_2(4M+m_1+m_2)} + \theta_1 \frac{9m_1g}{4L_2(4M+m_1+m_2)} - F\frac{3}{L_2(4M+m_1+m_2)}$$
(5.28)

可以设状态量为 x、$\dot{x}$、θ_1、θ_2、$\dot{\theta}_1$、$\dot{\theta}_2$，由式(5.26)、式(5.27)、式(5.28)的状态空间表达式为

$$\begin{bmatrix} \dot{x} \\ \ddot{x} \\ \dot{\theta}_1 \\ \ddot{\theta}_1 \\ \dot{\theta}_2 \\ \ddot{\theta}_2 \end{bmatrix} = \begin{bmatrix} 0 & 1 & 0 & 0 & 0 & 0 \\ 0 & 0 & \dfrac{-3m_1g}{q} & 0 & \dfrac{-3m_2g}{q} & 0 \\ 0 & 0 & 0 & 1 & 0 & 0 \\ 0 & 0 & \dfrac{3g(4M+4m_1+m_2)}{4L_1q} & 0 & \dfrac{9m_2g}{4L_1q} & 0 \\ 0 & 0 & 0 & 0 & 0 & 1 \\ 0 & 0 & \dfrac{9m_1g}{4L_2q} & 0 & \dfrac{3g(4M+4m_2+m_1)}{4L_2q} & 0 \end{bmatrix} \begin{bmatrix} x \\ \dot{x} \\ \theta_1 \\ \dot{\theta}_1 \\ \theta_2 \\ \dot{\theta}_2 \end{bmatrix} + \begin{bmatrix} 0 \\ \dfrac{4}{q} \\ 0 \\ -\dfrac{3}{L_1q} \\ 0 \\ -\dfrac{3}{L_2q} \end{bmatrix} F$$

$$\begin{bmatrix} x \\ \theta_1 \\ \theta_2 \end{bmatrix} = \begin{bmatrix} 1 & 0 & 0 & 0 & 0 & 0 \\ 0 & 0 & 1 & 0 & 0 & 0 \\ 0 & 0 & 0 & 0 & 1 & 0 \end{bmatrix} \begin{bmatrix} x \\ \dot{x} \\ \theta_1 \\ \dot{\theta}_1 \\ \theta_2 \\ \dot{\theta}_2 \end{bmatrix} \quad (5.29)$$

式中：$q = 4M + m_1 + m_2$

3. 模型验证

以上推导过程中，用了很多近似条件，因此所建立的模型是否可信需要进行验证。这里所应用"必要条件法"采用 MATLAB 进行仿真验证，看它是否具备"正确模型"所应该具备的"必要性质"。

1) 精确模型的验证

首先对线性化之前的模型即式(5.19)、式(5.20)、式(5.21)进行验证。我们仅忽略了空气阻力和摩擦力，即使在外力作用下摆角变化很大，该模型也应该较精确。

采用 MATLAB 中的 Simulink 工具箱以及模块封装技术对其进行仿真，步骤如下：

(1) 按图 5.34 编辑双摆系统的模型。

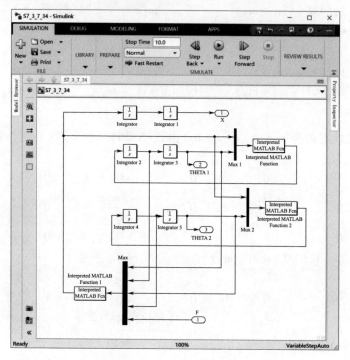

图 5.34　在 Simulink 下编辑的双摆系统的精确模型

图中,Integrator 是积分器模块。双击该模块,可以在弹出的对话框中对积分的初始值进行修改,默认值为 0。小车位移积分器模块和摆杆积分器模块设置如图 5.35 及图 5.36 所示。

图 5.35　设置小车位移积分器模块

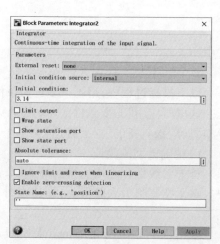

图 5.36　设置摆杆积分器模块

自定义函数模块设置为：

Fcn1：$(g*\sin(u(2))-\cos(u(2))*u(1))/(l1*4/3)$
Fcn2：$(g*\sin(u(2))-\cos(u(2))*u(1))/(l2*4/3)$
Fcn3：$(4*u(5)-3*l1*g*(m1*\sin(u(1))*\cos(u(1))+m2*\sin(u(3))*\cos(u(3)))+4*(m1*l1*\text{power}(u(2),2)*\sin(u(1))+m2*l2*\text{power}(u(4),2)*\sin(u(3))))/(4*(M+m1+m2)-3*(m1*\text{power}(\cos(u(1)),2)+m2*\text{power}(\cos(u(3)),2)))$

设第一行最左边的节点表示的变量为 $\ddot{x}$，则经过积分后变为 $\dot{x}$ 和 x，同理可以得到 $\ddot{\theta}_1$、$\dot{\theta}_1$、θ_1 以及 $\ddot{\theta}_2$、$\dot{\theta}_2$ 和 θ_2。

用输入点模块（In）表示该系统的输入变量 F，用3个输出点模块（Out）表示转出变量 θ_1、θ_2 和 x。

Fcn 是函数计算模块，能够实现大部分初等函数运算。但它只有一个输入端和一个输出端，若要实现形如 $y=F(x_1,x_2,\cdots,x_n)$ 的运算，必须和聚合模块（mux）配合使用，聚合模块包含在 signal Routing 模块库中，可以把多路信号按照向量的形式混合成一路信号。

例如，Fcn1 描述的是式（5.20）的函数关系，它的输入端就接有一个聚合模块，双击之后弹出一个对话框，可以设置输入变量的个数。由式（5.20）易得：

$$\ddot{\theta}_1=(g\sin\theta_1-\ddot{x}\cos\theta_1)/(4L_1/3) \tag{5.30}$$

把 $\ddot{x}$ 和 θ_1 作为聚合模块的输入，Fcn1 的输出接 $\ddot{\theta}_1$，双击 Fcn1 模块，弹出对话框，如图 5.37 所示。Fcn 栏提示了输入表达式的格式。可见，只能用 u 来表示输入的变量，例如 $u[1]$ 表示输入向量的第一个分量，即聚合模块上的第一个输入量 $\ddot{x}$，而 $u[2]$ 表示 θ_1，所以在 Parameters 的 Expression 中输入的表达式应为 $(g*\sin(u[2])-\cos(u[2])*u[1])/(l_1*4/3)$。同理，用 Fcn3 描述式（5.21）的函数关系，但输入的表达式同上。

用 Fcn2 描述式（5.19）的函数关系，由式（5.19）易得

$$\ddot{x}=[F-m_1L_1(\ddot{\theta}_1\cos\theta_1-\dot{\theta}_1^2\sin\theta_1)-m_2L_2(\ddot{\theta}_2\cos\theta_2-\dot{\theta}_2^2\sin\theta_2)]/(M+m_1+m_2) \tag{5.31}$$

那么，能否按上述方法，把 $\ddot{\theta}_1$、$\dot{\theta}_1$、θ_1、$\ddot{\theta}_2$、$\dot{\theta}_2$、θ_2、F 作为输入量，$\ddot{x}$ 作为输出量，再把式（5.31）按照所要求的格式输入到 Fcn2 中呢？

注意：对于式（5.31），这样做可能导致仿真时出错。若单击菜单栏 MODELING/ModelSetings，在出现的对话框中把代数环（algebraic loop）作为错误检查的内容，如图 5.38 所示，那么在启动仿真时就会提示出现代数环错误。

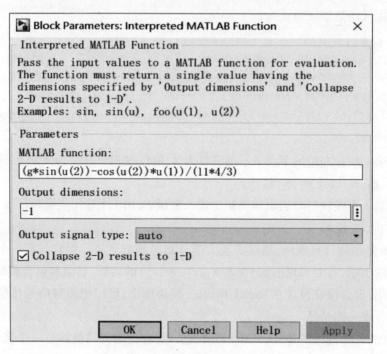

图 5.37 双击 Fcn 模块后弹出的对话框

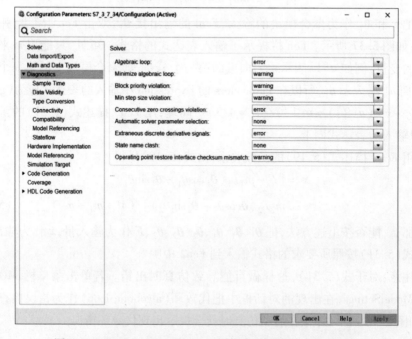

图 5.38 Simulation Parameters 对话框中设置错误检查的内容

代数环是一种特殊的反馈回路,它的特殊之处就在于除了输入直接决定于输出外,输出还直接决定于输入。在这里,"直接"二字很重要,它体现了代数环的实质,仿真计算中的死锁就是由此产生的。代数环存在的充分必要条件是:存在一个闭合路径,该闭合路径中的每一个模块都是直通模块。所谓直通,指的是模块输入中的一部分直接到达输出。常见的直通模块有 Fcn 模块、加减法模块、乘积运算模块等,而积分器模块只有当初始条件作为输入端时,才和输出构成直通模块,在本例中不是直通模块。当表达式简单时,系统采取默认的迭代算法可以正确处理代数环。代数环越长,其中的模块功能越复杂,精度要求越高,则迭代计算量就越大,仿真速度降低得就越厉害,有时甚至会得到错误的仿真结果!

本系统的模型式(5.31)中,$\ddot{x}$ 决定于 $\ddot{\theta}_1$,而由式(5.30)求 $\ddot{\theta}_1$,必须已知 $\ddot{x}$,因此 $\ddot{x}$ 和 $\ddot{\theta}_1$ 构成了代数环,同理 $\ddot{x}$ 和 $\ddot{\theta}_2$ 也构成了代数环。又由于式(5.31)包含了大量非线性运算,使得代数环难以求解,因此仿真就会提示出错。

消除代数环的方法之一是对式(5.31)进行恒等变形,使表达式只含有一个最高阶导数项 $\ddot{x}$,并且放到等号左面,右面不再含 $\ddot{\theta}_1$ 和 $\ddot{\theta}_2$。例如。把式(5.30)代入式(5.31)就可消去 $\ddot{\theta}_1$,同理消去 $\ddot{\theta}_2$,解出 $\ddot{x}$ 得

$$\ddot{x} = \frac{4F - 3L_1 g(m_1 \sin\theta_1 \cos\theta_1 + m_2 \sin\theta_2 \cos\theta_2) + 4(m_1 L_1 \dot{\theta}_1^2 \sin\theta_1 - m_2 L_2 \dot{\theta}_2^2 \sin\theta_2)}{4(M + m_1 + m_2) - m_1 \cos^2\theta_1 - m_2 \cos^2\theta_2}$$

(5.32)

输入变量为 $\dot{\theta}_1$、θ_1、$\dot{\theta}_2$、θ_2、F,再把式(5.32)按照所要求的格式输入到 Fcn2 中即可避免代数环出错。

(2)采用模块封装技术把精确模型封装成一个标准模块。

模块封装是复杂系统建模和仿真时常用的方法之一。这样做有很多好处:首先它能使系统的结构更加清晰、简洁。其次,模型的通用性提高了。它可以存入自己的模块库里,使用时和 Simulink 中其他的标准模块一样,只需双击,并在弹出的对话框中输入具体的参数值即可,而不必考虑它是如何实现的。由于内部结构被封装了起来,可以避免一些误操作,使用起来更方便。我们把双摆系统封装起来作为一个整体,在设计控制器时就可以作为自动控制系统的被控对象而直接调用。

选中图 5.34 所示系统的所有模块,在菜单栏选择 Edit/Create Subsystem,即可建立一个子系统。用鼠标选中该子系统,再选择 Edit/Mask Subsystem,弹出如图 5.39、图 5.40 所示的模块封装设计界面。

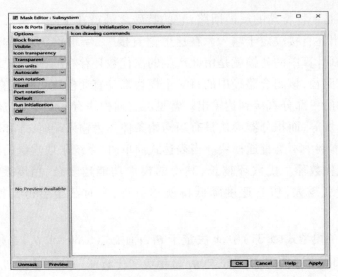

图 5.39　模块封装设计界面选项卡

图 5.40　模块封装设计界面选项卡

Icon 选项卡按图 5.39 设置，Parameters 选项卡按图 5.40 设置，在 Dialog Parameters中填入需要外部输入的参数名(Variable)、参数描述(Prompt)、类型(Type)等。其他选项按默认值设置。

注意：这里的参数名必须和步骤(1)中表达式里的参数名相同。另外，Simulink 对参数名不区分大小写。

封装好之后的模块如图 5.41 所示。此时，双击该模块，显示参数输入对话框，如图 5.42 所示，可以输入所有参数值。

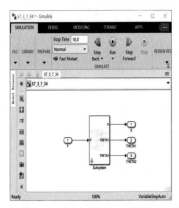
图 5.41　封装好后的模块

图 5.42　模块参数输入设置对话框

如果要修改其内部结构,可以右键单击该模块,在快捷菜单中选择 Look under mask 菜单项,便出现图 5.34 所示的结构框图,并可以对其进行修改。

(3)仿真验证。

按照图 5.43 所示,添加阶跃信号作为输入(正负两个方向的阶跃信号叠加还可以构成脉冲信号)。添加示波器,利用聚合模块可以同时观测几路信号的仿真结果。这里又利用了输出点模块(Out),它把仿真结果通过矩阵 **tout** 传递到工作空间(workspace),再利用 plot 等绘图命令就可以方便地做出曲线。通过 MATLAB 绘图窗口上的菜单和工具按钮可以方便地改变曲线的显示方式。

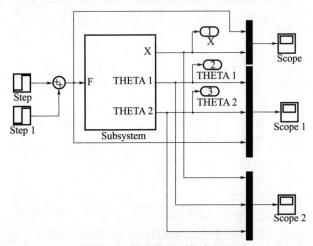
图 5.43　精确模型的仿真框图

在模块参数输入对话框中输入参数:$M=1, m_1=m_2=0.5, L_1=L_2=0.6, g=9.8, F=5$(阶跃信号),两个摆角的初始值为 $180°$(3.14rad),即竖直向下,位移 x 的初始值设为 0。仿真的结果如图 5.44、图 5.45 及图 5.46 所示。

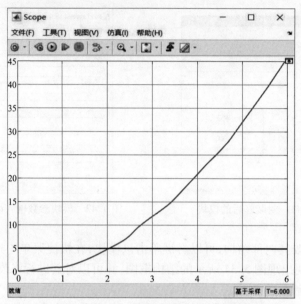

图 5.44 精确模型小车位置的阶跃响应曲线

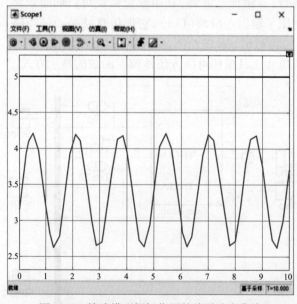

图 5.45 精确模型摆杆位置的阶跃响应曲线

可见,位移曲线加速增长,而两个摆角的响应曲线重合,在某个大于 180°的角度附近做等幅振荡。这是两个摆杆的参数相同,而又不计空气阻力所造成的结果(相当于两个相同的一阶倒立摆)。在考虑空气阻力的情况下,摆角应该做减幅振荡,最终稳定在某个大于 180°的角度。

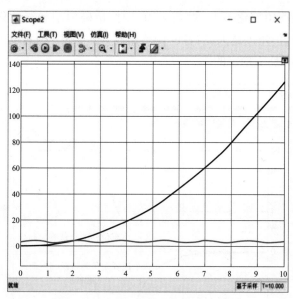

图 5.46 精确模型的阶跃响应曲线

2)线性化之后的模型验证

下面分别用精确模型和线性化之后的模型分别求系统的阶跃响应,摆角的初始值为 0°(竖直向上),如图 5.47、图 5.48 所示。其中,$M=1, m_1=m_2=0.5, L_1=L_2=0.6, F=0.2$(阶跃信号)。

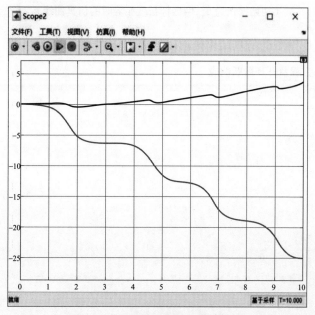

图 5.47 精确模型的阶跃响应曲线

203

从中可知在摆角变化不大(摆角<10°)时,精确模型和线性化之后模型的阶跃响应基本相同,但角度越大,后者的误差就越大。但是,两者都反映出当初始摆角为0°时,该系统是不稳定的。

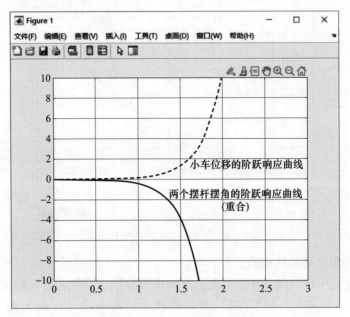

图5.48 线性化之后模型的阶跃响应曲线
(初始摆角为0°,两摆杆长度相等时的仿真曲线)

线性化之后模型的仿真结果是通过建立M文件(sa.m)求得的,程序如下:

```
% 双摆系统状态方程及开环阶跃响应
% 输入相关参数
M = 1;
m1 = 0.5;
m2 = 0.5;
g = 9.8;
l1 = 0.6;
l2 = 0.6;
q = 4 * M + m1 + m2;
A = [ 0 1              0                    0            0                    0;
      0 0              -3 * m1 * g/q        0            -3 * m2 * g/q        0;
      0 0              0                    1            0                    0;
      0 0 3 * g/(4 * l1) + 9 * m1 * g/(4 * l1 * q) 0  9 * m2 * g/(4 * l1 * q)  0;
```

```
0 0                    0              0            0                         1;
0 0     9*m1*g/(4*l2*q)       0 3*g/(4*l2)+9*m2*g/(4*l2*q) 0 ]
B=[0;4/q;0;-3/(l1*q);0;-3/(l2*q)]
C=[1 0 0 0 0 0;0 0 1 0 0 0;0 0 0 0 1 0]
D=[0;0;0]
p=eig(A)                          % 求开环系统的极点
f=rank([B A*B A^2*B A^3*B A^4*B A^5*B])% 求系统的可控矩阵的秩
% 求开环系统的阶跃响应并显示
T=0:0.005:5;
U=0.2*ones(size(T));
[Y,X]=lsim(A,B,C,D,U,T);
% 用虚线绘制小车的位移曲线,用细实线绘制左边摆杆的摆角曲线
plot(T,Y(:,1),':',T,Y(:,2),'-');
grid on
hold on
h=plot(T,Y(:,3),'-');
set(h,'linewidth',4*get(h,'linewidth'));% 用粗实线绘制右边摆杆的摆角曲线
axis([0 3 -10 10])
```

运行程序后,得到系统的极点为 $p = 0, 0, 4.4272, 3.500, -4.4272, -3.500$,可见有两个不稳定的极点。

该系统的能控矩阵的秩 $f = 4 < 6$,说明此系统状态不完全能控。

利用该程序还可以方便地修改参数并求取线性化之后系统的阶跃响应曲线。

4. 仿真实验

当 $M=1, m_1 = m_2 = 0.5, L_1 = 0.7, L_2 = 0.6, F = 0.2$(阶跃信号)时,执行 M 文件(sa.m),对线性化之后的模型的仿真结果如下。图 5.49 为阶跃响应曲线。

系统的极点 $p = 0, 0, 4.2866, 3.3466, -4.2866, -3.3466$。

系统的能控矩阵的秩 $f = 6$,说明此系统状态完全能控。

改变 L_1 和 L_2 的值,通过大量仿真试验,发现只要 $L_1 \neq L_2$,系统能控矩阵的秩 $f = 6$,系统状态完全能控;而 $L_1 = L_2$ 时 $f < 6$,系统状态不完全能控,改变其他参数时不影响这一结论。虽然这只是有限次的仿真结果,但该结论在理论上是可以证明的,由于篇幅所限,这里就不进一步探讨了。

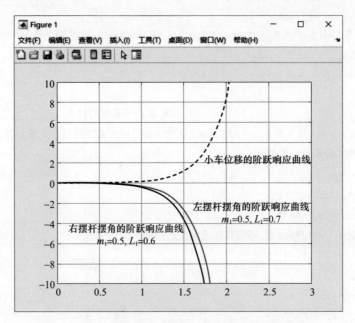

图 5.49　线性化之后模型的阶跃响应曲线(初始摆角为 0°，
两摆杆长度不等时的仿真曲线)

5. 结论

通过本节的讨论可以得出以下几点结论：

(1)本节所建立的模型在一定的条件下可以较精确地描述一阶直线双倒立摆系统，其中，线性化之前的模型精度较高些，它仅忽略了空气阻力和摩擦力，对于大范围的摆角变化都适用，和实际情况更接近些。但是，它是非线性的，分析起来不太方便。线性化之后的模型仅在摆角变化不大时才适用，通过它可以近似地分析系统的性能(如稳定性、可控性)，便于利用较成熟的线性系统理论设计控制器。设计好的控制器可以再用精确模型进行仿真(已经封装成模块，便于随时调用)，进一步调整。

(2)一阶直线双倒立摆系统显然是不稳定的，从线性化之后的模型得到的仿真结果看，它有两个不稳定的极点。

(3)系统的可控性只与两个摆的摆长有关，当 $L_1 \neq L_2$ 时，系统能控性矩阵的秩 $f=6$，系统状态完全能控；当 $L_1 = L_2$ 时，$f<6$，系统状态不完全能控。虽然这是用软件仿真得到的结果，而不是严格的证明，但它比理论上的推导更方便，可以快速得到结论，因此对于系统设计仍然具有很大的指导意义。

(4)对于形状不规则的"摆杆"而言，L_1、L_2 应理解为"摆杆"的质心到转动轴的距离，则上述可控性的结论仍是适用的。

5.4 龙门吊车运动控制建模与仿真

1. 问题提出

龙门吊车作为一种运载工具,广泛地应用于现代工厂、安装工地和集装箱货场以及室内外仓库的装卸与运输作业,它在离地面很高的轨道上运行,具有占地面积小、省工省时的优点,图 5.50 为龙门吊车的实物照片。

图 5.50　龙门吊车

龙门吊车利用绳索一类的柔性体代替钢体工作,使吊车的结构更轻便,工作效率更高。但是,采用柔性体吊运也带来一些负面影响,例如,吊车负载——重物的摆动问题一直是困扰提高吊车装运效率的一个难题。

为研究吊车的防摆控制问题,需对实际问题进行简化、抽象,吊车的"搬运—行走—定位"过程可抽象为如图 5.51 所示的情况。

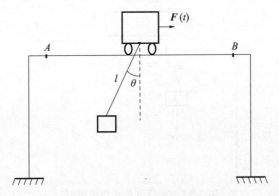

图 5.51　吊车系统的物理抽象模型

图中,小车的质量为 m_0,受到水平方向的外力 $F(t)$ 的作用,重物的质量为 m,绳索的长度为 l。对重物的快速吊运与定位问题可以抽象为:求小车在所受的外力 $F(t)$ 的作用下,使得小车能在最短的时间内由 A 点运动到 B 点,且 $|\theta(t_s)| < \delta$,δ 为系统允许的最小摆角。

2. 建模机理

可见,该问题为多刚体、多自由度、多约束的质点系动力学问题。由于牛顿经典力学主要是解决自由质点的动力学问题,对于自由质点系的动力学问题,是把物体系拆开成若干分离体,按反作用定律附加以约束反力,而后列写动力学方程。显然,对于龙门吊车运动系统的动力学问题应用牛顿力学来分析势必过于复杂。

对于约束质点系统动力学问题来说,1788 年拉格朗日发表的名著《分析力学》一书中以质点系统为对象,应用虚位移与虚功原理,消除了系统中的约束力,得出了质点系平衡时主动力之间的关系。拉格朗日给出了解决具有完整约束的质点系动力学问题的具有普遍意义的方程,被后人称为拉格朗日方程,它是分析力学中的重要方程。

拉格朗日方程的表达式非常简洁,应用时只需计算系统的动能和广义力。拉格朗日方程的普遍形式为

$$\frac{\mathrm{d}}{\mathrm{d}t}\left(\frac{\partial T}{\partial \dot{q}_k}\right) - \frac{\partial T}{\partial q_k} = F_k \tag{5.33}$$

$$T = \sum_{i=1}^{n} \frac{1}{2} m_i v_i^2$$

由此可见,拉格朗日方程把力学体系的运动方程从以力为基本概念的牛顿形式,改为以能量为基本概念的分析力学形式。

3. 系统建模

实际中的吊车系统受到多种干扰,如小车与导轨之间的干摩擦、风力的影响等,为了分析其本质,必须对实际系统进一步抽象。通过对龙门吊车进行分析,可将其抽象为如图 5.52 所示的物理模型。

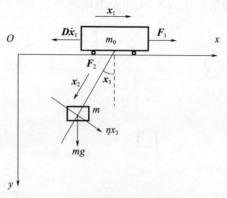

图 5.52 龙门吊车的物理模型

重物通过绳索与小车相连,小车在行走电机的水平拉力 $F_1(N)$ 的作用下在水平轨道上运动,小车的质量为 $m_0(\text{kg})$,重物的质量为 $m(\text{kg})$,绳索的长度为 $l(\text{m})$,重物可在提升电机的提升力 $F_2(N)$ 的作用之下进行升降运动;绳索的弹性、质量、运动的阻尼系数可忽略;小车与水平轨道的摩擦阻尼系数为 $D(\text{kg/s})$;重物摆动时的阻尼系数为 $\eta(\text{kg}\cdot\text{m}^2/\text{s})$,其他扰动可忽略。

取小车位置为 x_1;绳长为 x_2,摆角为 x_3 作为系统的广义坐标系,在此基础上对系统进行动力学分析。

由图 5.52 所示的坐标系可知,小车的位置和重物的位置坐标为:

$$\begin{cases} x_{m_0} = x_1 \\ y_{m_0} = 0 \\ x_m = x_1 - x_2 \sin x_3 \\ y_m = x_2 \cos x_3 \end{cases} \tag{5.34}$$

所以,小车和重物的速度分量为

$$\begin{cases} \dot{x}_{m_0} = \dot{x}_1 \\ \dot{y}_{m_0} = 0 \\ \dot{x}_m = \dot{x}_1 - \dot{x}_2 \sin x_3 - x_2 \dot{x}_3 \cos x_3 \\ \dot{y}_m = \dot{x}_2 \cos x_3 - x_2 \dot{x}_3 \sin x_3 \end{cases} \tag{5.35}$$

系统的动能为

$$\begin{aligned} T &= \frac{1}{2} m_0 v_{m_0}^2 + \frac{1}{2} m v_m^2 \\ &= \frac{1}{2} m_0 (\dot{x}_{m_0}^2 + \dot{y}_{m_0}^2) + \frac{1}{2} m (\dot{x}_m^2 + \dot{y}_m^2) \\ &= \frac{1}{2} (m_0 + m) \dot{x}_1^2 + \frac{1}{2} \\ & m(\dot{x}_2^2 + x_2^2 \dot{x}_3^2 - 2\dot{x}_1 \dot{x}_2 \sin x_3 - 2\dot{x}_1 x_2 \dot{x}_3 \cos x_3) \end{aligned} \tag{5.36}$$

此系统的拉格朗日方程组为:

$$\begin{cases} \dfrac{d}{dt}\left(\dfrac{\partial T}{\partial \dot{x}_1}\right) - \dfrac{\partial T}{\partial x_1} = F_1 - D\dot{x}_1 \\ \dfrac{d}{dt}\left(\dfrac{\partial T}{\partial \dot{x}_2}\right) - \dfrac{\partial T}{\partial x_2} = F_2 + mg\cos x_3 \\ \dfrac{d}{dt}\left(\dfrac{\partial T}{\partial \dot{x}_3}\right) - \dfrac{\partial T}{\partial x_3} = -mgx_2 \sin x_3 - \eta \dot{x}_3 \end{cases} \tag{5.37}$$

综合以上公式得系统的方程组为:

$$\begin{cases}(m+m)\ddot{x}-m\ddot{x}_2\sin x_3-mx_2\ddot{x}_3\cos x_3-2m\dot{x}_2\dot{x}_3\cos x_3+mx_2\dot{x}_3^2\sin x_3+D\dot{x}_1=F_1\\ m\ddot{x}_2-m\ddot{x}_1\sin x_3-mx_2\dot{x}_3^2-mg\cos x_3=F_2\\ mx_2^2\ddot{x}_3+2m x_2\dot{x}_2\dot{x}_3-m\ddot{x}_1 x_2\cos x_3+mgx_2\sin x_3+\eta\dot{x}_3=0\end{cases}$$
(5.38)

式(5.38)即为考虑绳长变化情况下的二自由度龙门吊车运动系统的动力学模型。对于绳长保持不变的情况,可将上述模型进一步简化,将式(5.38)中的 $\dot{x}_2=\ddot{x}_2=0$,消去 F_2,令 $F=F_1,x_2=l=\text{const}$,可得到绳长不变时的龙门吊车运动系统数学模型为:

$$\begin{cases}(m_0+m)\ddot{x}+D\dot{x}_1-ml\ddot{x}_3\cos x_3+ml\dot{x}_3^2\sin x_3=F\\ ml^2\ddot{x}_3-ml\ddot{x}_1\cos x_3+mlg\sin x_3+\eta\dot{x}_3=0\end{cases}$$
(5.39)

式中:x_1 为小车的位置,x_3 为重物摆角;F 是小车行走电机的水平拉力,m_0 为小车的质量,m 为重物的质量,l 为绳索的长度,绳索运动的阻尼、弹性和质量可忽略;小车与水平轨道的摩擦阻尼系数为 D;重物摆动时的阻尼系数为 η,忽略其他扰动。

4. 模型简化

由式(5.38)可见,龙门吊车运动系统的动力学模型为非线性微分方程组。为了应用经典控制理论对该控制系统进行设计,必须将其简化为线性定常的系统模型。

对于式(5.39)的定摆长吊车系统,考虑到实际吊车运行过程中摆动角较小(不超过10°),且平衡位置为 $\theta=0$。可将式(5.39)表示的模型在 $\theta=0$ 处进行线性化。此时有如下近似结果:$\sin\theta\approx\theta,\cos\theta\approx 1,\sin\theta\approx 0$。考虑到摆动的阻尼系数 η 较小,可认为 $\eta=0$,所以式(5.39)可简化为:

$$\begin{cases}(m_0+m)\ddot{x}+D\dot{x}-ml\ddot{\theta}=F\\ ml\ddot{\theta}-m\ddot{x}+mg\theta=0\end{cases}$$
(5.40)

将式(5.40)进一步化简得

$$\begin{cases}F(s)=m_0\ddot{x}+D\dot{x}+mg\theta\\ \ddot{x}=l\ddot{\theta}+g\theta\end{cases}$$
(5.41)

对式(5.41)进行拉氏变换可得

$$\begin{cases}F(s)=(m_0 s^2+D_s)X(s)+mg\Theta(s)\\ s^2 X(s)=(ls^2+g)\Theta(s)\end{cases}$$
(5.42)

由上面系统的传递函数形式模型,可得图 5.53 所示的定摆长吊车运动系统动态结构图,图 5.54 是其另一种表达形式。

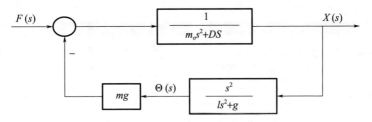

图 5.53　定摆长吊车运动系统动态结构图(形式一)

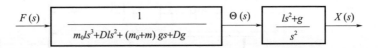

图 5.54　定摆长吊车运动系统动态结构图(形式二)

同理,也可将上述模型转化为状态空间形式。对式(5.41)进行变换,每个式子只保留一个二次导数项,可得:

$$\begin{cases} \ddot{x} = -\dfrac{D}{m_0}\dot{x} - \dfrac{mg}{m_0}\theta + \dfrac{F}{m_0} \\ \ddot{\theta} = -\dfrac{D}{m_0 l}\dot{x} - \dfrac{(m_0+m)g}{m_0 l}\theta + \dfrac{F}{m_0 l} \end{cases} \tag{5.43}$$

取 $x,\dot{x},\theta,\dot{\theta}$ 为系统的状态,x,θ 为系统的输出,则系统的状态空间描述方程为

$$\begin{cases} \dot{\boldsymbol{x}} = \boldsymbol{Ax} + \boldsymbol{Bu} \\ \boldsymbol{y} = \boldsymbol{Cx} \end{cases} \tag{5.44}$$

式中,

$$\boldsymbol{x} = [x,\dot{x},\theta,\dot{\theta}]^{\mathrm{T}}, \quad \boldsymbol{u} = \boldsymbol{F}, \quad \boldsymbol{y} = [x,\theta]^{\mathrm{T}},$$

$$\boldsymbol{A} = \begin{bmatrix} 0 & 1 & 0 & 0 \\ 0 & -\dfrac{D}{m_0} & -\dfrac{mg}{m_0} & 0 \\ 0 & 0 & 0 & 1 \\ 0 & -\dfrac{D}{m_0 l} & -\dfrac{(m_0+m)g}{m_0 l} & 0 \end{bmatrix}, \boldsymbol{B} = \begin{bmatrix} 0 \\ \dfrac{1}{m_0} \\ 0 \\ \dfrac{1}{m_0 l} \end{bmatrix}, \boldsymbol{C} = \begin{bmatrix} 1 & 0 & 0 & 0 \\ 0 & 0 & 1 & 0 \end{bmatrix}$$

式(5.44)即为定摆长吊车运动系统的状态空间表达式模型。

5. 模型验证

1)模型建立

如图 5.55 所示,建立系统模型框图,上半部分为模型仿真图,下半部分为精确模型仿真图。

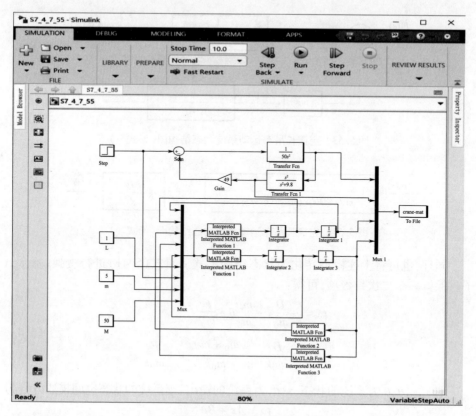

图 5.55　系统模型框图

Step 模块和 To File 模块参数设置如图 5.56 和图 5.57 所示。

图 5.56　Step 模块参数设置

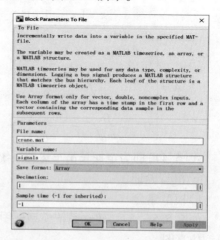

图 5.57　To File 模块参数设置

Fcn 参数设置为：

$(u(7)-9.8*u(8)*u(3)*u(4)-u(8)*u(6)*u(5)*u(5)*u(3))/(u(9)+u(8)*u(3)*u(3))$

Fcn1 参数设置为：

$((u(7)-9.8*u(8)*u(3)*u(4)-u(8)*u(6)*u(5)*u(5)*u(3))/u(9)+u(8)*u(3)*u(3))*u(4)/u(6)-9.8*u(3)/u(6)$

2）模型验证

下面应用必要条件法来验证所建立的数学模型应具备的必要性质。

（1）实验设计：假设使吊车在（$\theta=0,x=0$）初始状态下，突加一有限恒定作用力，则依据经验知：小车位置将不断增大，而重物将在小车的一侧做往复摆动。这一结果可根据图 5.58 所示的原理予以说明：由于小车受到一恒定力的作用，因此初始状态 O 点为重物相对小车摆动的一个极限点，该恒定力的作用也将使得重物相对小车的摆动存在另一个摆动的极限点 A；同时，我们也知道：单摆运动的极限点为不稳定点；因此，在这一恒力作用的过程中，重物将在小车一侧的两极限点间做往复摆动。

所以，在突加恒定作用力拖动下，小车将向前移动，负载的重物将在（$0 \leqslant \theta \leqslant \xi$）区间内摆动（其中 ξ 值与作用力大小有关）。下面利用仿真试验来验证"正确数学模型"应具有的这一必要性质。

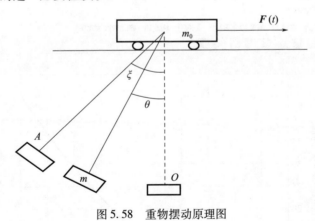

图 5.58　重物摆动原理图

（2）仿真实验。

仿真程序原代码为：

```
clear
load crane.mat
t = signals(1,:);
x = signals(2,:);
```

```
q = signals(3,:);
xx = signals(4,:);
qq = signals(5,:);
plot(t,x)
grid on
xlabel('Times(s)')
ylabel('Evolution of the x position')
figure(2)
plot(t,q)
grid on
xlabel('Times(s)')
ylabel('Angle Evolutiontion')
```

仿真结果如图5.59、图5.60所示,从中可见:在50N恒定拖动力作用下,负荷不断地在 $\theta \in [0,\xi]$ 区间内摆动,小车位置逐渐增加;这一结果符合前述的试验设计,故可以在一定程度上确认:该吊车系统的数学模型是有效的。

同时,由图5.59、图5.60中也可看出,近似模型与精确模型的曲线基本上是重合的。因此,我们也可以认为近似模型在一定条件下可以表述原系统模型的性质。

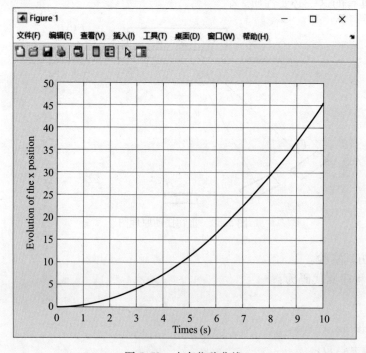

图5.59 小车位移曲线

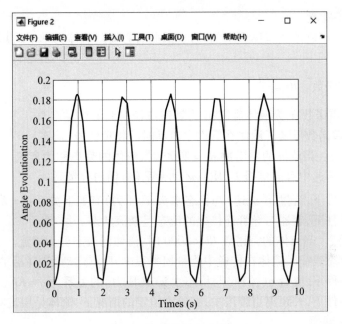

图 5.60 摆杆位移曲线

5.5 水箱液位控制建模与仿真

1. 问题提出

图 5.61 所示为水箱液位控制原理图。在工业过程控制领域中,诸如电站锅炉汽包水位控制化学反应釜液位控制、化学配料系统的液位控制等问题,均可等效为此水箱液位控制问题。图中,h 为液位高度(又称为稳态水头),q_{in} 为流入水箱中液体的流量,q_{out};为流出水箱液体的流量,q'_{in} 与 q'_{out} 分别为进水阀门和出水阀门的控制开度,S 为水箱底面积。

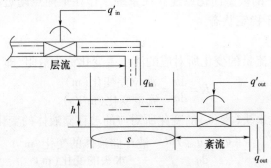

图 5.61 水箱液位控制原理图

2. 建模机理

显然,此问题涉及流体力学的理论,因此有必要就流体力学中的几个基本概念作一介绍。

(1) 雷诺数。$Re = \dfrac{vd}{r}$

式中,Re 为雷诺数;v 为液体流速;d 为管道口径;r 为液体黏度。

可见,雷诺数反映了液体在管道中流动时的物理性能(流态)。

(2) 紊流。当流体的雷诺数 $Re > 2000$ 时,流体的流态称为紊流。紊流流态表征了流体在传递中有能量损失,质点运动紊乱(有横向分量)。

紊流条件下,流量 q(流速)与稳态水头 h(压力)有如下关系:$q = K\sqrt{h}$。

通常条件下,容器与导管连接处的流态呈紊流状态。

(3) 层流。当流体的雷诺数 $Re < 2000$ 时,流体的流态称为层流。

层流流态表征了流体在传递中能量损失很少,质点运动有序(沿轴向方向)。

层流条件下,流量 q(流速)与稳态水头 h(压力)的关系为 $q = Kh$。

通常条件下,长距离直管段中,在压力恒定的情况下,流体呈层流状态。

3. 系统建模

由图 5.61 可知:

$$h = K_3 \int (q_{\text{in}} - q_{\text{out}}) \mathrm{d}t$$

式中:$K_3 \propto S$(水箱底面积)。对上式取拉氏变换得

$$H(s) = K_3 \dfrac{1}{s} [Q_{\text{in}}(s) - Q_{\text{out}}(s)]$$

综上,如图 5.62(a) 所示的系统结构框图,将紊流与层流状态下 q 与 h 的关系代入其中,可得图 5.62(b) 所示的水箱液位系统动态结构图。

4. 模型简化

显然图 5.62(b) 所示的水箱液位系统为一非线性系统。为便于利用经典控制理论对该系统实施有效的设计,需将其在一定条件下简化为图 5.62(c) 所示的线性定常系统。以下的模型简化系建立在系统工作在平衡点附近的条件之下,即系统中的 $q_{\text{out}}(t)$ 处于稳定状态。

1) 液阻与液容

定义 1 单位流量的变化所对应的液位差变化称为液阻,即

$$R = \dfrac{\mathrm{d}h}{\mathrm{d}q} = \dfrac{\text{液位差变化}(\text{m})}{\text{流量变化}(\text{m}^3/\text{s})}$$

定义 2 单位水头(液位)的变化所对应的被存储液体的变化称为液容,即

$$C = \dfrac{(q_{\text{in}} - q_{\text{out}})\mathrm{d}t}{\mathrm{d}q} = \dfrac{\text{被存储液体的变化}(\text{m}^3)}{\text{水头的变化}(\text{m})}$$

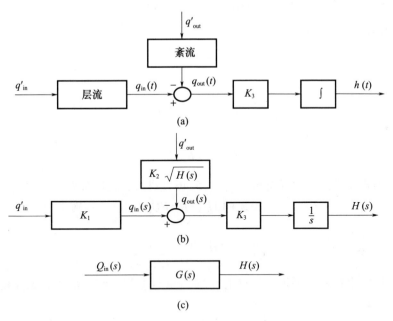

图 5.62　水箱液位系统动态结构图

显然,对于确定的水箱系统,液阻 R 与液容 C 是一个定数。

2)平衡工作点

由于水箱系统的出水口处为紊流状态,即有:

$$q = K\sqrt{h} \tag{5.45}$$

假设:水箱系统有一稳定的平衡工作点 (q_0, h_0),则系统在 $P(q_0, h_0)$ 处附近的范围内可用直线代替曲线,该直线的斜率即为平衡工作点 (q_0, h_0) 处的液阻。

由式(5.45)可知:

$$\mathrm{d}q = \frac{K}{2\sqrt{h}}\mathrm{d}h$$

所以:

$$\frac{\mathrm{d}h}{\mathrm{d}q} = 2\sqrt{h}\frac{1}{K} = 2\sqrt{h}\frac{\sqrt{h}}{q} = \frac{2h}{q}$$

因此,在水箱系统出水口处的液阻为 $R_0 = \frac{2h}{q}$。

3)模型简化

当水箱系统工作在系统平衡工作点附近时,我们可将图 5.62(b)所示的非线性系统简化为一线性系统。

由液容定义知:

$$Cdh = (q_{in} - q_{out})dt$$

又由液阻定义知：

$$q_{out} = h/R$$

则有

$$Cdh = \left(q_{in} - \frac{h}{R}\right)dt$$

即

$$RC\frac{dh}{dt} + h = Rq_{in} \tag{5.46}$$

RC 为水箱系统的时间常数。对式(5.46)取拉氏变换(设初始条件为零)得

$$(RCs + 1)H(s) = RQ_{in}(s)$$

则有

$$G(s) = \frac{H(s)}{Q_{in}(s)} = \frac{R}{RCs + 1}$$

可见，在水箱系统平衡工作点附近，原非线性受扰系统可简化为无扰线性定常的惯性环节。

5.6 水轮发电机系统的线性化分析

1. 问题的提出

对于理想的水轮发电机系统(假设非线性模型处于 $H = H_0$ 和 $v = v_0$，即水头稳定、流速不变的情况下，选择简单引水系统，刚性水击，不考虑沿程损失和局部损失，有研究者总结出了一种简单的水轮发电机系统单输入单输出的线性模型：

$$\Delta P(s) = \frac{1 - T_\omega s}{1 + 0.5T_\omega s} \frac{1}{T_Q s + 1} \Delta U(s) \tag{5.47}$$

式中：$\Delta P(s)$ 和 $\Delta U(s)$ 分别为水轮发电机功率和控制信号增量的拉氏变换，$\Delta U(s)$ 直接控制水轮机组导叶的开度；T_ω 为水流惯性时间常数；T_Q 为执行器的时间常数；典型的时间常数为 $T_\omega = 2s, T_Q = 0.5s$，即

$$\Delta P(s) = \frac{1 - 2s}{1 + s} \frac{1}{0.5s + 1} \Delta U(s) \tag{5.48}$$

可见，这个理想的水轮发电机系统模型包含两个在左半平面的极点和一个在右半平面的零点，为一非最小相位系统。

2. 模型建立

根据式(5.48)建立如图 5.63 所示的系统模型框图。

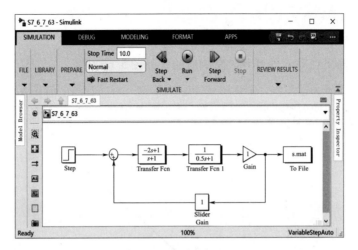

图 5.63 系统模型框图

Step 模块和 To File 模块参数设置如图 5.64 和图 5.65 所示。

图 5.64　Step 模块参数设置　　　图 5.65　To File 模块参数设置

3. 仿真实验
仿真程序原代码为

```
clear
load s.mat
t = signals(1,:);
x = signals(2,:);
plot(t,x)
grid on
xlabel('Times')
ylabel('Powers')
```

```
xlabel('Times(t)')
ylabel('Powers(W)')
```

得到的输出功率 P 的开环阶跃响应曲线如图 5.66 所示。

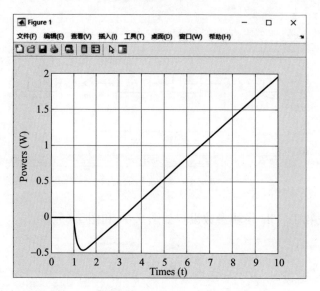

图 5.66　输出功率 P 的开环阶跃响应曲线

4. 几点讨论

（1）能否分析所述数学模型的有效性或准确性，并给出结论。

（2）能否说明式(5.47)所述数学模型是如何得到的，其近似条件是什么？

（3）如果对式(5.47)所述数学模型在 MATLAB 下进行仿真，可以得到图 5.66 所示的结果。从中可以看到，输出功率的增量上 ΔP 在最终达到正的稳态值之前，起初有一个"负方向减小"的暂态过程。你能否解释一下其物理意义；并以此说明式(5.47)所述数学模型的有效性。

5.7　小结

本章介绍了建模与仿真技术，并对不同实例进行了操作说明，然后对 MATLAB 的模型创建作了介绍，最后给出了系统仿真相关实例。

本章主要介绍了建模与仿真技术的应用，通过 6 个实例的讲解使读者更容易学习建模与仿真技术，上述实例都是从问题提出、建模机理、模型简化、系统建模、模型简验证、仿真试验等几个方面进行教学。通过对实例的介绍，读者可以了解并深入学习建模与仿真技术。

第6章
遗传算法

遗传算法(genetic algorithm,GA)是模拟自然界生物进化机制的一种算法,即遵循适者生存、优胜劣汰的法则,在寻优过程中有用的保留无用的则去除。在科学和生产实践中表现为在所有可能的解决方法中找出最符合该问题所要求的条件的解决方法,即找出一个最优解。

6.1 遗传算法的理论基础

遗传算法是模拟达尔文生物进化论的自然选择和遗传学机理的生物进化过程的计算模型,是一种通过模拟自然进化过程搜索最优解的方法。

6.1.1 遗传算法概述

遗传算法是把问题参数编码为染色体,再利用迭代的方式进行选择、交叉以及变异等运算来交换种群中染色体的信息,最终生成符合优化目标的染色体。遗传算法在适应度函数选择不当的情况下有可能收敛于局部最优,而不能达到全局最优。遗传算法是从代表问题可能潜在的解集的一个种群(population)开始的,而一个种群则由经过基因(gene)编码的一定数目的个体(individual)组成。

在每一代,应根据问题域中个体的适应度(fitness)大小选择(selection)个体,并借助于自然遗传学的遗传算子(genetic operators)进行组合交叉(crossover)和变异(mutation),产生出代表新的解集的种群。这个过程将导致种群像自然进化一样的后生代种群比前代更加适应于环境,末代种群中的最优个体经过解码(decoding),可以作为问题近似最优解。

6.1.2 遗传算法工具箱

1. 工具箱简介

遗传工具箱是用 MATLAB 高级语言编写的,对问题使用 M 文件编写,可以看见算法的源代码,与此匹配的是先进的 MATLAB 数据分析可视化工具特殊目的应用领域工具箱和展现给使用者登录其有研究遗传算法可能性的一致环境。该工具箱为遗传算法研究者和初次试验遗传算法的用户提供了广泛多样的实用函数。

2. 工具箱添加

用户可以通过网络下载遗传工具箱,然后把工具箱添加到本机的 MATLAB 环境中。工具箱的安装步骤如下:

(1)将工具箱文件夹复制到本地计算机中的工具箱目录下,路径为 matlabroot\toolbox。其中 matlabroot 为 MATLAB 的安装根目录。

(2)将工具箱所在的文件夹添加到 MATLAB 的搜索路径中,在 MATLAB 主窗口上选择主页(HOME)→设置路径(Set Path),在弹出的对话框中单击"添加文件夹(Add folder)"按钮,如图 6.1 所示。

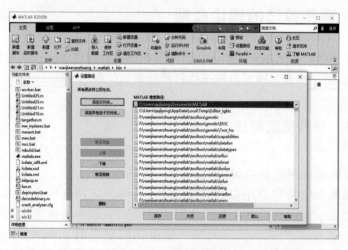

图 6.1 设置搜索路径

找到工具箱所在的文件夹(gatbx),则工具箱所在的文件夹出现在"MATLAB 搜索路径(MATLAB search path)"的最上端。单击"保存(Save)"按钮保存搜索路径的设置,然后单击"关闭(Close)"按钮关闭对话框。

(3)查看工具箱是否安装成功。使用函数 ver 查看 gatbx 工具箱的名字、发行版本、发行字符串及发行日期,如果返回均为空,则说明安装未成功;如果返回了相应的参数,则表明工具箱安装成功,该工具箱就可以使用了。

6.1.3 遗传算法常用函数

遗传算法工具箱中的主要函数如表 6.1 所列。

表 6.1 遗传算法工具箱中的主要函数列表

函数分类	函数	功能
创建种群	crtbase	创建基向量
	crtbp	创建任意离散随机种群
	crtrp	创建实值初始种群
适应度计算	ranking	基于排序的适应度分配
	scaling	比率适应度计算
	reins	一致随机和基于适应度的重插入
	rws	轮盘选择
	select	高级选择例程
	sus	随机遍历采样
交叉算子	recdis	离散重组
	recint	中间重组
	recline	线性重组
	recmut	具有变异特征的线性重组
	recombin	高级重组算子
	xovdp	两点交叉算子
	xovdprs	减少代理的两点交叉
	xovmp	通常多点交叉
	xovsh	洗牌交叉
	xovshrs	减少代理的洗牌交叉
	xovsp	单点交叉
	xovsprs	减少代理的单点交叉
变异算子	mut	离散变异
	mutate	高级变异函数
	mutbga	实值变异
子种群的支持	migrate	在子种群间交换个体
实用函数	bs2rv	二进制串到实值的转换
	rep	矩阵的复制

1. 创建种群函数——crbp

功能：创建任意离散随机种群。

调用格式：

① [Chrom,Lind,BaseV] = crtbp(Nind,Lind)

② [Chrom,Lind,BaseV] = crtbp(Nind,Base)

③ [Chrom,Lind,BaseV] = crtbp(Nind,Lind,Base)

格式①创建一个大小为 Nind x Lind 的随机二进制矩阵，其中，Nind 为种群个体数，Lind 为个体长度。返回种群编码 Chrom 和染色体基因位的基本字符向量 BaseV。

格式②创建一个种群个体为 Nind，个体的每位编码的进制数由 Base 决定（Base 的列数即为个体长度）。

格式③创建一个大小为 Nind x Lind 的随机矩阵，个体的各位的进制数由 Base 决定，这时输入参数 Lind 可省略（Base 的列数即为 Lind），即为格式②。

【例 6-1】使用函数 crbp 创建任意离散随机种群的应用举例。

（1）创建一个种群大小为 5，个体长度为 10 的二进制随机种群：

\>>[Chrom,Lind,BaseV] = crtbp(5,10)

或

\>>[Chrom,Lind,BaseV] = crtbp(5,10,[2 2 2 2 2 2 2 2 2 2])

或

\>>[Chrom,Lind,BaseV] = crtbp(5,[2 2 2 2 2 2 2 2 2 2])

得到的输出结果：

```
Chrom =
   [0   1   0   1   0   1   0   0   1   0
    1   0   0   1   1   0   1   1   1   0
    0   1   0   1   0   0   0   1   0   0
    1   1   1   0   1   0   0   1   1   0
    0   1   0   0   1   1   0   0   0   0]
Lind =
   10
BaseV =
   [2   2   2   2   2   2   2   2   2   2]
```

个体的每位的进制数都是 2。

（2）创建一个种群大小为 5，个体长度为 8，各位的进制数分别为{2,3,4,5,6,7,8,9}

[Chrom,Lind,BaseV] = crtbp(5,8,[2 3 4 5 6 7 8 9])

[Chrom,Lind,BaseV] = crtbp(5,[2 3 4 5 6 7 8 9])
得到的输出结果：

Chrom =
   [1   0   0   0   3   5   5   7
    1   0   3   2   0   5   0   6
    0   1   3   4   5   2   2   2
    1   2   1   3   5   4   0   8
    1   2   3   4   4   1   0   0]
Lind =
    8
BaseV =
   [2   3   4   5   6   7   8   9]

2. 适应度计算函数——ranking

功能：基于排序的适应度分配

调用格式：

① Fitnv = ranking(ObjV)

② FitnV = ranking(ObjV,RFun)

③ Fitnv = ranking(ObjV,RFun,SUBPOP)

格式①是按照个体的目标值 **ObjV**(列向量)由小到大的顺序对个体进行排序的，并返回个体适应度值 **FitnV** 的列向量。

格式②中 **RFun** 有 3 种情况：

(1) 若 **RFun** 是一个在[1,2]区间内的标量，则采用线性排序，这个标量指定选择的压差。

(2) 若 **RFun** 是一个具有两个参数的向量，则

RFun(2)：指定排序方法，0 为线性排序，1 为非线性排序。

RFun(1)：对线性排序，标量指定的选择压差 **RFun**(1)必须在[1,2]区间；对非线性排序，**RFun**(1)必须在[1,length(**ObjV**) -2]区间；如果为 *NAN*，则 **RFun**(2)假设为 2。

(3) 若 **RFun** 是长度为 length(**ObjV**)的向量，则它包含对每一行的适应度值计算。

格式③中的参数 **ObjV** 和 **RFun** 与格式①和格式②一致，参数 *SUBPOP* 是一个任选参数，指明在 **ObjV** 中子种群的数量。省略 *SUBPOP* 或 *SUBPOP* 为 *NAN*，则 *SUBPOP* =1。在 **ObjV** 中的所有子种群大小必须相同。如果 *ranking* 被调用于多子种群，则 *ranking* 独立地对每个子种群执行。

【例 6 -2】考虑具有 10 个个体的种群，其当前目标值如下：

ObjV = [1;2;3;4;5;10;9;8;7;6]

（1）使用线性排序和压差为 2 估算适应度：

FitnV = ranking(ObjV)

或

FitnV = ranking(ObjV,[2,0])

或

FitnV = ranking(ObjV,[2,0],1)

得到的运行结果：

FitnV =
 [2.0000
  1.7778
  1.5556
  1.3333
  1.1111
       0
  0.2222
  0.4444
  0.6667
 0.8889]

（2）使用 **RFun** 中的值估算适应度：

RFun = [3;5;7;10;14;18;25;30;40;50]
FitnV = ranking(ObjV,RFun)
FitnV =
    [50
     40
     30
     25
     18
      3
      5
      7
     10
     14]

(3)使用非线性排序,选择压差为2,在 ObjV 中有两个子种群估算适应度:
```
FitnV = ranking(ObjV,[2,0],2)
FitnV =
    [2.0000
    1.5000
    1.0000
    0.5000
       0
       0
    0.5000
    1.0000
    1.5000
    2.0000]
```

3. 选择函数——select 功能:从种群中选择个体(高级函数)

调用格式:

① SelCh = select(SEL_F,Chrom,Fitnv)

② SelCh = select(SEL_F,Chrom,Fitnv,GGAP)

③ SelCh = select(SEL_F,Chrom,Fitnv,GGAP,SUSPOP)

SEL_F 是一个字符串,包含一个低级选择函数名,如 rws 或 sus。

FitnV 是列向量,包含种群 Chrom 中个体的适应度值。这个适应度值表明了每个个体选择的预期概率。

GGAP 是可选参数,指出了代沟部分种群被复制。如果 GGAP 省略或为 NAN,则 GGAP 假设为1。

SUBPOP 是一个可选参数,决定 Chrom 中子种群的数量;如果 SUBPOP 省略或为 NAN,则 SUBPOP = 1;Chrom 中所有子种群必须有相同的大小。

【例6-3】考虑以下具有8个个体的种群 Chrom,适应度值为 ***Fitnv***:

Chrom = [1 11 21;2 12 22;3 13 23;4 14 24;5 15 25;6 16 26;7 17 27;8 18 28]

FitnV = [1.50;1.35;1.21;1.07;0.92;0.78;0.64;0.5]

使用随机遍历抽样方式(sus)选择8个个体,对应代码如下:

```
SelCh = select('sus',Chrom,FitnV)
SelCh =
    [4    14    24
     3    13    23
     1    11    21
     5    15    25
```

```
    6    16    26
    8    18    28
    2    12    22
    2    12    22]
```

假设 Chrom 由两个子种群组成,通过轮盘赌选择函数 sus 对每个子种群选择 150% 的个体。

```
FitnV =[1.50;1.16;0.83;0.50;1,50;1.16;0.83;0.5];
SelCh = select('sus',Chrom,FitnV,1.5,2)
SelCh =
    [3    13    23
    1    11    21
    1    11    21
    4    14    24
    2    12    22
    3    13    23
    5    15    25
    6    16    26
    8    18    28
    7    17    27
    5    15    25
    6    16    26 ]
```

4. 交叉算子函数——recombin

功能:重组个体(高级函数)。

调用格式:

① NewChrom = recombin(REC_F,Chrom)

② NewChrom = recombin(REC_F,Chrom,RecOpt)

③ NewChrom = recombin(REC_F,Chrom,RecOpt,SUBPOP)

recombin 完成种群 Chrom 中个体的重组,在新种群 NewChrom 中返回重组后的个体。Chrom 和 NewChrom 中的一行对应一个个体。

REC_F 是一个包含低级重组函数名的字符串,例如 recdis 或 xovsp。

RecOpt 是一个指明交叉概率的任选参数,如省略或为 NAN,将设为缺省值。

SUBPOP 是一个决定 Chrom 中子群个数的可选参数,如果省略或为 NAN,则 SUBPOP 为 1。Chrom 中的所有子种群必须有相同的大小。

【例 6-4】使用函数 recombin 对 5 个个体的种群进行重组。

```
Chrom = crtbp(5,10)
Chrom =
```

```
   [1  0  1  1  1  1  1  0  0  1
    1  1  1  0  1  0  0  0  0  0
    0  0  0  0  0  0  0  1  1  1
    1  1  1  0  0  1  1  0  0  1
    0  1  1  1  0  0  0  0  1  0]
```
NewChrom = recombin('xovsp',Chrom)
NewChrom =
```
   [1  0  1  1  1  1  1  0  0  0
    1  1  1  0  1  0  0  0  0  1
    0  0  1  0  0  1  1  0  0  1
    1  1  0  0  0  0  0  1  1  1
    0  1  1  1  0  0  0  0  1  0]
```

5. 变异算子函数——mut

功能:离散变异算子。

调用格式:NewChrom = mut(OldChrom,Pm,BaseV)

OldChrom 为当前种群,Pm 为变异概率(省略时为 0.7/Lind),BaseV 指明染色体个体元素的变异的基本字符(省略时种群为二进制编码)。

【例 6 - 5】 使用函数 mut 将当前种群变异为新种群。

(1)种群为二进制编码:

OldChrom = crtbp(5,10)
OldChrom =
```
   [0  0  1  0  1  0  0  1  0  0
    1  0  0  0  1  0  0  1  1  1
    0  1  0  0  1  0  0  1  1  1
    1  0  1  0  0  0  0  0  1  0
    0  0  1  0  1  0  0  0  0  0]
```
NewChrom = mut(OldChrom)
NewChrom =
```
   [0  0  1  0  1  0  0  1  0  0
    1  0  0  0  1  0  0  1  1  1
    0  1  0  0  1  0  0  1  1  1
    1  0  1  0  0  1  0  0  1  0
    0  0  1  0  1  0  0  0  0  0]
```

(2)种群为非二进制编码,创建一个长度为8、有6个个体的随机种群:

BaseV = [8 8 8 4 4 4 4 4];
[Chrom,Lind,BaseV] = crtbp(6,BaseV)
Chrom

```
Chrom =
   [1   3   4   1   1   3   2   3
    5   1   1   0   2   2   1   0
    4   5   7   2   1   3   0   2
    3   2   2   0   2   1   1   0
    1   6   7   0   0   2   0   3
    0   5   1   2   3   2   3   3]
NewChrom = mut(Chrom,0.7,BaseV)
NewChrom =
   [7   3   6   1   3   2   1   3
    5   1   6   0   3   2   1   3
    1   0   3   1   0   0   0   1
    4   7   2   0   3   3   3   2
    1   4   1   0   1   3   0   2
    7   7   3   3   1   0   1   0]
```

6. 重插入函数——reins

功能：重插入子代到种群

调用格式：

① Chrom ＝ reins(Chrom,SelCh)

② Chrom ＝ reins(Chrom,SelCh,SUBPOP)

③ Chrom ＝ reins(Chrom,sech,SUBPOP,InsOpt,ObjVCh)

④ Chrom ＝ reins(Chrom,sech,SUBPOP,InsOpt,ObjVCh,ObjVSel)

reins 完成插入子代到当前种群，用子代代替父代并返回结果种群。Chrom 为父代种群，SelCh 为子代，每一行对应一个个体。

SUBPOP 是一个可选参数，指明 Chrom 和 SelCh 中子种群的个数。如果省略或者为 NAN,则假设为1。在 Chrom 和 SelCh 中每个子种群必须具有相同大小。

InsOpt 是一个最多有两个参数的任选向量。

InsOpt(1)是一个标量,指明用子代代替父代的方法。0 为均匀选择,子代代替父代使用均匀随机选择。1 为基于适应度的选择,子代代替父代中适应最小的个体。如果省略 ***InsOpt***(1)或 ***InsOpt***(1)为 NAN,则假设为0。

InsOpt(2)是一个在[0,1]区间的标量,表示每个子种群中重插入的子代个体在整个子种群中个体的比例。如果 ***InsOpt***(2)省略或为 NAN,则假设 ***InsOpt***(2) ＝1.0。

ObjVCh 是一个可选列向量,包括 Chrom 中个体的目标值。对基于适应度的重插入,***ObjVCh*** 是必需的。

ObjVSel 是一个可选参数,包含 SelCh 中个体的目标值。如果子代的数量大于重插入种群中的子代数量,则 ***ObjVSel*** 是必需的,这种情况子代将按它们的适应度大小选择插入。

【例 6-6】 在 5 个个体的父代种群中插入子代种群。

```
Chrom = crtbp(5,10)   % 父代
Chrom =
    [0   0   1   1   0   1   0   1   0   0
     1   1   0   1   1   0   0   1   0   1
     1   0   1   1   0   1   1   1   0   0
     1   1   1   0   0   1   0   1   1   1
     1   1   0   1   1   1   0   0   1   0]
>> SelCh = crtbp(2,10)% 子代
SelCh =
    [1   1   0   0   1   1   1   1   1   0
     0   1   1   0   0   0   1   0   1   0]
>> Chrom = reins(Chrom,SelCh)% 重插入
Chrom =
    [0   0   1   1   0   1   0   1   0   0
     1   1   0   1   1   0   0   1   0   1
     0   1   1   0   0   0   1   0   1   0
     1   1   1   0   0   1   0   1   1   1
     1   1   0   0   1   1   1   1   1   0]
```

7. 实用函数——bs2rv

功能：二进制到十进制的转换

调用格式：Phen = bs2rv(Chrom , FieldD)

bs2rv 根据译码矩阵 *FieldD* 将二进制串矩阵 **Chrom** 转换为实值向量,返回十进制的矩阵。

矩阵 *FieldD* 有如下结构：$FieldD = \begin{bmatrix} len \\ lb \\ ub \\ code \\ scale \\ lbin \\ ubin \end{bmatrix} \dfrac{1}{2}$

这个矩阵的组成如下：

len 是包含在 **Chrom** 中的每个子串的长度,注意,sum(*len*) = size(**Chrom**,2)。

lb 和 *ub* 分别是每个变量的下界和上界。

code 指明子串是怎样编码的,1 为标准的二进制编码,0 为格雷编码。

scale 指明每个子串所使用的刻度,0 表示算术刻度,1 表示对数刻度。

lbin 和 *ubin* 指明表示范围中是否包含边界。0 表示不包含边界,1 表示包含

边界。

【例6-7】先使用 crtbp 创建二进制种群 **Chrom**,表示在[-1,10]区间的一组简单变量,然后使用 bs2rv 将二进制串转换为实值表现型。

```
Chrom = crtbp(4,8)% 创建二进制串
  Chrom =
      [0   0   1   1   1   1   1   0
       0   0   1   0   0   0   1   0
       1   0   0   0   1   1   1   1
       1   1   1   0   0   1   0   0]
FieldD = [size(Chrom,2); -1;10;1;0;1;1];% 包含边界
Phen = bs2rv(Chrom,FieldD)         % 转换二进制到十进制
 Phen =
   [0.85490
    1.5882
    9.5686
    6.9373 ]
```

8. 实用函数——rep

功能:矩阵复制。

调用格式:MatOut = rep(MatIn,REPN)

函数 rep 完成矩阵 **MatIn** 的复制,REPN 指明复制次数,返回复制后的矩阵 **MatOut**。REPN 包含每个方向复制的次数,REPN(1)表示纵向复制次数,REPN(2)表示水平方向复制次数。

【例6-8】使用函数 rep 复制矩阵 **MatIn**

```
MatIn = [1 2 3 4;5 6 7 8]
MatIn =
     1    2    3    4
     5    6    7    8
MatOut = rep(MatIn,[1,2])
MatOut =
     1    2    3    4    1    2    3    4
     5    6    7    8    5    6    7    8
MatOut = rep(MatIn,[2,1])
MatOut =
     1    2    3    4
     5    6    7    8
     1    2    3    4
     5    6    7    8
```

```
MatOut = rep(MatIn,[2,3])
MatOut =
    1    2    3    4    1    2    3    4    1    2    3    4
    5    6    7    8    5    6    7    8    5    6    7    8
    1    2    3    4    1    2    3    4    1    2    3    4
    5    6    7    8    5    6    7    8    5    6    7    8
```

6.1.4 遗传算法工具箱应用举例

本节通过一些具体的例子来介绍遗传算法工具箱函数的使用。

【例6-9】利用遗传算法计算以下一元函数的最小值:

$$f(x) = \frac{\sin(10\pi x)}{x}, x \in [1,2]$$

选择二进制编码,遗传算法参数设置如表6.2所列。

表6.2 遗传算法参数设置

种群大小	最大遗传代数	个体长度	代沟	交叉概率	变异概率
40	20	20	0.95	0.7	0.01

遗传算法优化程序代码:

```
clc
clear all
close all
%% 画出函数图
figure(1);
hold on;
lb = 1;ub = 2; % 函数自变量范围【1,2】
ezplot('sin(10 * pi * X)/X',[lb,ub]);   % 画出函数曲线
xlabel('自变量/X')
ylabel('函数值/Y')
%% 定义遗传算法参数
NIND = 40;          % 个体数目
MAXGEN = 20;        % 最大遗传代数
PRECI = 20;         % 变量的二进制位数
GGAP = 0.95;        % 代沟
px = 0.7;           % 交叉概率
pm = 0.01;          % 变异概率
trace = zeros(2,MAXGEN);           % 寻优结果的初始值
FieldD = [PRECI;lb;ub;1;0;1;1];           % 区域描述器
```

```
Chrom = crtbp(NIND,PRECI);                    % 初始种群
%% 优化
gen = 0;                                      % 代计数器
X = bs2rv(Chrom,FieldD);                      % 计算初始种群的十进制转换
ObjV = sin(10*pi*X)./X;                       % 计算目标函数值
while gen < MAXGEN
  FitnV = ranking(ObjV);                      % 分配适应度值
  SelCh = select('sus',Chrom,FitnV,GGAP);     % 选择
  SelCh = recombin('xovsp',SelCh,px);         % 重组
  SelCh = mut(SelCh,pm);                      % 变异
  X = bs2rv(SelCh,FieldD);                    % 子代个体的十进制转换
  ObjVSel = sin(10*pi*X)./X;                  % 计算子代的目标函数值
  [Chrom,ObjV] = reins(Chrom,SelCh,1,1,ObjV,ObjVSel); % 重插入子代到父代,得到新种群
  X = bs2rv(Chrom,FieldD);
  gen = gen + 1;                              % 代计数器增加
  [Y,I] = min(ObjV); % 获取每代的最优解及其序号,Y 为最优解,I 为个体的序号
  trace(1,gen) = X(I);                        % 记下每代的最优值
  trace(2,gen) = Y;                           % 记下每代的最优值
end
plot(trace(1,:),trace(2,:),'bo');             % 画出每代的最优点
grid on;
plot(X,ObjV,'b*');       % 画出最后一代的种群
hold off                 % 画进化图
figure(2);
plot(1:MAXGEN,trace(2,:));
grid on
xlabel('遗传代数')
ylabel('解的变化')
title('进化过程')
bestY = trace(2,end);
bestX = trace(1,end);
fprintf(['最优解:\nX =',num2str(bestX),'\nY =',num2str(bestY),'\n'])
```

运行程序后得到的结果:

最优解:

X = 1.1491

Y = -0.8699

图 6.2 所示为目标函数图,其中○是每代的最优解,∗是优化 20 代后的种群分布。从图中可以看出,○和 ∗ 大部分都集中在一个点,该点即为最优解。图 6.3

所示是种群优化20代的进化图。

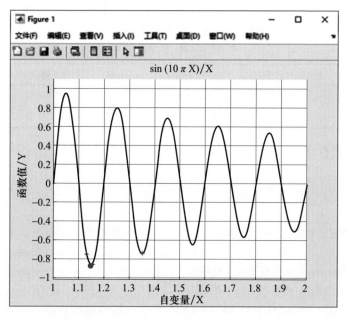

图6.2　目标函数图、每代的最优解以及经过20代进化后的种群分布图

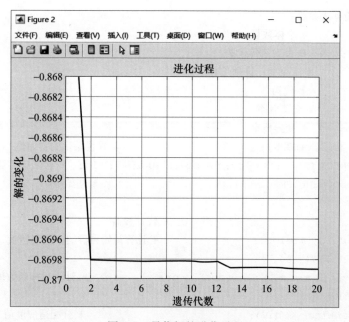

图6.3　最优解的进化过程

【例6-10】利用遗传算法计算以下简单多元函数的最大值：
$$f(x,y) = x\cos(2\pi y) + y\sin(2\pi x), x \in [-2,2], y \in [-2,2]$$
选择二进制编码，遗传算法参数设置如表6.3所列。

表6.3 遗传算法参数设置

种群大小	最大遗传代数	个体长度	代沟	交叉概率	变异概率
40	50	40(2个自变量，每个长20)	0.95	0.7	0.01

遗传算法优化程序代码：

```
clc
clear all
close all
%% 画出函数图
figure(1);
lbx = -2;ubx = 2; % 函数自变量x范围【-2,2】
lby = -2;uby = 2; % 函数自变量y范围【-2,2】
ezmesh('y*sin(2*pi*x)+x*cos(2*pi*y)',[lbx,ubx,lby,uby],50);  % 画出函数曲线
hold on;
%% 定义遗传算法参数
NIND = 40;         % 个体数目
MAXGEN = 50;       % 最大遗传代数
PRECI = 20;        % 变量的二进制位数
GGAP = 0.95;       % 代沟
px = 0.7;          % 交叉概率
pm = 0.01;         % 变异概率
trace = zeros(3,MAXGEN);                  % 寻优结果的初始值
FieldD = [PRECI PRECI;lbx lby;ubx uby;1 1;0 0;1 1;1 1];  % 区域描述器
Chrom = crtbp(NIND,PRECI*2);              % 初始种群
%% 优化
gen = 0;                                  % 代计数器
XY = bs2rv(Chrom,FieldD);                 % 计算初始种群的十进制转换
X = XY(:,1);Y = XY(:,2);
ObjV = Y.*sin(2*pi*X)+X.*cos(2*pi*Y);     % 计算目标函数值
while gen < MAXGEN
    FitnV = ranking(-ObjV);               % 分配适应度值
    SelCh = select('sus',Chrom,FitnV,GGAP); % 选择
    SelCh = recombin('xovsp',SelCh,px);   % 重组
```

```
    SelCh = mut(SelCh,pm);                              % 变异
    XY = bs2rv(SelCh,FieldD);                           % 子代个体的十进制转换
    X = XY(:,1);Y = XY(:,2);
    ObjVSel = Y.*sin(2*pi*X) + X.*cos(2*pi*Y);          % 计算子代的目标函数值
    [Chrom,ObjV] = reins(Chrom,SelCh,1,1,ObjV,ObjVSel); % 重插入子代到父代,得
到新种群
    XY = bs2rv(Chrom,FieldD);
    gen = gen + 1;                                      % 代计数器增加
    % 获取每代的最优解及其序号,Y 为最优解,I 为个体的序号
    [Y,I] = max(ObjV);
    trace(1:2,gen) = XY(I,:);                           % 记下每代的最优值
    trace(3,gen) = Y;                                   % 记下每代的最优值
end
plot3(trace(1,:),trace(2,:),trace(3,:),'bo');           % 画出每代的最优点
grid on;
plot3(XY(:,1),XY(:,2),ObjV,'bo');   % 画出最后一代的种群
hold off
%% 画进化图
figure(2);
plot(1:MAXGEN,trace(3,:));
grid on
xlabel('遗传代数')
ylabel('解的变化')
title('进化过程')
bestZ = trace(3,end);
bestX = trace(1,end);
bestY = trace(2,end);
fprintf(['最优解:\nX = ',num2str(bestX),' \nY = ',num2str(bestY),' \nZ = ',
num2str(bestZ),' \n'])
```

运行程序后得到的结果:

最优解:

X = -1.7665

Y = 1.5143

Z = 3.2655

  图 6.4 所示为目标函数图,其中○是每代的最优解。从图中可以看出,○大部分都集中在一个点,该点即为最优解。在图中标出的最优解与以上程序计算出的最优解有些偏差,这是因为画出的是函数的离散点,并不是全部。图 6.5 所示是种群优化 50 代的进化图。

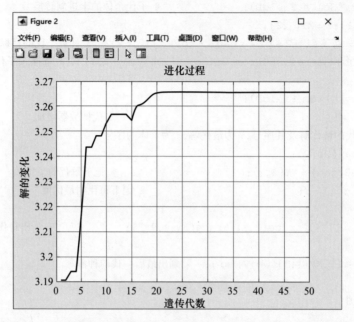

图 6.4　目标函数图、每代的最优解以及经过 50 代进化后的种群分布

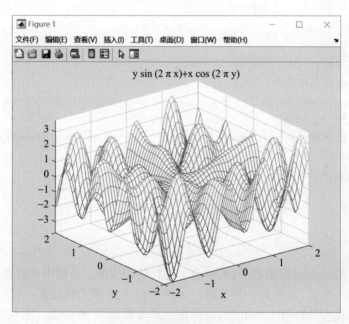

图 6.5　最优解的进化过程

6.2 遗传算法原理

6.2.1 基本原理

遗传操作是模拟生物基因遗传的做法。在遗传算法中,通过编码组成初始群体后,遗传操作的任务就是对群体的个体按照它们的环境适应度(适应度评估)施加一定的操作,从而实现优胜劣汰的进化过程。从优化搜索的角度而言,遗传操作可使问题的解,一代又一代地优化,并逼近最优解。

遗传操作包括 3 个基本遗传算子(genetic operator):选择(selection)、交叉(crossover)和变异(mutation)。

个体遗传算子的操作都是在随机扰动情况下进行的。因此,群体中个体向最优解迁移的规则是随机的。需要强调的是,这种随机化操作和传统的随机搜索方法是有区别的。遗传操作进行高效有向的搜索而不是如一般随机搜索方法所进行的无向搜索。

遗传操作的效果和上述三个遗传算子所取的操作概率、编码方法、群体大小、初始群体以及适应度函数的设定密切相关。

1. 选择

从群体中选择优胜的个体,淘汰劣质个体的操作称为选择。选择算子有时也称为再生算子(reproduction operator)。选择的目的是把优化的个体直接遗传到下一代或通过配对交叉产生新的个体再遗传到下一代。

选择操作是建立在群体中个体的适应度评估基础上的,目前常用的选择算子方法有轮盘赌选择法、适应度比例方法、随机遍历抽样法和局部选择法。

其中轮盘赌选择法(roulette wheel selection)是最简单也是最常用的选择方法。在该方法中,各个个体的选择概率和其适应度值成比例。设群体大小为 n,其中个体 i 的适应度为 f_i,则 i 被选择的概率为

$$p_i = f_i \bigg/ \sum_{j=1}^{n} f_j$$

显然,概率反映了个体 i 的适应度在整个群体的个体适应度总和中所占的比例。个体适应度越大,其被选择的概率就越高,反之亦然。

计算出群体中各个个体的选择概率后,为了选择交配个体,需要进行多轮选择。每一轮产生一个[0,1]之间的均匀随机数,将该随机数作为选择指针来确定被选个体。个体被选后,可随机地组成交配对,以供后面的交叉操作。

2. 交叉

在自然界生物进化过程中起核心作用的是生物遗传基因的重组(加上变异)。同样,遗传算法中起核心作用的是遗传操作的交叉算子。所谓交叉是指把两个父代个体的部分结构加以替换重组而生成新个体的操作。通过交叉,遗传算法的搜索能力得以飞跃提高。

交叉算子根据交叉率将种群中的两个个体随机地交换某些基因,能够产生新的基因组合,期望将有益基因组合在一起。根据编码表示方法的不同有以下几种算法。

(1)实值重组(real valued recombination):离散重组(discrete recombination)、中间重组(intermediate recombination)、线性重组(linear recombination)、扩展线性重组(extended linear recombination)。

(2)二进制交叉(binary valued crossover):单点交叉(single-point crossover)、多点交叉(multiple-point crossover)、均匀交叉(uniform crossover)、洗牌交叉(shuffle crossover)、缩小代理交叉(crossover with reduced surrogate)。

最常用的交叉算子为单点交叉(one-point crossover)。具体操作是:在个体串中随机设定一个交叉点,实行交叉时,该点前或后的两个个体的部分结构进行互换,并生成两个新个体。下面给出了单点交叉的一个例子:

个体A:1 0 0 1↑1 1 1→1 0 0 1 0 0 0 新个体
个体B:0 0 1 1↑0 0 0→0 0 1 1 1 1 1 新个体

3. 变异

变异算子的基本内容是对群体中的个体串的某些基因座上的基因值作变动。依据个体编码表示方法的不同,可以有以下的算法:实值变异、二进制变异。

一般来说,变异算子操作的基本步骤如下。

(1)对群中所有个体以事先设定的变异概率判断是否进行变异。

(2)对进行变异的个体随机选择变异位进行变异。

遗传算法引入变异的目的有两个:

(1)使遗传算法具有局部的随机搜索能力。当遗传算法通过交叉算子已接近最优解邻域时,利用变异算子的这种局部随机搜索能力可以加速向最优解收敛。显然,此种情况下的变异概率应取较小值,否则接近最优解的积木块会因变异而遭到破坏。

(2)使遗传算法可维持群体多样性,以防止出现未成熟收敛现象。此时收敛概率应取较大值。

遗传算法中,交叉算子因其全局搜索能力而作为主要算子,变异算子因其局部搜索能力而作为辅助算子。

遗传算法通过交叉和变异这对相互配合又相互竞争的操作而使其具备兼顾全局和局部的均衡搜索能力。

相互配合是指当群体在进化中陷于搜索空间中某个超平面而仅靠交叉不能摆脱时,通过变异操作可有助于这种摆脱。

相互竞争是指当通过交叉已形成所期望的积木块时,变异操作有可能破坏这些积木块,如何有效地配合使用交叉和变异操作,是目前遗传算法的一个重要研究内容。

基本变异算子是指对群体中的个体码串随机挑选一个或多个基因座并对这些基因座的基因值做变动,(0,1)二值码串中的基本变异操作如下:

$$(个体\ A)10010110 \xrightarrow{变异} 11000110(个体\ A')$$
$$\quad\quad\quad\quad\quad * \quad *\quad\quad\quad\quad\quad\quad * \quad *$$

注意:在基因位下方标有 * 号的基因发生变异。

变异率的选取一般受种群大小、染色体长度等因素的影响,通常选取很小的值,一般取 0.001 ~ 0.1。

4. 终止条件

当最优个体的适应度达到给定的阈值时,或者最优个体的适应度和群体适应度不再上升时,或者迭代次数达到预设的代数时,算法终止。预设的代数一般设置为 100 ~ 500 代。

6.2.2　算法编码

遗传算法不能直接处理问题空间的参数,必须把它们转换成遗传空间的由基因按一定结构组成的染色体或个体。这一转换操作称为编码,也可以称为(问题的)表示(representation)。

评估编码策略常采用以下 3 个规范。

(1)完备性(completeness)。问题空间中的所有点(候选解)都能作为 GA 空间中的点(染色体)表现。

(2)健全性(soundness)。GA 空间中的染色体能对应所有问题空间中的候选解。

(3)非冗余性(nonredundancy)。染色体和候选解一一对应。

目前几种常用的编码技术有二进制编码、浮点数编码、字符编码等。

而二进制编码是目前遗传算法中最常用的编码方法。即由二进制字符集{0,1}产生通常的0,1字符串来表示问题空间的候选解。它具有以下特点。

(1)简单易行。

(2)符合最小字符集编码原则。

(3)适于用模式定理进行分析。

6.2.3　适应度及初始群体选取

进化论中的适应度,是表示某一个体对环境的适应能力,也表示该个体繁殖后代的能力。遗传算法的适应度函数也称评价函数,是用来判断群体中的个体的优劣程度的指标,它是根据所求问题的目标函数来进行评估的。

遗传算法在搜索进化过程中一般不需要其他外部信息,仅用评估函数来评估个体或解的优劣,并作为以后遗传操作的依据。由于遗传算法中,适应度函数需要比较排序并在此基础上计算选择概率,所以适应度函数的值要取正值。由此可见,在不少场合,将目标函数映射成求最大值形式且函数值非负的适应度函数是必要的。

适应度函数的设计主要满足以下条件:
(1)单值、连续、非负、最大化。
(2)合理、一致性。
(3)计算量小。
(4)通用性强。

在具体应用中,适应度函数的设计要结合求解问题本身的要求而定。适应度函数设计直接影响遗传算法的性能。

遗传算法中初始群体中的个体是随机产生的。一般来讲,初始群体的设定可采取如下的策略。

(1)根据问题固有知识,设法把握最优解所占空间在整个问题空间中的分布范围,然后,在此分布范围内设定初始群体。

(2)先随机生成一定数目的个体,然后从中挑出最好的个体加到初始群体中。这种过程不断迭代,直到初始群体中个体数达到预先确定的规模。

6.2.4 遗传算法程序设计及其 MATLAB 工具箱

为了更好地在 MATLAB 中使用遗传算法,本节主要对遗传算法的程序设计和 MATLAB 工具箱做了讲解,并重点介绍了工具箱中的函数及其使用。

随机初始化种群 $P(t) = \{x_1, x_2, \cdots, x_n\}$,计算 $P(t)$ 中个体的适应值。其 MATLAB 程序的基本格式如下:

```
Begin
t = 0
% 初始化 P(t)
% 计算 P(t)的适应值;
while(不满足停止准则)
      do
      begin
      t = t + 1
   % 从 P(t+1)中选择 P(t)
```

```
% 重组 P(t)
% 计算 P(t)的适应值
end
```

【例 6 – 11】如求函数
$$f(x) = 9*\sin(5x) + 8*\cos(4x), \quad x \in [0,15]$$
的最大值。

解 1)初始化(编码)

initpop. m 函数的功能是实现群体的初始化,popsize 表示群体的大小,chromlength 表示染色体的长度(二值数的长度),长度大小取决于变量的二进制编码的长度。

遗传算法 MATLAB 子程序如下:

```
% 初始化
function pop = initpop(popsize,chromlength)
pop = round(rand(popsize,chromlength));
% rand 随机产生每个单元为{0,1},行数为 popsize,列数为 chromlength 的矩阵
% roud 对矩阵的每个单元进行圆整,这样产生的初始种群
end
```

2)目标函数值

(1)二进制数转化为十进制数。遗传算法 MATLAB 子程序如下:

```
function pop2 = decodebinary(pop)
[px,py] = size(pop);
% 求 pop 的行数和列数
for i = 1:py
pop1(:,i) = 2.^(py - i).*pop(:,i);
end
pop2 = sum(pop1,2);
% 求 pop1 的每行之和
end
```

(2)二进制编码转化为十进制数。decodechron. m 函数的功能是将染色体(或二进制编码)转换为十进制,参数 spoint 表示待解码的二进制串的起始位置。对于多个变量而言,如有两个变量,用 20 表示,每个变量为 10,则第一个变量从 1 开始,另一个变量从 11 开始。本例为 1 开始,参数 length 表示所截取的长度(本例为 10)。

遗传算法 MATLAB 子程序如下:

```
% 将二进制编码转换成十进制
```

```
function pop2 = decodechrom(pop,spoint,length)
pop1 = pop(:,spoint:spoint + length -1);
pop2 = decodebinary(pop1);
end
```

(3) 计算目标函数值。calobjvalue.m 函数的功能是实现目标函数的计算。

遗传算法 MATLAB 子程序如下：

```
function[objvalue] = calobjvalue(pop)
temp1 = decodechrom(pop,1,10);% 将 pop 每行转化成十进制数
x = temp1 * 10/1023;% 将二值域中的数化为变量域的数
objvalue =10 * sin(5 * x) +7 * cos(4 * x);% 计算目标函数值
end
```

3) 计算个体的适应值

遗传算法 MATLAB 子程序如下：

```
% 计算个体的适应值
function fitvalue = calfitvalue(objvalue)
global Cmin;
Cmin = 0;
[px,py] = size(objvalue);
for i =1:px
    if objvalue(i) + Cmin > 0
        temp = Cmin + objvalue(i);
    else
        temp = 0.0;
    end
    fitvalue(i) = temp;
end
fitvalue = fitvalue'
```

4) 选择复制

选择或复制操作是决定哪些个体可以进入下一代。程序中采用赌轮盘选择，这种方法较易实现。根据方程 $p_i = f_i / \sum f_i = f_i / f_{sum}$，选择步骤如下：

(1) 在第 t 代，计算 f_{sum} 和 p_i。

(2) 产生 $\{0,1\}$ 的随机数 $rand(\cdot)$，求 $s = rand(\cdot) * f_{sum}$。

(3) 求 $\sum_{i=1}^{k} f_i \geq s$ 中最小的 k，则第 k 个个体被选中。

(4) 进行 N 次 (2)、(3) 操作，得到 N 个个体，成为第 $t = t+1$ 代种群。

遗传算法 MATLAB 子程序如下：

```
% 选择复制
function[newpop] = selection(pop,fitvalue)
totalfit = sum(fitvalue);  % 求适应值之和
fitvalue = fitvalue/totalfit;   % 单个个体被选择的概率
fitvalue = cumsum(fitvalue);  % 如 fitvalue = [1 2 3 4],则 cumsum(fitvalue) = [1 3 6 10]
[px,py] = size(pop);
ms = sort(rand(px,1));    % 从小到大排列
fitin = 1;
newin = 1;
while newin < = px
    if(ms(newin)) < fitvalue(fitin)
        newpop(newin) = pop(fitin);
        newin = newin + 1;
    else
        fitin = fitin + 1;
    end
end
```

5) 交叉

群体中的每个个体之间都以一定的概率 pc 交叉,即两个个体从各自字符串的某位置(一般是随机确定)开始互相交换,这类似生物进化过程中的基因分裂与重组。

例如,假设两个父代个体 x_1、x_2 为:

$x_1 = 0100110$

$x_2 = 1010001$

从每个个体的第 3 位开始交叉,交叉后得到两个新的子代个体 y_1、y_2 分别为

$y_1 = 0100001$

$y_2 = 101010$

这样两个子代个体就分别有了两个父代个体的某些特征。

利用交叉有可能由父代个体在子代组合成具有更高适合度的个体。事实上交叉是遗传算法区别于其他传统优化方法的主要特点之一。

遗传算法 MATLAB 子程序如下:

```
% 交叉
function[newpop] = crossover(pop,pc)
[px,py] = size(pop);
newpop = ones(size(pop));
for i = 1:2:px - 1
```

```
    if(rand<pc)
        cpoint=round(rand*py);
        newpop(i,:)=[pop(i,1:cpoint),pop(i+1,cpoint+1:py)];
        newpop(i+1,:)=[pop(i+1,1:cpoint),pop(i,cpoint+1:py)];
    else
        newpop(i,:)=pop(i);
        newpop(i+1,:)=pop(i+1);
    end
end
```

6)变异

基因的突变普遍存在于生物的进化过程中。变异是指父代中的每个个体的每一位都以概率 pm 翻转,即由 1 变为 0,或由 0 变为 1。

遗传算法的变异特性可以使求解过程随机地搜索到解可能存在的整个空间,因此可以在一定程度上求得全局最优解。

遗传算法 MATLAB 子程序如下:

```
% 变异
function[newpop]=mutation(pop,pm)
[px,py]=size(pop);
newpop=ones(size(pop));
for i=1:px
    if(rand<pm)
        mpoint=round(rand*py);
        if mpoint<=0
            mpoint=1;
        end
        newpop(i)=pop(i);
        if any(newpop(i,mpoint))==0
            newpop(i,mpoint)=1;
        else
            newpop(i,mpoint)=0;
        end
    else
        newpop(i)=pop(i);
    end
end
```

7)求出群体中最大的适应值及其个体

遗传算法 MATLAB 子程序如下:

```matlab
% 求出群体中适应值最大的值
function[bestindividual,bestfit] = best(pop,fitvalue)
[px,py] = size(pop);
bestindividual = pop(1,:);
bestfit = fitvalue(1);
for i = 2:px
    if fitvalue(i) > bestfit
        bestindividual = pop(i,:);
        bestfit = fitvalue(i);
    end
end
```

8) 主程序

遗传算法 MATLAB 子程序如下：

```matlab
clear all
clc
popsize = 20;                          % 群体大小
chromlength = 10;                      % 字符串长度(个体长度)
pc = 0.7;                              % 交叉概率
pm = 0.005;                            % 变异概率
pop = initpop(popsize,chromlength);    % 随机产生初始群体
for i = 1:20                           % 20 为迭代次数
[objvalue] = calobjvalue(pop);         % 计算目标函数
fitvalue = calfitvalue(objvalue);      % 计算群体中每个个体的适应度
[newpop] = selection(pop,fitvalue);    % 复制
[newpop] = crossover(pop,pc);          % 交叉
[newpop] = mutation(pop,pc);           % 变异
[bestindividual,bestfit] = best(pop,fitvalue); % 求出群体中适应值最大的个体
                                               % 及其适应值
y(i) = max(bestfit);
n(i) = i;
pop5 = bestindividual;
x(i) = decodechrom(pop5,1,chromlength) * 10/1023;
pop = newpop;
end
fplot('9 * sin(5 * x) + 8 * cos(4 * x)',[0 15])
hold on
plot(x,y,'r*')
hold off
```

运行主程序,得到结果如图 6.6 所示。

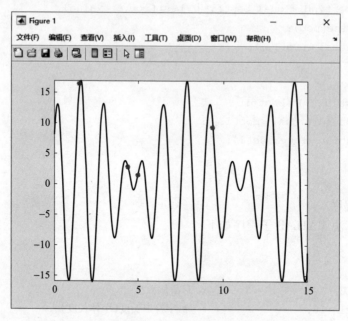

图 6.6　遗传算法仿真结果

注意:遗传算法有 4 个参数需要提前设定,一般在以下范围内进行设置。
(1)群体大小:20~100。
(2)遗传算法的终止进化代数:100~500。
(3)交叉概率:0.4~0.99。
(4)变异概率:0.0001~0.1。

MATLAB 自带的遗传算法与直接搜索工具箱(genetic algorithm and direct search toolbox)可以来优化目标函数。

遗传算法与直接搜索工具箱有 ga、gaoptimset 和 gaoptimget 三个核心函数。

1. ga 函数

ga 函数是对目标函数进行遗传计算,其格式如下:

[x, fval, exitflag, output, **population**, scores] = ga(fitnessfcn, nvars, $\cdots$, options)

其中,fitnessfun 为适应度句柄函数;nvars 为目标函数自变量的个数;options 为算法的属性设置,该属性是通过函数 gaoptimset 赋予的;x 为经过遗传进化以后自变量最佳染色体返回值;fval 为最佳染色体的适应度;exitflag 为算法停止的原因;output 为输出的算法结构;**population** 为最终得到种群适应度的列向量;scores 为最终得到的种群。

【例 6-12】使用 ga 函数求解以下不等式的解 x_1、x_2。

$$\begin{bmatrix} -1 & 2 \\ 1 & 3 \\ 5 & 1 \end{bmatrix} \begin{bmatrix} x_1 \\ x_2 \end{bmatrix} \leqslant \begin{bmatrix} 3 \\ 5 \\ 2 \end{bmatrix}, x_1 \geqslant 0, x_2 \geqslant 0$$

解:根据函数 ga 的用法,在 MATLAB 中编写代码如下:

```
clear all
clc
A=[-1 2;1 3;5 1];
b=[3;5;2];lb=zeros(2:1);
[x,fval,exitflag]=ga(@lincontest6,2,A,b,[],[],lb)
```

运行得到结果如下:

```
Optimization terminated: average change in the fitness value less than options.FunctionTolerance.
x =
    0.0910    1.5460
fval =
   -7.2044
exitflag =
    1
```

从以上结果可知,$x_1 = 0.0910, x_2 = 1.5460$。

2. gaoptimset 函数

gaoptimset 函数是设置遗传算法的参数和句柄函数,表 6.4 所例为常用的 11 种属性。

表 6.4 gaoptimset 函数设置属性

序号	属性名	默认值	实现功能
1	PopInitRange	[0;1]	初始种群生成空间
2	PopulationSize	20	种群规模
3	CrossoverFraction	0.8	交配概率
4	MigrationFraction	0.2	变异概率
5	Generation	100	超过进化代数时算法停止
6	TimeLimit	Inf	超过运算时间限制时算法停止
7	FitnessLimit	-Inf	最佳个体等于或小于适应度阈值时算法停止
8	StallGenLimit	50	超过连续代数不进化则算法停止
9	StallTimeLimit	20	超过连续时间不进化则算法停止
10	InitialPopulation	[]	初始化种群
11	PlotFcns	[]	绘图函数

其使用格式如下：

```
options = gaoptimset('param1',value1,'param2',value2,…)
```

由于遗传算法本质上是一种启发式的随机运算，算法程序经常重复运行多次才能得到理想结果。鉴于此，可以将前一次运行得到的最后种群作为下一次运行的初始种群，如此操作会得到更好的结果：

```
[x,fval,reason,output,final_pop] = ga(@ fitnessfcn,nvars);
```

最后一个输出变量 final_pop 返回的就是本次运行得到的最后种群。再将 final_pop 作为 ga 函数的初始种群，语法格式如下：

```
options = gaoptimset('InitialPopulation',finnal_pop);
[x,fval,reason,output,finnal_pop2] = ga(@ fitnessfcn,nvars,options);
```

遗传算法和直接搜索工具箱中的 ga 函数是求解目标函数的最小值，所以求目标函数最小值的问题，可直接令目标函数为适应度函数。编写适应度函数，语法格式如下：

```
function f = fitnessfcn(x)    % x 为自变量向量
f = f(x);
```

如果有约束条件(包括自变量的取值范围)，对于求解函数的最小值问题，可以使用如下语法格式：

```
function f = fitnessfcn(x)
if(x < = -1 |x >3)
% 表示有约束 x > -1 和 x < =3,其他约束条件类推
  f = inf;
else
  f = f(x);
end
```

如果有约束条件(包括自变量的取值范围)，对于求解函数的最大值问题，可以使用如下语法格式：

```
function f = fitnessfcn(x)
if(x < = -1 |x >3)
f = inf;
else
f = f(x);    % 这里 f = -f(x),而不是 f = f(x)
end
```

若目标函数作为适应度函数，则最终得到的目标函数值为 $-fval$ 而不是 $fval$。

3. gaoptimget 函数

该函数用于得到遗传算法参数结构中的参数具体值。其调用格式如下：

val = gaoptimget(options,'name')

其中,options 为结构体变量;name 为需要得到的参数名称,返回值为 val。

【例 6 – 13】 利用遗传算法求解函数的最大值。

$$f(x,y) = (\cos(x^2+y^2) - 0.1)/(1+0.3(x^2+y^2)) + 3$$

解：首先创建遗传算法的适应度函数。

然后利用遗传算法寻找函数最大值,在 MATLAB 命令行窗口输入代码如下：

[x,fval,exitflag,output,population,scores] = ga(@ga43,2)

得到结果为

Optimization terminated: average change in the fitness value less than options.FunctionTolerance.

x =
　　0.0855　　1.4176
fval =
　　2.5228
exitflag =
　　　1
output =
包含以下字段的 struct:
　　　problemtype: 'unconstrained'
　　　　rngstate: [1×1 struct]
　　　generations: 151
　　　　funccount: 7150
　　　　　message: 'Optimization terminated: average change in the fitness value less than options.FunctionTolerance.'
　　　maxconstraint: []
　　　　hybridflag: []

```
population =                           scores =
    0.0855    1.4176                      2.5228
    0.0855    1.4176                      2.5228
    0.0855    1.4176                      2.5228
    0.0855    1.4176                      2.5228
    0.0855    1.4176                      2.5228
    0.0855    1.4176                      2.5228
    0.0855    1.4176                      2.5228
    0.0855    1.4176                      2.5228
```

0.0855	1.4176	2.5228
0.0855	1.4176	2.5228
0.0855	1.4176	2.5228
0.0855	1.4176	2.5228
0.0855	1.4176	2.5228
0.0855	−1.6948	3.0138
0.0855	1.4176	2.5228
0.0855	−0.4578	3.8836
−2.3943	9.8702	3.0003
0.0855	1.4176	2.5228
0.0855	1.4176	2.5228
0.0855	5.2364	3.0022
0.0855	1.4176	2.5228
0.0855	5.2739	2.9971
0.0855	1.4176	2.5228
−2.0864	2.9254	2.9894
0.0855	1.4176	2.5228
0.0855	1.4176	2.5228
0.0855	9.9309	3.0002
0.0855	1.4176	2.5228
0.0855	1.4176	2.5228
0.0855	−8.3414	2.9995
0.0855	1.4176	2.5228
0.0855	4.5743	3.0000
6.2366	−3.1899	3.0012
0.0855	1.4176	2.5228
0.0855	1.4176	2.5228
0.0855	1.4176	2.5228
0.0855	1.4176	2.5228
0.0855	5.5613	2.9972
0.0855	−0.9995	3.3433
0.0855	1.4176	2.5228
6.1664	1.4176	2.9977
−0.2223	10.4821	2.9999
−1.8657	6.4708	2.9991
2.0278	6.4194	2.9999
0.6307	−4.4033	2.9908

−1.8439	3.1917	2.9944
−0.7811	−0.4913	3.6420
−14.4553	5.1064	2.9999
−1.8123	3.9917	2.9936
2.4890	3.4548	2.9894

即函数在 $x=[0.0855,1.4176]$ 取得最大值为 2.5228。

6.2.5 遗传算法的 GUI 实现

对于不擅长编程的用户,可以利用 GUI 实现遗传算法的编程。本节主要介绍利用 GUI 实现遗传算法的方法。

在 MATLAB 命令行窗口输入 optimtool,可以打开如图 6.7 所示的界面。

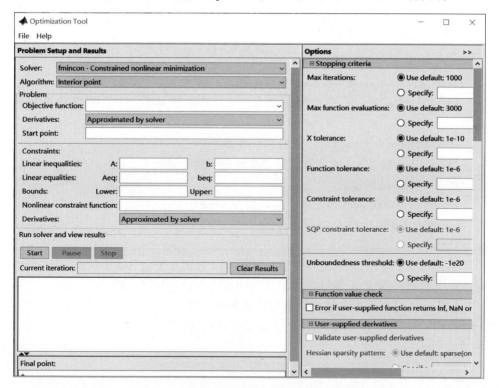

图 6.7 遗传算法 GUI 界面

遗传算法工具箱 GUI 窗口只包括 File 和 Help 两个菜单项。前者用于算法的数据处理,后者用于获取使用帮助。

File 菜单项的下拉菜单选项如图 6.8 所示。

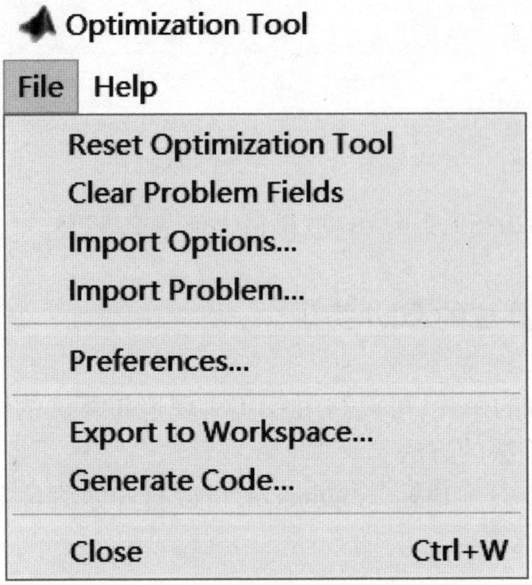

图 6.8　File 菜单项的下拉菜单选项

其中,Reset Optimization Tool:重置工具箱 GUI 参数。

Clear Problem Fields:清空问题变量,包含适应度函数、变量个数和算法参数等。

Import Options:导入遗传算法的参数数据。

Import Problem:导入遗传算法需要求解的问题变量。

Preferences:选择参数。

Export to Workspace:导出算法结果到 MATLAB 工作空间。

Generate Code:生产 M 文件。

Close:关闭工具箱。

从图 6.9 中可以看出,遗传算法工具箱 GUI 界面主要包含 3 个窗口,从左到右依次是遗传算法的实现、算法的参数设置和算法简单的帮助文档。

【例 6-14】利用 GUI 实现用遗传算法求解函数
$$f(x,y) = 1 - 0.1 \times (\sin(x^2 + y^2) - 0.1)/(x^2 + y^2)$$
的适应值。

解:首先创建遗传算法的适应度函数,代码如下:

```
function y = ga44(x)
y = 1 - 0.1*(sin(x(1)^2 + x(2)) - 0.1)/(x(1)^2 + x(2)^2);
end
```

然后打开遗传算法 GUI 界面,并按照图 6.9 所示设置参数。

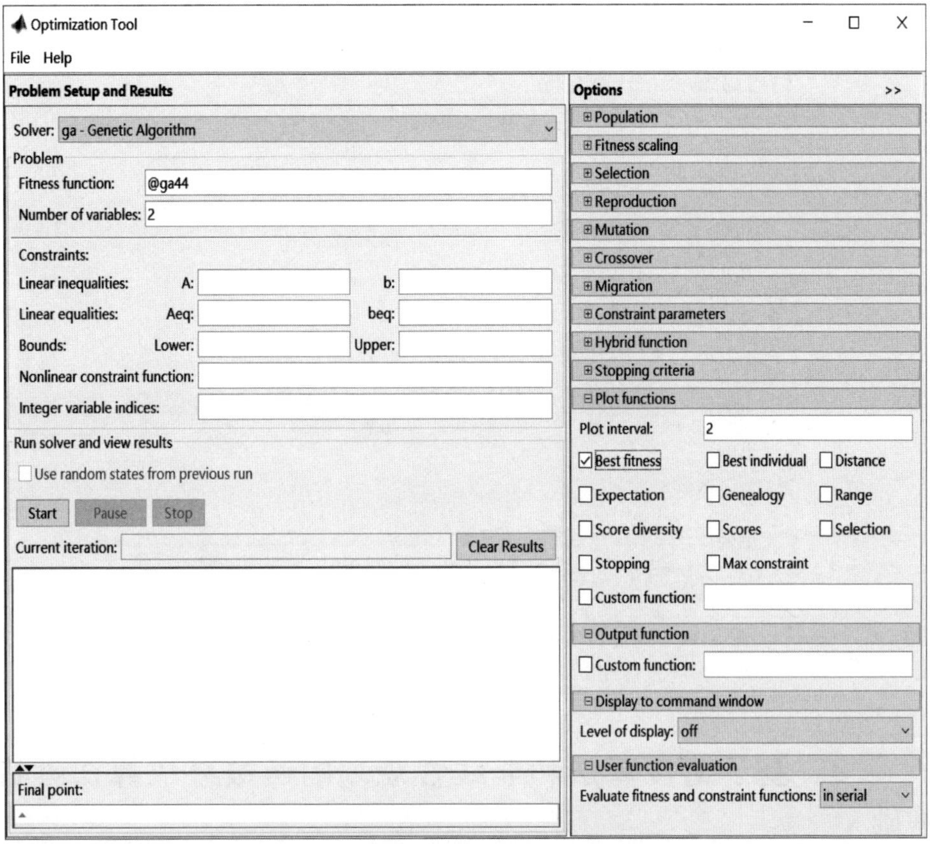

图 6.9　遗传算法 GUI 参数设置

单击 Start 按钮，GUI 会自动运行遗传算法程序，如图 6.10 所示。

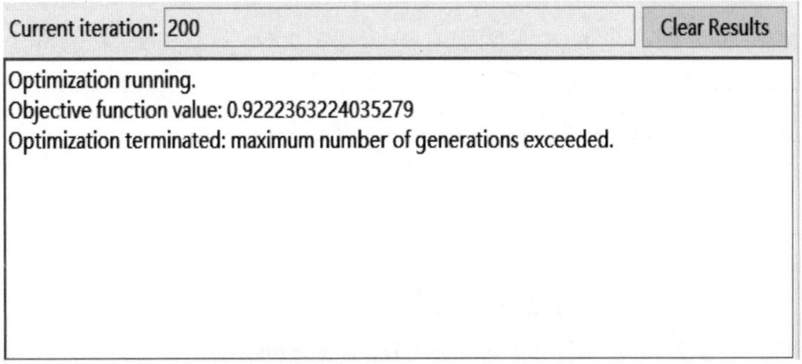

图 6.10　运行结果说明

使用 GUI 运行遗传算法求得平均适应值和最优适应值，如图 6.11 所示。

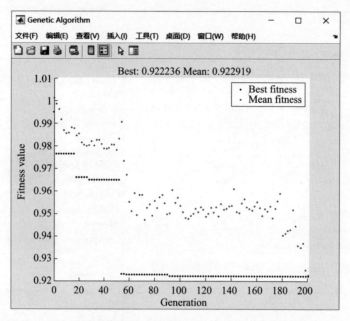

图 6.11　遗传算法 GUI 得到的平均适应值和最优适应值

6.3　基于遗传算法和非线性规划的函数寻优算法理论基础

6.3.1　非线性规划函数

非线性规划研究一个 n 元实函数在一组等式或不等式的约束条件下的极值问题。函数 fmincon 是 MATLAB 最优化工具箱中求解非线性规划问题的函数，它从一个预估值出发，搜索约束条件下非线性多元函数的最小值。

函数 fmincon 的约束条件为

$$\min f(\boldsymbol{x}) = \begin{cases} c(\boldsymbol{x}) \leqslant 0 \\ ceq(\boldsymbol{x}) = 0 \\ \boldsymbol{A} \cdot \boldsymbol{x} \leqslant \boldsymbol{b} \\ \boldsymbol{Aeq} \cdot \boldsymbol{x} = \boldsymbol{beq} \\ \boldsymbol{lb} \leqslant \boldsymbol{x} \leqslant \boldsymbol{ub} \end{cases}$$

式中：$\boldsymbol{x}$、$\boldsymbol{b}$、$\boldsymbol{beq}$、$\boldsymbol{lb}$ 和 $\boldsymbol{ub}$ 为矢量；$\boldsymbol{A}$ 和 $\boldsymbol{Aeq}$ 为矩阵；$c(\boldsymbol{x})$ 和 $ceq(\boldsymbol{x})$ 为返回矢量的函数；$f(\boldsymbol{x})$、$c(\boldsymbol{x})$ 和 $ceq(\boldsymbol{x})$ 为非线性函数。

函数 fmincon 的基本用法为：

$x = \text{fmincon}(\text{fun}, x0, A, b)$

$x = \text{fmincon}(\text{fun}, x0, A, b, Aeq, beg)$

$x = \text{fmincon}(\text{fun}, x0, A, b, Aeq, beg, lb, ub)$

$x = \text{fmincon}(\text{fun}, x0, A, b, Aeq, beg, lb, ub, nonlcon)$

$x = \text{fmincon}(\text{fun}, x0, A, b, Aeq, beg, lb, ub, nonlcon, options)$

式中：nonlon 为非线性约束条件；lb 和 lb 分别为 x 的下界和上界。当函数输入参数不包括 A、b、Aeq、beg 时，默认 $A=0$、$b=0$、$Aeq=[\ ]$、$beg=[\ ]$。x_0 为 x 的初设值。

6.3.2 遗传算法基本思想

遗传算法是一类借鉴生物界自然选择和自然遗传机制的随机搜索算法，非常适用于处理传统搜索算法难以解决的复杂和非线性优化问题。目前，遗传算法已广泛应用于组合优化、机器学习、信号处理、自适应控制和人工生命等领域，并在这些领域中取得了良好的成果。

与传统搜索算法不同，遗传算法从随机产生的初始解开始搜索，通过一定的选择、交叉、变异操作逐步迭代已产生新的解。群体中的每个个体代表问题的一个解，称为染色体，染色体对的好坏用适应度值来衡量，根据适应度的好坏从上一代中选择一定数量的优秀个体，通过交叉、变异形成下一代群体。经过若干代的进化之后，算法收敛于最好的染色体，它即是问题的最优解或次优解。

遗传算法提供了求解非线性规划的通用框架，它不依赖于问题的具体领域。遗传算法的优点是将问题参数编码成染色体后进行优化，而不针对参数本身，从而不受函数约束条件的限制；搜索过程从问题解的一个集合开始，而不是单个个体，具有隐含并行搜索特性，可大大减少陷入局部最小的可能性。而且优化计算时算法不依于梯度信息，且不要求目标函数连续及可导，使其适于求解传统搜索方法难以解决的大规模、非线性组合优化问题。

6.3.3 算法结合思想

经典非线性规划算法大多采用梯度下降的方法求解，局部搜索能力较强，但是全局搜索能力较弱。遗传算法采用选择、交叉和变异算子进行搜索，全局搜索能力较强，但是局部搜索能力较弱，只能得到问题的次优解，而不是最优解。因此，本案例结合了两种算法的优点：一方面采用遗传算法进行全局搜索；另一方面采用非线性规划算法进行局部搜索，以得到问题的全局最优解。

6.3.4 遗传算法实现

1. 种群初始化

由于遗传算法不能直接处理问题空间的参数,因此必须通过编码把要求问题的可行解表示成遗传空间的染色体或者个体,常用的编码方法有位串编码、Grey编码、实数编码(浮点法编码)、多级参数编码、有序中编码、结构式编码等。

实数编码不必进行数值转换,可以直接在解的表现型上进行遗传算法操作,因此本案例采用该方法编码,每个染色体为一个实数向量。

2. 适应度函数

适应度函数是用来区分群体中个体好坏的标准,是进行自然选择的唯一依据,一般是由目标函数加以变换得到。本案例是求函数的最小值,把函数值的倒数作为个体的适应度值。函数值越小的个体,适应度值越大,个体越优,适应度计算函数为

$$F = f(x)$$

3. 选择操作

选择操作从旧群体中以一定概率选择优良个体组成新的种群,以繁殖得到下一代个体。个体被选中的概率跟适应度值有关,个体适应度值越高,被选中的概率越大。遗传算法选择操作有轮盘赌法、锦标赛法等多种方法,本案例选择轮盘赌法,即基于适应度比例的选择策略,个体 i 被选中的概率为:

$$p_i = \frac{F_i}{\sum_{j=1}^{N} F_j}$$

式中:F_i 为个体 i 的适应度值;N 为种群个体数目。

4. 交叉操作

交叉操作是指从种群中随机选择两个个体,通过两个染色体的交换组合,把父串的优秀特征遗传给子串,从而产生新的优秀个体。由于个体采用实数编码,所以交叉操作采用实数交叉法,第 k 个染色体 a_k 和第 l 个染色体 a_l 在 j 位的交叉操作方法为

$$\boldsymbol{a}_{kj} = a_{ij}(1-b) + a_{lj}b$$
$$\boldsymbol{a}_{lj} = a_{lj}(1-b) + a_{kj}b$$

式中:b 为 $[0,1]$ 区间的随机数。

5. 变异操作

变异操作的主要目的是维持种群多样性,变异操作从种群中随机选取一个个体,选择个体中的一点进行变异以产生更优秀的个体。第 i 个个体的第 j 个基因 a_{ij} 进行变异的操作方法为

$$a_{ij} + (a_{ij} - a_{max}) \times f(g), \quad r \geqslant 0.5$$
$$a_{ij} + (a_{min} - a_{ij}) \times f(g), \quad r < 0.5$$

式中,a_{max}为基因a_{ij}的上界;a_{min}为基因a_{ij}的下界;$f(g) = r_2(1 - g/G_{max})^2$,$r_2$为一个随机数,$g$为当前迭代次数,$G_{max}$为最大进化次数;$r$为[0,1]区间的随机数。

6. 非线性寻优

遗传算法迭代计算一次,以遗传算法当前计算的结果为初始值,采用MATLAB优化工具箱中线性规划函数 fmincon 进行局部寻优,并把寻找到的局部最优值作为新个体的染色体继续进化。

6.4 小结

本章主要介绍遗传算法的基本概念和原理,然后介绍遗传算法的 MATLAB 工具箱,最后举例说明遗传算法的 MATLAB 实现方法。

遗传算法是一类借鉴生物界的进化规律(适者生存、优胜劣汰的遗传机制)演化而来的随机优化搜索方法。本章分别采用粒子群算法、遗传算法和人群搜索算法对控制系统 PID 整定进行了优化设计,各算法均表现出了较好的性能。

第7章
神经网络

7.1 神经网络基本概念

7.1.1 人工神经网络简介

人工神经网络(artificial neural network,ANN),通常简称为神经网络,是一种在生物神经网络的启示下建立的数据处理模型。神经网络由大量的人工神经元相互连接进行计算,根据外界的信息改变自身的结构,主要通过调整神经元之间的权值来对输入的数据进行建模,最终具备解决实际问题的能力。

通常,人类自身就是一个极好的模式识别系统。人类大脑包含的神经元数量达到 10^{11} 数量级,其处理速度比当今最快的计算机还要快许多倍。如此庞大、复杂、非线性的计算系统时刻指挥着全身的获得。当视野中出现一张熟悉的人脸时,只需数百毫秒的时间即可正确识别。尽管许多昆虫的神经系统并不发达,但仍表现出极强的识别能力。蝙蝠依靠其声纳系统搜集目标的位置、速度、目标大小等信息,最终实现声纳的回声定位以极高的成功率捕捉目标。

一般认为,生物神经并不是一开始就具备这样的识别能力的,而是在其成长过程中通过学习逐步获得的。人类出生后的几年间,大脑接收了大量的环境信息,随着经验的积累,神经元之间的相互关系不断变化,从而完成智能、思维、情绪等精神活动。

与其他细胞不同,神经元细胞由树突、细胞体和轴突组成。其中树突用于接收信号输入,细胞体用于处理,轴突则将处理后的信号传递给下一神经元,如图 7.1 所示。

在图 7.1 中,A 为轴突,D 为树突,P 为细胞体。细胞体:细胞体是神经元的主体,由细胞核、细胞质和细胞膜三部分构成。它是神经元活动的能量供应地,也是进行新陈代谢等各种生化过程的场所。树突:从细胞体向外延伸了许多突起的神经纤维,它们称为树突。神经元靠树突接受来自其他神经元的输入信息。轴突:从细胞体向外延伸了一条最长的分支,称为轴突。轴突相当于信号的输出电缆,其末端的许多神经末梢为信号输出端子,用于传出神经冲动。突触:神经元之间通过一个神经元的轴突末梢和其他神经元的细胞体或树突进行通信连接,这种连接相当于神经元之间的输入/输出接口。

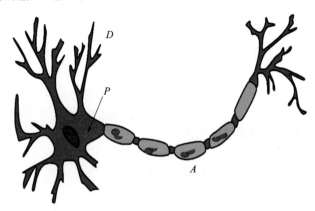

图 7.1　神经元细胞

人类大脑的活动不是一个简单的生物神经元所能完成的,也不是多个生物神经元简单的叠加,而是多个神经元之间的非线性作用。

在大脑中,每个神经元大约与 10^4 个其他神经元相连接。神经元之间的连接是依靠突触实现的,信号从一个神经元的轴突传递通过突触传递到另一神经元时是正向传播,不允许逆向传播。因此,神经网络可以看作一种有向图,在有向图中,节点之间的连接是有方向性的。

在人类刚刚出生时,其神经元存储的信息相当于一张白纸。在环境中各种输入信号的刺激下,神经元之间的连接关系逐渐发生了改变,最终对信号做出正确的反应。人工神经网络模型就是模仿生物神经网络建立起来的,但它是对生物神经网络的抽象,并没有也不可能完全反映大脑的功能和特点。人工神经网络,是对生物神经网络的一种模拟,其目的在于模拟大脑的某些机理以实现一些特定的功能。事实上,神经网络不可能也没有必要达到大脑的复杂度,因为生物大脑的训练过程是该生物的整个生命周期,即使建立了与之复杂度相当的网络模型,训练所花费的成本也会令其输出的一切结果失去应有的价值。

在人工神经网络中,最重要的概念莫过于神经元节点与权值。人工神经元模型由三种基本元素组成:

(1) 连接权:连接权由各连接上的值表示,权值可以取正值也可以取负值,如果为正则表示激活,反之则为抑制。

(2) 加法器:用于求输入信号对神经元的相应突出加权之和。

(3) 激活函数:激活函数可以将输入信号限制到一个指定范围内,目的是限制神经元输出的振幅。

节点对应有向图中的节点,权值表示节点间相互连接的强度。人工神经网络的可塑性表现在,其连接权值都是可调整的,它将一系列仅具有简单处理能力的节点通过权值相连,当权值调整至恰当值时,就能输出正确的结果。网络将知识存储在调整后的各权值中,这一点是神经网络的精髓。

7.1.2 神经网络的结构

人工神经网络将大量功能简单的神经元通过一定的拓扑结构组织起来,构成群体并行式处理的计算结构。根据神经元的不同连接方式,可将神经网络分为分层神经网络和相互连接型神经网络两类。

1. 分层神经网络

分层网络将神经网络中的所有神经元按照其功能分成若干层,一般有输入层、隐含层和输出层。

(1)输入层连接外部输入信号,由各输入单元将输入信号传送给隐含层的各单元。

(2)隐含层是神经网络的内部处理单元层,隐含层可以有多层,也可以一层都没有。

(3)输出层产生神经网络的输出信号。

分层网络根据其信号传输类型,还可以细分为三种连接方式。

(1)简单前向型神经网络:输入信号由输入层进入神经网络,经过中间各层的顺序模式变换,由输出层产生一个输出信号。

(2)反馈前向型神经网络:这种类型的网络具有反馈结构,但网络本身还是前向型的。

(3)层内互联前向型神经网络:该网络同一层内的单元相互连接并互相制约,这样一来同一层内能同时激活的单元个数就受到了限制。

2. 相互连接型神经网络

顾名思义,相互连接是指网络中任意两个单元之间都可以连接,并且其方向可以是双向的。

注意:这种网络可分为全局连接和局部连接,全局连接的网络所有神经元均与其他神经元相连,而局部连接网络有的神经元之间没有连接。

7.1.3 神经网络模型

尽管神经网络的起源与生物神经有密不可分的联系,但神经网络是对生物神经网络的抽象和简化,与计算智能无关的部分均被丢弃。神经网络模型包含节点和连接权值,可以分为不同的种类。

根据网络结构的不同,可分为前向网络和反馈网络。单层感知器与线性网络均属于单层前向网络,多层感知器、径向基函数网络均属于多层前向网络。Hopfiled 网络和 Elman 网络则属于反馈网络。在前向网络中,数据只从输入层经过隐含层流向输出层,而反馈网络的输出值又回到输入层,在整个网络中循环流动,直到达到稳定状态。前向网络的结构图如图 7.2 所示,反馈网络的结构见图 7.3。

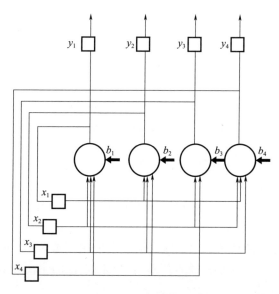

图 7.2　前向网络的结构图

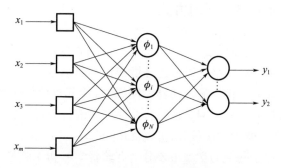

图 7.3　反馈网络的结构图

根据学习方式的不同,可以分为有监督学习网络和无监督学习网络。BP 神经网络、径向基网络、Hopfield 网络均属于有监督学习网络,需要人为地给出已知目标输出的样本进行训练。而大部分自组织网络则属于典型的无监督学习网络,只需将待求的样本输入网络即可得到结果。

另外,还有竞争神经网络,它将竞争机制引入竞争层神经元中,遵循"胜者为王"的规则。最简单的竞争网络结构如图7.4所示。

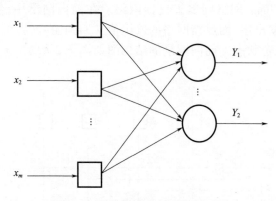

图 7.4　最简单的竞争网络结构图

在图7.4中,核心层为竞争层,其中的节点相互竞争,获胜的神经元节点输出值为1,其余节点输出值均为零。

此外,随机神经网络认为神经元以随机的方式进行工作,节点的兴奋或抑制以随机的方式进行,其概率大小与输入样本有关。

以上所述的各种神经网络模型构成了本书的主要章节,本书共介绍了单层感知器、线性网络、BP神经网络、径向基网络、自组织竞争网络、反馈网络、随机神经网络等神经网络模型。

7.1.4　神经网络的学习方式

当神经网络的类型和层数确定以后,就可以输入样本进行训练了。这也是神经网络自适应性的源泉,网络可以根据环境变化不断学习,改变自身的权值。一般而言,训练指的是外界将样本输入到神经网络中,使其权值发生调整的过程,是外界的行为;而学习指的是神经网络进行自适应调整的行为,是网络自身的行为。但一般情况下对这两个概念不做区分,可以混用。

如上文所述,神经网络的学习主要分为有监督学习和无监督学习,又可称为有教师学习和无教师学习。

有监督学习。有监督学习中的每一个训练样本都对应一个教师信号,教师信号代表环境信息。网络将该教师信号作为期望输出,训练时计算实际输出与期望输出之间的误差,再根据误差的大小和方向对网络权值进行更新。这样的调整反复进行,直到误差达到预期的精度为止,整个网络形成了一个封闭的闭环系统。误差可以使用各输出节点的误差均方值衡量,这样就建立了一个以网络权值为自变量、以最终误差性能为函数值的性能函数,网络的训练转化为求解函数最小点的问题。有监督学习往往能有效地完成模式分类、函数拟合等功能。

无监督学习。在无监督学习中,网络只接受一系列的输入样本,而对该样本应有的输出值一无所知。因此,网络只能凭借各输入样本之间的关系进行权值的更新。例如,在自组织竞争网络中,相似的输入样本将会激活同一个输出神经元,从而实现样本聚类或联想记忆。由于无监督学习没有期望输出,因此无法用来逼近。

以上两种学习方式又对应如下多种具体的学习规则。

1. Hebb 学习规则

Hebb 学习规则是神经网络中最古老的学习规则,由神经心理学家 Hebb 最先提出。其思想可以概括为:如果权值两端连接的两个神经元同时被激活,则该权值的能量将被选择性地增加;如果权值两端连接的两个神经元被异步激活,则该权值的能量将被选择性地减小。在数学上表现为,权值的调整量与输入前神经元输出值和后一神经元输出值的乘积成正比。假设前一神经元的输出为 a,后神经元的输出为 b,学习因子为 η,则权值调整量为

$$\Delta \omega = \eta ab \tag{7.1}$$

2. Widrow – Hoff 学习规则

Widrow – Hoff 学习规则又称 Dela 学习规则或纠错学习规则。假设期望输出为 d,实际输出为 y,则误差为 $\varepsilon = d - y$,训练的目标是使得误差最小,因此权值的调整量与误差大小成正比:

$$\Delta \omega = \eta ey \tag{7.2}$$

3. 随机学习规则

随机学习规则也称为 Boltzmann 学习规则,其思想源于统计力学,由此设计的神经网络称为 Boltzmann 机,Boltzmann 机事实上就是模拟退火算法。

4. 竞争学习规则

网络的输出神经元之间相互竞争,在典型的竞争网络中,只有一个获胜神经元可以进行权值调整,其他神经元的权值维持不变,体现了神经元之间的侧向抑制,这与生物神经元的运行机制相符合。

7.1.5 神经网络工具箱

MATLAB 和 Simulink 包含进行神经网络应用设计和分析的许多工具箱函数。目前最新的神经网络工具箱几乎完整地概括了现有的神经网络的新成果。对于各种网络模型,神经网络工具箱集成了多种学习算法,为用户提供了极大的方便。

7.2 BP 神经网络

7.2.1 BP 神经网络的结构

BP 神经网络一般是多层的,与之相关的另一个概念是多层感知器(multi - ayer perceptron,MLP)。多层感知器除了输入层和输出层以外,还具有若干个隐含层。多层感知器强调神经网络在结构上由多层组成,BP 神经网络则强调网络采用误差反向传播的学习算法。大部分情况下多层感知器采用误差反向传播的算法进行权值调整,因此两者一般指的是同一种网络,在本书中两个概念同时使用。

BP 神经网络的隐含层可以为一层或多层,一个包含 2 层隐含层的 BP 神经网络的拓扑结构如图 7.5 所示。

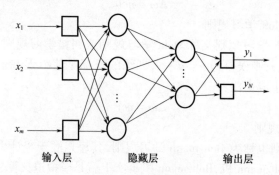

图 7.5 拓扑结构图

BP 神经网络有以下特点:

(1)网络由多层构成,层与层之间全连接,同一层之间的神经元无连接。多层的网络设计,使 BP 神经网络能够从输入中挖掘更多的信息,完成更复杂的任务。

(2)BP 神经网络的传递函数必须可微。因此,感知器的传递函数——二值函数在这里没有用武之地。BP 神经网络一般使用 Sigmoid 函数或线性函数作为传递函数。根据输出值是否包含负值,Sigmoid 函数又可分为 Log - Sigmoid 函数和 Tan - Sigmoid 函数。一个简单的 Log - Sigmoid 函数可由下式确定:

$$f(x) = \frac{1}{1 + e^{-x}} \tag{7.3}$$

式中,x 的范围包含整个实数域,函数值在 0 ~ 1 之间,具体应用时可以增加参数,以控制曲线的位置和形状。Log – Sigmoid 函数和 Tan – Sigmoid 函数的曲线分别如图 7.6 和图 7.7 所示。

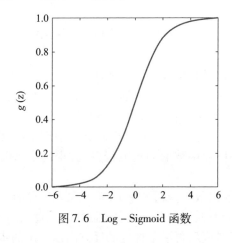

图 7.6　Log – Sigmoid 函数

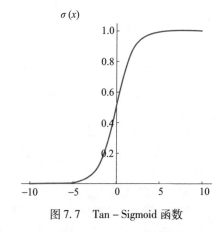

图 7.7　Tan – Sigmoid 函数

从图 7.6 和图 7.7 中可以看出，Sigmoid 函数是光滑、可微的函数，在分类时它比线性函数更精确，容错性较好。它将输入从负无穷到正无穷的范围映射到 $(-1,1)$ 或 $(0,1)$ 区间内，具有非线性的放大功能。以正半轴为例，在靠近原点处，输入信号较小，此时曲线上凸，输出值大于输入值；随着信号增大，非线性放大的系数逐渐减小。Sigmoid 函数可微的特性使它可以利用梯度下降法。在输出层，如果采用 Sigmoid 函数，将会把输出值限制在一个较小的范围，因此，BP 神经网络的典型设计是隐含层采用 Sigmoid 函数作为传递函数，而输出层则采用线性函数作为传递函数。

（3）采用误差反向传播算法（back – propagation algorithm）进行学习。在 BP 神经网络中数据从输入层经隐含层逐层向后传播，训练网络权值时，则沿着减少误差的方向，从输出层经过中间各层逐层向前修正网络的连接权值。随着学习的不断进行，最终的误差越来越小。

7.2.2　BP 神经网络的学习算法

确定 BP 神经网络的层数和每层的神经元个数以后，还需要确定各层之间的权值系数才能根据输入给出正确的输出值。BP 神经网络的学习属于有监督学习，需要一组已知目标输出的学习样本集。训练时先使用随机值作为权值，输入学习样本得到网络的输出。然后根据输出值与目标输出计算误差，再由误差根据某种准则逐层修改权值，使误差减小。如此反复，直到误差不再下降，网络就训练完成了。

修改权值有不同的规则。标准的 BP 神经网络沿着误差性能函数梯度的反方向修改权值，原理与 LMS 算法比较类似，属于最速下降法。此外，还有一些改进算法,如动量最速下降法、拟牛顿法等。

7.2.2.1 最速下降法

在前向神经网络中经常会提到 LMS 算法、最速下降法等概念,在这里解释一下。

(1)最速下降法又称梯度下降法,是一种可微函数的最优化算法。

(2)LMS 算法即最小均方误差算法(least mean square algorithm),由 Widrow 和 Hoff 在研究自适应理论时提出,又称▽规则或 Widrow – Hoff LMS 算法。

(3)LMS 算法体现了纠错规则,与最速下降法本质上没有差别。最速下降法可以求某指标(目标函数)的极小值,若将目标函数取为均方误差,就得到了 LMS 算法。

最速下降法基于这样的原理:对于实值函数 $F(x)$,如果 $F(x)$ 在某点 x 处有定义且可微,则函数在该点处沿着梯度相反的方向 $-\nabla F(x_0)$ 下降最快。因此,使用梯度下降法时,应首先计算函数在某点处的梯度,再沿着梯度的反方向以一定的步长调整自变量的值。

假设 $x_1 = x_0 - \eta \nabla F(x_0)$,当步长 η 足够小时,必有下式成立:

$$F(x_1) < F(x_0) \tag{7.4}$$

因此,只需给定一个初始值 x 和步长 η,根据

$$x_{n+1} = x_n - \eta \nabla F(x_n) \tag{7.5}$$

就可以得到一个自变量 x 的序列,并满足

$$F(x_{n+1}) < F(x_n) < \cdots < F(x_1) < F(x_0) \tag{7.6}$$

反复迭代,就可以求出函数的最小值。根据梯度值可以在函数中画出一系列的等值线或等值面,在等值线或等值面上函数值相等。梯度下降法相当于沿着垂直于等值线方向向最小值所在位置移动。从这个意义上说,对于可微函数,最速下降法是求最小值或极小值最有效的一种方法。目标函数是下式定义的二维函数:

$$z = (x-2)^2 + (y/2 - 1.2)^2 \tag{7.7}$$

函数呈现碗状,中间低四周高,以任一点为最初始位置,使用最速下降法都能找到最低点。

最速下降法也有一些缺陷:目标函数必须可微。对于不满足这个条件的函数,无法使用最速下降法进行求解

如果最小值附近比较平坦,算法会在最小值附近停留很久,收敛缓慢,可能出现"之"字形下降。

对于包含多个极小值的函数,所获得的结果依赖于初始值。算法有可能陷入局部极小值点,而没有达到全局最小值点。

对于 BP 神经网络来说,由于传递函数都是可微的,因此能满足最速下降法的使用条件。

7.2.2.2 最速下降法

标准的 BP 神经网络使用最速下降法来调整各层权值。下面以三层 BP 神经网络为例推导标准 BP 神经网络的权值学习算法。

1. 变量定义

在三层 BP 神经网络中,假设输入神经元个数为 M,隐含层神经元个数为 I,输出层神经元个数为 J。输入层第 m 个神经元记为 x_m,隐含层第 i 个神经元记为 k_i,输出层第 j 个神经元记为 y_j。从 x 到 k 的连接权值为 ω_{mi},从 k_i 到 y_j 的连接权值为 ω_{ij}。隐含层传递函数为 Sigmoid 函数,输出层传递函数为线性函数,网络结构如图 7.8 所示。

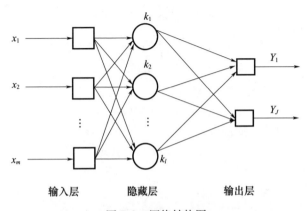

图 7.8　网络结构图

上述网络接受一个长为 M 的向量作为输入,最终输出一个长为 J 的向量。用 u 和 v 分别表示每一层的输入与输出,如 u_I^1 表示 I 层(即隐含层)第一个神经元的输入。网络的实际输出为

$$Y(n) = [v_J^1, v_J^2, \cdots, v_J^J] \tag{7.8}$$

网络的期望输出为

$$d(n) = [d_1, d_2, \cdots, d_J] \tag{7.9}$$

式中:n 为迭代次数。第 n 次迭代的误差信号定义为

$$e_j(n) = d_j(n) - Y_j(n) \tag{7.10}$$

将误差能量定义为

$$e(n) = \frac{1}{2} \sum_{j=1}^{J} e_j^2(n) \tag{7.11}$$

2. 工作信号正向传播

输入层的输出等于整个网络的输入信号:$v_M^m(n) = x(n)$

隐含层第 i 个神经元的输入等于 $v_M^m(n)$ 的加权和:

$$u_I^i(n) = \sum_{m=1}^{M} \omega_{mi}(n) v_M^m(n) \tag{7.12}$$

假设 $f(\cdot)$ 为 Sigmoid 函数,则隐含层第 i 个神经元的输出为:

$$v_I^i(n) = f(u_I^i(n)) \tag{7.13}$$

输出层第 j 个神经元的输入等于 $v_I^i(n)$ 的加权和:

$$u_J^j(n) = \sum_{i=1}^{I} \omega_{ij}(n) v_I^i(n) \tag{7.14}$$

输出层第 j 个神经元的输出为

$$v_J^j(n) = g((u_J^j(n))) \tag{7.15}$$

输出层第 j 个神经元的误差为:

$$e_j(n) = d_j(n) - v_J^j(n) \tag{7.16}$$

网络的总误差为

$$e(n) = \frac{1}{2} \sum_{j=1}^{J} e_j^2(n) \tag{7.17}$$

输出层第 j 个神经元的输出为:

$$v_J^j(n) = g((u_J^j(n))) \tag{7.18}$$

输出层第 j 个神经元的误差为:

$$e_j(n) = d_j(n) - v_J^j(n) \tag{7.19}$$

网络的总误差为

$$e(n) = \frac{1}{2} \sum_{j=1}^{J} e_j^2(n) \tag{7.20}$$

3. 误差信号反向传播

在权值调整阶段,沿着网络逐层反向进行调整。

(1)首先调整隐含层与输出层之间的权值 ω_{ij}。根据最速下降法,应计算误差对 ω_{ij} 的梯度 $\frac{\partial e(n)}{\partial \omega_{ij}(n)}$,再沿着该方向反向进行调整:

$$\nabla \omega_{ij}(n) = -\eta \frac{\partial e(n)}{\partial \omega_{ij}(n)} \tag{7.21}$$

$$\omega_{ij}(n+1) = \nabla \omega_{ij}(n) + \omega_{ij}(n) \tag{7.22}$$

梯度可由求偏导得到。根据微分的链式规则,有:

$$\frac{\partial e(n)}{\partial \omega_{ij}(n)} = \frac{\partial e(n)}{\partial e_j(n)} \cdot \frac{\partial e_j(n)}{\partial v_J^j(n)} \cdot \frac{\partial v_J^j(n)}{\partial u_J^j(n)} \cdot \frac{\partial u_J^j(n)}{\partial \omega_{ij}(n)} \tag{7.23}$$

由于 $e(n)$ 是 $e_j(n)$ 的二次函数,其微分为一次函数:

$$\frac{\partial e(n)}{\partial e_j(n)} = e_j(n) \tag{7.24}$$

$$\frac{\partial e_j(n)}{\partial v_J^j(n)} = -1 \tag{7.25}$$

输出层传递函数的导数：

$$\frac{\partial v_J^j(n)}{\partial u_J^j(n)} = g'u_J^j(n) \tag{7.26}$$

$$\frac{\partial u_J^j(n)}{\partial \omega_{ij}(n)} = v_I^i(n) \tag{7.27}$$

因此，梯度值为：

$$\frac{\partial e(n)}{\partial \omega_{ij}(n)} = -e_j(n)g'(u_J^j(n))v_I^i(n) \tag{7.28}$$

权值修正量为：

$$\nabla \omega_{ij}(n) = \eta e_j(n)g'(u_J^j(n))v_I^i(n) \tag{7.29}$$

引入局部梯度的定义：

$$\delta_J^j = -\frac{\partial e(n)}{\partial e_j(n)} \cdot \frac{\partial e_j(n)}{\partial v_J^j(n)} \cdot \frac{\partial v_J^j(n)}{\partial u_J^j(n)} = e_j(n)g'(u_J^j(n)) \tag{7.30}$$

因此，权值修正量可表示为：

$$\nabla \omega_{ij}(n) = \eta \delta_J^j v_I^i(n) \tag{7.31}$$

局部梯度指明权值所需要的变化。神经元的局部梯度等于该神经元的误差信号与传递函数导数的乘积。在输出层，传递函数一般为线性函数，因此其导数为：

$$g'(u_J^j(n)) = 1 \tag{7.32}$$

将其代入上式，可得：

$$\nabla \omega_{ij}(n) = \eta e_j(n)v_I^i(n) \tag{7.33}$$

输出神经元的权值修正相对简单。

（2）误差信号向前传播，对输入层与隐含层之间的权值 ω_{mi} 进行调整。与上一步类似，应有：

$$\nabla \omega_{mi}(n) = \eta \delta_I^i v_M^m(n) \tag{7.34}$$

式中：$v_M^m(n)$ 为输入神经元的输出，$v_M^m(n) = x^m(n)$。

δ_I^i 为局部梯度，定义为：

$$\delta_I^i = -\frac{\partial e(n)}{\partial u_I^i(n)} = -\frac{\partial e(n)}{\partial v_I^i(n)} \cdot \frac{\partial v_I^i(n)}{\partial u_I^i(n)} = -\frac{\partial e(n)}{\partial v_I^i(n)} f'(u_I^i(n)) \tag{7.35}$$

式中，$f(g)$ 为 Sigmoid 传递函数。由于隐含层不可见，因此无法直接求解误差对该层输出值的偏导数 $\frac{\partial e(n)}{\partial v_I^i(n)}$。这里需要使用上一步计算中求得的输出层节点的局部梯度：

$$\frac{\partial e(n)}{\partial v_I^i(n)} = \sum_{j=1}^J \delta_J^j \omega_{ij} \tag{7.36}$$

故有：

$$\delta_I^i = f'(u_I^i(n))\sum_{j=1}^J \delta_J^j \omega_{ij} \qquad (7.37)$$

至此,三层 BP 神经网络的一轮权值调整就完成了。调整的规则可总结为

$$\nabla \omega = \eta \cdot \delta \cdot v \qquad (7.38)$$

式中,$\nabla \omega$ 为权值调整量;η 为学习率;δ 为局部梯度;v 为上一层输出信号。

当输出层传递函数为线性函数时,输出层与隐含层之间权值调整的规则类似于线性神经网络的权值调整规则。BP 神经网络的复杂之处在于,隐含层与隐含层之间、隐含层与输入层之间调整权值时,局部梯度的计算需要用到上一步计算的结果。前一层的局部梯度是后层局部梯度的加权和。也正是因为这个原因,BP 神经网络学习权值时只能从后向前依次计算。

7.2.2.3 串行和批量训练方式

给定一个训练集,修正权值的方式有串行方式和批量方式两种。上一节讲述了使用最速下降法逐层训练 BP 神经网络的过程。工作信号正向传播,根据得到的实际输出计算误差再反向修正各层权值。因此上一节呈现的过程实际上是串行的方式,它将每个训练样本依次输入网络进行训练。

(1) 串行方式。反向传播算法的串行学习方式又可称为在线方式、递增方式或随机方式。网络每获得一个新样本,就计算一次误差并更新权值,直到样本输入完毕。

(2) 批量方式。网络获得所有的训练样本,计算所有样本均方误差的和作为总误差:

$$E = \sum_{n=1}^N e_n^2 \qquad (7.39)$$

在串行运行方式中,每个样本依次输入,需要的存储空间更少。训练样本的选择是随机的,可以降低网络陷入局部最优的可能性。

批量学习方式比串行方式更容易实现并行化。由于所有样本同时参加运算,因此批量方式的学习速度往往远优于串行方式。

7.2.2.4 最速下降 BP 神经网络算法的改进

标准的最速下降法在实际应用中往往有收敛速度慢的缺点。针对标准 BP 神经网络算法的不足,出现了几种标准 BP 神经网络算法的改进,如动量 BP 神经网络算法、牛顿法等。

1. 动量 BP 神经网络算法

动量 BP 神经网络算法是在标准 BP 神经网络算法的权值更新阶段引入动量因子 $\alpha(0<\alpha<1)$,使权值修正值具有一定惯性:

$$\nabla \omega(n) = -\eta(1-\alpha)\nabla e(n) + \alpha \nabla \omega(n-1) \qquad (7.40)$$

与标准的最速下降 BP 神经网络算法相比,更新权值时,上式多了一个因式

$\alpha\Delta\omega(n-1)$。它表示,本次权值的更新方向和幅度不但与本次计算所得的梯度有关,还与上一次更新的方向和幅度有关。这一因式的加入,使权值的更新具有一定惯性,且具有了一定的抗振荡能力和加快收敛的能力。原理如下:

(1)如果前后两次计算所得的梯度方向相同,则按标准 BP 神经网络算法,两次权值更新的方向相同。在上述公式中,表示本次梯度反方向的 $-\eta(1-\alpha)\nabla e(n)$ 项与上一次的权值更新方向相加,得到的权值较大,可以加速收敛过程,不至于在梯度方向单一的位置停留过久。

(2)如果前后两次计算所得梯度方向相反,则说明两个位置之间可能存在一个极小值。此时应减小权值修改量,防止产生振荡。标准的最速下降法采用固定大小的学习率,无法根据情况调整学习率的值。在动量 BP 神经网络算法中,由于本次梯度的反方向 $-\eta(1-\alpha)\nabla e(n)$ 与上次权值更新的方向相反,其幅度会被 $\alpha\nabla\omega(n-1)$ 抵消一部分,得到一个较小的步长,更容易找到最小值点,而不会陷入来回振荡。具体应用中,动量因子一般取 $0.1\sim0.8$。

2. 学习率可变的 BP 神经网络算法

在标准的最速下降 BP 神经网络算法中,学习率是一个常数,因此学习率的选择对于性能影响巨大。如果学习率过小,则收敛速度慢;如果学习率过大,则容易出现振荡。对于不同的问题,只能通过经验来大致确定学习率。事实上,在训练的不同阶段,需要的学习率的值是不同的,如方向较为单一的区域,可选用较大的学习率,在"山谷"附近,应选择较小的学习率。如果能自适应地判断出不同的情况,调整学习率的值,将会提高算法的性能和稳定性。

那么,如何判断算法运行的阶段呢?学习率可变的 BP 神经网络算法(variable learning rate backpropagation, VLBP)是通过观察误差的增减来判断的。当误差以减小的方式趋于目标时,说明修正方向是正确的,可以增加学习率;当误差增加超过一定范围时,说明前一步修正进行得不正确,应减小步长,并撤销前一步修正过程。学习率的增减通过乘以一个增量/减量因子实现:

$$\eta(n+1) = \begin{cases} k_{\text{inc}}\eta(n) & e(n+1) < e(n) \\ k_{\text{dec}}\eta(n) & e(n+1) > e(n) \end{cases} \quad (7.41)$$

3. 拟牛顿法

牛顿法是一种基于泰勒级数展开的快速优化算法。迭代公式如下:

$$\omega(n+1) = \omega(n) - \boldsymbol{H}^{-1}(n)g(n) \quad (7.42)$$

式中:$\boldsymbol{H}$ 为误差性能函数的 Hessian 矩阵,其中包含了误差函数的导数信息。例如,对于一个二元可微函数 $f(x,y)$,其 Hessian 矩阵为:

$$\boldsymbol{H} = \begin{bmatrix} \dfrac{\partial^2 f}{\partial x^2} & \dfrac{\partial^2 f}{\partial x \partial y} \\ \dfrac{\partial^2 f}{\partial y \partial x} & \dfrac{\partial^2 f}{\partial y^2} \end{bmatrix} \quad (7.43)$$

牛顿法具有收敛快的优点,但需要计算误差性能函数的二阶导数,计算较为复杂。如果 Hessian 矩阵非正定,可能导致搜索方向不是函数下降方向。因此提出了改进算法,用一个不包含二阶导数的矩阵近似 Hessian 矩阵的逆矩阵,这就是拟牛顿法。

拟牛顿法只需要知道目标函数的梯度,通过测量梯度的变化进行迭代,收敛速度大大优于最速下降法。拟牛顿法有 DFP 方法、BFGS 方法、SR1 方法和 Broyden 族方法。

4. LM(levenberg – marquardt)算法

LM 算法类似拟牛顿法,都是为了在修正速率时避免计算 Hessian 矩阵而设计的。当误差性能函数具有平方和误差的形式时,Hessian 矩阵可近似表示为

$$H = J^T J \quad (7.44)$$

梯度可表示为

$$g = J^T e \quad (7.45)$$

式中:J 为包含误差性能函数对网络权值一阶导数的雅可比矩阵。LM 算法根据下式修正网络权值:

$$\omega(n+1) = \omega(n) - [J^T J + \mu I]^{-1} J^T e \quad (7.46)$$

当 $\mu = 0$ 时,LM 算法退化为牛顿法;当 μ 很大时,上式相当于步长较小的梯度下降法。由于雅可比矩阵的计算比 Hessian 矩阵易于计算,因此速度非常快。

7.2.3 BP 神经网络的设计方法

由于 BP 神经网络采用有监督的学习,因此用 BP 神经网络解决一个具体问题时,首先需要一个训练数据集。BP 神经网络的设计主要包括网络层数、输入层节点数、隐含层节点数、输出层节点数及传输函数、训练方法、训练参数的设置等几个方面。

1. 网络层数

BP 神经网络可以包含一到多个隐含层。不过,理论上已经证明,单个隐含层的网络可以通过适当增加神经元节点的个数实现任意非线性映射。因此,对于大部分应用场合,单个隐含层即可满足需要。但如果样本较多,增加一个隐含层可以明显减小网络规模。

2. 输入层节点数

输入层节点数取决于输入向量的维数。应用神经网络解决实际问题时,首先应从问题中提炼出一个抽象模型,形成输入空间和输出空间。因此,数据的表达方式会影响输入向量的维数大小。例如,如果输入的是 64×64 的图像,则输入向量应为图像中所有的像素形成的 4096 维向量。如果待解决的问题是二元函数拟合,则输入向量应为二维向量。

3. 隐含层节点数

隐含层节点数对 BP 神经网络的性能有很大影响。一般较多的隐含层节点数可以带来更好的性能,但可能导致训练时间过长。目前并没有一个理想的解析式可以用来确定合理的神经元节点个数,这也是 BP 神经网络的一个缺陷。通常的做法是采用经验公式给出估计值:

(1) $\sum_{i=0}^{n} C_M^i > k$,k 为样本数,M 为隐含层神经元个数,n 为输入层神经元个数。如果 $i > M$,规定 $C_M^i = 0$。

(2) $M = \sqrt{n+m} + a$,m 和 n 分别为输出层和输入层的神经元个数,a 是[0,10]之间的常数。

(3) $M = \log_2 n$,n 为输入层神经元个数。

4. 输出层神经元个数

输出层神经元的个数同样需要根据从实际问题中得到的抽象模型来确定。如在模式分类问题中,如果共有 n 种类别,则输出可以采用 n 个神经元,如 $n = 4$ 时,0100 表示某输入样本属于第二个类别。也可以将节点个数设计为$[\log_2 n]$个,$[x]$ 表示不小于 x 的最小整数。由于输出共有 4 种情况,因此采用二维输出即可覆盖整个输出空间,00、01、10 和 11 分别表示一种类别。

5. 传递函数的选择

一般隐含层使用 Sigmoid 函数,而输出层使用线性函数。如果输出层也用 Sigmoid 函数,则输出值将会被限制在(0,1)或(-1,1)之间。

6. 训练方法的选择

BP 神经网络除了标准的最速下降法以外,还有若干种改进的训练算法。训练算法的选择与问题本身、训练样本的个数都有关系。一般来说,对于包含数百个权值的函数逼近网络使用 LM 算法收敛速度最快,均方误差也较小。但 LM 算法对于模式识别相关问题的处理能力较弱,且需要较大的存储空间。对于模式识别问题,使用 RPROP 算法能收到较好的效果。SCG 算法对于模式识别和函数逼近问题都有较好的性能表现。

串行或批量训练方式的选择,也是神经网络设计过程中需要确定的内容。串行方式需要更小的存储空间,且输入样本具有一定随机性,可以避免陷入局部最优。批量方式的误差收敛条件非常简单,训练速度快。

7. 初始权值的确定

BP 神经网络采用迭代更新的方式确定权值,因此需要一个初始值。一般初始值都是随机给定的,这容易造成网络的不可重现性。初始值过大或过小都会对性能产生影响,通常将初始权值定义为较小的非零随机值,经验值为$(-2.4/F, 2.4/F)$或$(-3/\sqrt{F}, 3/\sqrt{F})$之间,其中 F 为权值输入端连接的神经元个数。

确定以上参数后,将训练数据进行归一化处理,并输入网络中进行学习,若网络成功收敛,即可得到所需的神经网络。

7.3 BP 神经网络的建立与识别

7.3.1 BP 神经网络的建立

在 MATLAB 神经网络工具箱中,newff 函数用于创建 BP 神经网络,但在 MATLAB R2010b 之后就不再推荐使用了,改用 feedforwardnet 代替。类似地,随着神经网络工具箱的更新,用于设计多个隐含层网络的 newcf 函数也改用 cascadeforwardnet 函数代替。表 7.1 列出了 MATLAB 神经网络工具箱中与 BP 神经网络有关的主要函数。

表 7.1 BP 神经网络有关的主要函数

函数名称	功能
logsig	Log – Sigmoid 函数
tansig	Tan – Sigmoid 函数
newff	创建一个 BP 神经网络
feedforwardnet	创建一个 BP 神经网络(推荐使用)
newcf	创建级联的前向神经网络
cascadeforwardnet	创建级联的前向神经网络(推荐使用)
newfftd	创建前馈输入延迟的 BP 神经网络

1. logsig—Log – Sigmoid 传输函数

函数的语法格式如下:

$$A = \text{logsig}(N)$$

式中:N 是 $S \times Q$ 矩阵,A 是与 N 同型的矩阵。logsig 是一个神经元传输函数,N 为神经元节点的输入,函数返回每一个输入数据对应的函数值。

Log – Sigmoid 函数的特点是(∞, $+\infty$)范围的数据被映射到区间(0,1)。使用的计算公式为:

$$\text{logsig}(n) = \frac{1}{1 + e^{-n}} \tag{7.47}$$

可以使用下面的代码将神经网络节点的传输函数定义为 Log – Sigmoid 函数:

```
net.layers{i}.transferFcn = 'logsig'
```

【例7-1】Sigmiod函数将偏离原点的数据区间压缩,而靠近原点的数据则被放大。给定一份线性的数据,用Sigmoid函数处理后,绝对值大的数据变得更加接近,而绝对值较小的数据则由于区间被放大显得更稀疏。

```
% example6_1.m
x = -3:.2:3;
plot(x,x,'o')
hold on;
plot([0,0],x([8,24]),'r','LineWidth',4)% 将原始数据投射到Y轴
plot(zeros(1,length(x)),x,'o')
grid on
title('原始数据')
y = logsig(x);% 计算y的值
figure(2);
plot(x,y,'o');% 显示y
hold on;
plot(zeros(1,length(y)),y,'o')
plot([0,0],y([8,24]),'r','LineWidth',4)
grid on
title('Sigmoid函数处理之后')
```

执行结果如图7.9和图7.10所示。

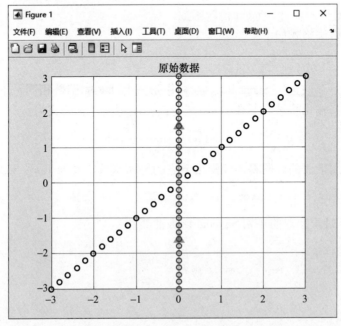

图7.9　原始数据

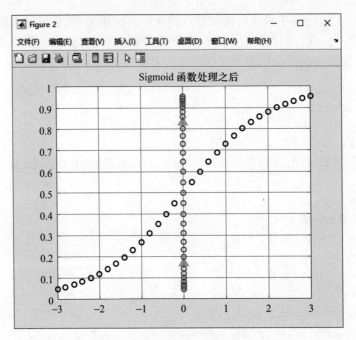

图 7.10　Sigmoid 函数处理后

【实例分析】将向量投影到 Y 轴后,能明显地看到,Sigmoid 函数把绝对值大的数据挤压到了一个较小的区间,而绝对值较小的数据被扩张了。

2. tansig——Tan‑Sigmoid 传输函数

函数的语法格式如下:

A = tansig(n)

式中:tansig 是双曲正切 Sigmoid 函数,调用形式与 logsig 函数相同。不同的是,在 tansig 函数中,输出将被限制在(1,1)区间内。使用的计算公式为:

$$\text{tansig}(n) = \frac{1}{1+e^{-2n}} - 1$$

可以使用下面的代码将神经网络节点的传输函数定义为 Tan‑Sigmoid 函数:

```
net.layers{i}.transferFcn = 'tansig'
```

【例 7‑2】绘制双曲正切 Sigmoid 函数曲线。

```
x = -4:0.1:4;
y = tansig(x);% Tag-Sigmoid 函数
plot(x,y,'^-r')
title('Tan-sig 函数')
xlabel('x')
```

```
ylabel('y')
grid on
```

执行结果如图 7.11 所示。

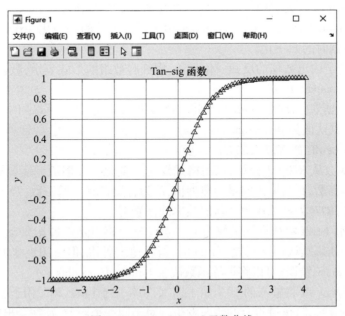

图 7.11　Tan – Sigmoid 函数曲线

【实例分析】tansig 与 MATLAB 的双曲正切函数 tanh 功能相同,但效率更高一些。

3. newff——创建一个 BP 神经网络

newff 是 BP 神经网络中最常用的函数,可以用于创建一个误差反向传播的前向网络。其语法格式如下:

1. net = newff(P,T,S)

输入参数如下:

$P,R \times Q_1$ 矩阵,表示创建的神经网络中,输入层有 R 个神经元。每行对应一个神经元输入数据的典型值,实际应用中常取其最大最小值。

$T,S_N \times Q_2$ 矩阵,表示创建的神经网络有 SN 个输出层节点,每行是输出值的典型值。

S,标量或向量,用于指定隐含层神经元个数,若隐含层多于一层,则写成行向量的形式。

输出参数如下:

Net,返回一个 length(S) +1 层(不包括输入层)的 BP 神经网络。

2. net = newff($P,T,S,TF,BTF,BLF,PF,IPF,OPF,ODF$)

$TF(i)$:第 i 层的传输函数,隐含层默认为 tansig,输出层默认为 purelin。

BTF:BP 神经网络的训练函数,默认值为 trainlm,表示采用 LM 法进行训练。
BLF:BP 神经网络的权值/阈值学习函数,默认为 learngdm。
PF:性能函数,默认值为 mse,表示采用均方误差作为误差性能函数。
IPF:指定输入数据归一化函数的细胞数组,默认值为{fixunknowns,remconstantrows,mapminmax},其中 mapminmax 用于正常数据的归一化,fixunknowns 用于含有缺失数据时的归一化。
OPF:指定输出数据的反归一化函数,用细胞数组的形式表示,默认值为{remconstantrows,mapminmax}。
DDF:数据划分函数,newff 函数将训练数据划分成 3 份,可以用来防止出现过拟合现象。默认值为 dividerand。

3. net = newff(*P*,*N*,*TF*,*BTF*)(旧版)

newff 函数从 *R2007b* 开始,调用格式发生了变化。在旧版 new 函数的语法格式中没有 *T* 参数,*P* 为输入向量的典型值,*N* 为各层神经元的个数,*TF* 为传输函数的细胞数组,*BTF* 为训练函数。新旧版本的区别有

(1)旧版 newff 默认训练函数为 traingdx(学习率自适应并附加动量因子的最速下降法),新版默认训练函数为 trainlm,新版速度更快,但占用更多内存,如果发生 out of memory 错误,可以将训练函数改为 trainrp 或 trainbfg。

(2)新版 newff 将输入的 60% 用于训练,20% 用于检验,20% 用于验证,采用了提前终止的策略,防止过拟合的情况发生。对于同一个问题,往往会出现新版最终训练误差大于旧版 newff 的情况。

另外,newff 函数已不被推荐使用,BP 神经网络仿真可以使用 feedforwardnet 函数。

【例 7-3】用 newff 逼近二次函数,新版的函数误差比旧版函数大。

```
x = -4:.5:4;
y = x.^2 - x;
net = newff(minmax(x),minmax(y),10);% net 为新版 newff 创建的
net = train(net,x,y);% 训练
xx = -4:.2:4;
yy = net(xx);
plot(x,y,'o -',xx,yy,' * -')
title('新版 newff')
net1 = newff(minmax(x),[10,1],{'tansig','purelin'},'trainlm');% net1 为旧版 newff 创建的
net1 = train(net1,x,y);% 训练
yy2 = net1(xx);
figure(2);
plot(x,y,'o -',xx,yy2,' * -')
title('旧版 newff')
```

新版 newff 的逼近结果如图 7.12 所示,旧版 newff 的逼近结果如图 7.13 所示。

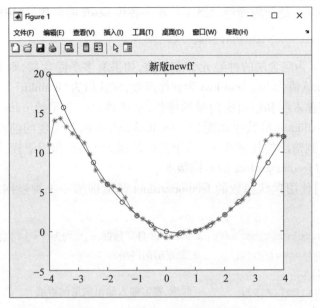

图 7.12　新版 newff 函数的结果

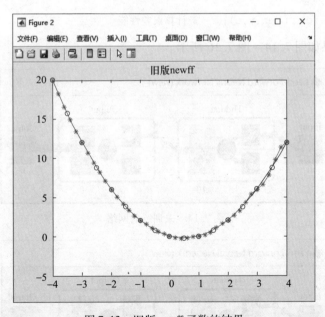

图 7.13　旧版 newff 函数的结果

【实例分析】新版 newff 函数为防止过拟合,采用了提前终止的策略,在本例中,采用新版 new 时,笔者在机器上实验 10 次,训练迭代次数均不超过 10 次。

4. feedforwardnet——创建一个 BP 神经网络

feedforwardnet 是新版神经网络工具箱中替代 newff 的函数,调用格式如下:

feedforwardnet(hiddensizes,trainFcn)

hiddenSizes 为隐含层的神经元节点个数,如果有多个隐含层,则 hiddenSizes 是一个行向量,默认值为 10。trainFcn 为训练函数,默认值为'hrainlm'。feedforwardnet 函数并未确定输入层和输出层向量的维数,系统将这一步留给 train 函数来完成。也可以使用 configure 函数手动配置。feedforwardnet 函数实现的前向神经网络能够实现从输入到输出的任意映射,用于拟合的函数 fitnet 和用于模式识别的函数 patternnet 均为 feedforwardnet 的不同版本。

【例 7-4】使用默认参数的 feedforwardnet 函数训练一个神经网络,观察网络的参数。

```
[x,t] = simplefit_dataset;    % MATLAB 自带数据,x、t 均为 1*94 向量
net = feedforwardnet;          % 创建前向网络
view(net)
net = train(net,x,t);          % 训练,确定输入输出向量的维度
view(net)
y = net(x);
perf = perform(net,y,t);       % 计算误差性能
```

执行结果如图 7.14~图 7.16 所示。

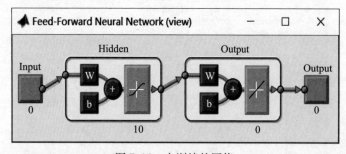

图 7.14 未训练的网络

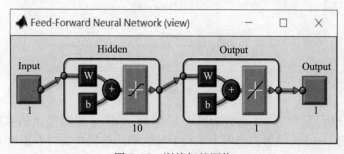

图 7.15 训练好的网络

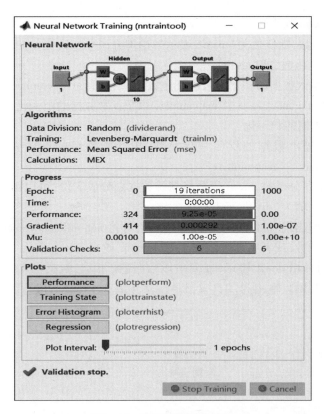

图 7.16　神经网络训练工具

【实例分析】使用 feedforwardnet 创建网络时,输入、输出向量维度默认为零,使用 train 函数训练时才由给定的训练数据决定向量的维数。

5. newcf——级联的前向神经网络

newcf 函数在将来的版本中将被废弃,被 cascadeforwardnet 函数代替。语法格式如下:

```
net = newcf(P,T,[S1 S2··S(N-1)],{TF1 TF2··TFN},BTF,BLF,PF,IPF,OPF,DDF)
```

P,$R \times Q_1$ 矩阵,每行对应一个神经元输入数据的典型值。因此输入层有 R 个神经元。

T,$SN \times Q_2$ 矩阵,表示创建的网络有 S_N 个输出层节点,每行是输出值的典型值。s_i,表示隐含层神经元个数,若隐含层多于一层,则写成行向量的形式。N 指隐含层与输出层加起来的总层数。

TF_i,第 i 层的传输函数,隐含层默认值为'tansig',输出层默认值为'purelin'。
BTF,BP 神经网络的训练函数,默认值为'trainlm',表示采用 LM 法进行训练。
BLF,BP 神经网络的权值/阈值学习函数,默认为'*learngdm*',还可以取值

'learngd'、'learngdm'等。

PF,性能函数,默认值为'mse',表示采用均方误差作为误差性能函数,还可以取值为其他性能函数,如'msereg'。

IPF,指定输入数据归一化函数的细胞数组,默认值为{'fixunknowns','remconstantrows','mapminmax'},其中 mapminmax 用于正常数据的归一化,fixunknowns 用于含有缺失数据时的归一化。

OPF,指定输出数据的反归一化函数,用细胞数组的形式表示,默认值为{'remconstantrows','mapminmax'}。

DDF,数据划分函数,newff 函数将训练数据划分成 3 份,可以用来防止出现过拟合现象。默认值为'dividerand'。

如果训练时出现"out – of – memory"错误,可将 net.efficiency.memoryReduction 设为 2 或更大的数,或者将训练函数改为 trainbfg 或 trainrp。

【例 7-5】使用 newff 和 newcf 对一段数据进行拟合,数据输入为向量[0,1,2,3,4,5,6,7,8,9,10],输出为[0,1,2,3,4,3,2,1,2,3,4],是一段折线。

运行以下程序:

```
rng(2)
P = [0 1 2 3 4 5 6 7 8 9 10];      % 网络输入
T = [0 1 2 3 4 3 2 1 2 3 4];        % 期望输出
ff = newff(P,T,20);                 % 建立一个 BP 网络,包含一个具有 20 个节点的隐含层
ff.trainParam.epochs = 50;
ff = train(ff,P,T);                 % 训练
Y1 = sim(ff,P);                     % 仿真
cf = newcf(P,T,20);                 % 用 newcf 建立前向网络
cf.trainParam.epochs = 50;
cf = train(cf,P,T);                 % 训练
Y2 = sim(cf,P);                     % 仿真
plot(P,T,'o-');                     % 绘图
hold on;
plot(P,Y1,'^m-');
plot(P,Y2,'*--k');
title('newff & newcf')
legend('原始数据','newff 结果','newcf 结果');
```

执行结果如图 7.17 所示。

【实例分析】newcf 与 newff 一样,都是将被废弃的函数,不建议采用。

6. Cascadeforwardnet——新版级联前向神经网络

cascadeforwardnet 是新版神经网络工具箱中替代 newcf 的函数,调用格式如下:

```
cascadeforwardnet(hiddenSizes,trainFcn)
```

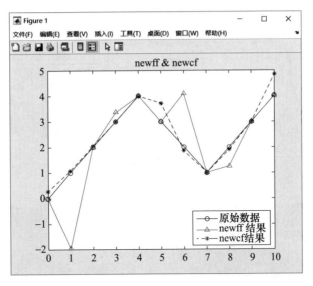

图 7.17　newff 和 newcf 的拟合结果

hiddenSizes 为隐含层的神经元节点个数，如果有多个隐含层，则 hiddenSizes 是一个行向量，默认值为 10。trainFcn 为训练函数，默认值为'trainlm'。神经网络创建时并未确定输入层和输出层向量的维数，系统将这一步留给 train 函数来完成。

newcf 与 cascadeforwardnet 函数创建的是级联的前向神经网络，在这里，级联指的是不同层的网络之间，不只存在着相邻层的连接。例如，输入层除了与隐含层有权值相连以外，还与输出层有直接的联系。

【例 7-6】比较 feedforwardnet 与 cascadeforwardnet 创建的网络的结构。

运行以下程序：

```
f1 = feedforwardnet([3,5]);
f2 = cascadeforwardnet([3,5]);
view(f1)
view(f2)
```

执行结果如图 7.18 与图 7.19 所示。

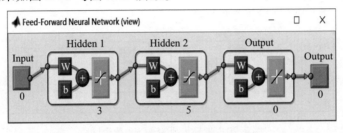

图 7.18　BP 神经网络

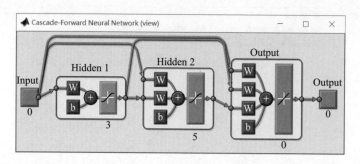

图 7.19 级联的 BP 神经网络

【实例分析】在级联的 BP 神经网络中,每一层除了接收上一层提供的输入外,还得到前面其他层提供的权值连接。

7. newfftd——前馈输入延迟的 BP 神经网络

newfftd 用于创建一个带输入延迟的 BP 神经网络。函数的语法格式如下:

net = newfftd(P,T,ID,[S1…S(N-1)],{TF1…TFN},BTF,BLF,PF,IPF,OPF,DDF)

除了 ID 以外,newfftd 的参数大部分与 newff 函数相同。ID 为表示输入延迟的向量,默认值为[0,1]。

【例 7-7】显示 newfftd 所创建神经网络的结构。

运行以下程序:

```
P={1 0 0 1 1 0 1 0 0 0 0 1 1 0 0 1};
T={1 -1 0 1 0 -1 1 -1 0 0 0 1 0 -1 0 1};
net=newfftd(P,T,[0 1],5);  % 创建隐含层包含 5 个神经元的 BP 神经网络
net.trainParam.epochs=50;
net=train(net,P,T);
Y=net(P);
view(net)        % 显示结构图
```

执行结果如图 7.20 所示。

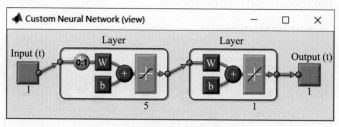

图 7.20 带输入延迟的 BP 神经网络

7.3.2 BP 神经网络的识别

语音特征信号识别是语音识别研究领域中的一个重要方面,一般采用模式匹配的原理解决。语音识别经过语音信号预处理、信号提取、模式匹配和判决规则 4 步之后,得到识别的结果。

【例 7-8】 随便选取 4 种不同的语音信号,用 BP 神经网络实现对这 4 种语音信号的有效分类。

解:在本题中,根据倒核系数法提取 4 种不同语音的特征信号,不同语音信号分别用 1、2、3、4 标识,存储于 data1.mat、data2.mat、data3.mat 和 data4.mat 的数据库文件中。

在语音信号分类过程中,因为不同语音信号之间有可能存在维数的差别,所以需要进行数据归一化处理。

数据归一化处理是把所有数据转换为[0 1]之间的数,避免因为输入输出数据数量级的差别较大而造成网络预测误差较大。数据归一化处理的方法包括最大最小法和平均数方差法。

MATLAB 程序如下所示:

```
%% 清空环境变量
clc
clear
%% 训练数据预测数据提取及归一化
% 下载四类语音信号
load data1 c1
load data2 c2
load data3 c3
load data4 c4
% 四个特征信号矩阵合成一个矩阵
data(1:500,:) = c1(1:500,:);
data(501:1000,:) = c2(1:500,:);
data(1001:1500,:) = c3(1:500,:);
data(1501:2000,:) = c4(1:500,:);
% 从 1 到 2000 间随机排序
k = rand(1,2000);
[m,n] = sort(k);
% 输入输出数据
input = data(:,2:25);
output1 = data(:,1);
```

```matlab
% 把输出从1维变成4维
output = zeros(2000,4);
for i =1:2000
    switch output1(i)
        case 1
            output(i,:) =[1 0 0 0];
        case 2
            output(i,:) =[0 1 0 0];
        case 3
            output(i,:) =[0 0 1 0];
        case 4
            output(i,:) =[0 0 0 1];
    end
end
% 随机提取1500个样本为训练样本,500个样本为预测样本
input_train = input(n(1:1500),:)';
output_train = output(n(1:1500),:)';
input_test = input(n(1501:2000),:)';
output_test = output(n(1501:2000),:)';
% 输入数据归一化
[inputn,inputps] = mapminmax(input_train);
%% 网络结构初始化
innum = 24;
midnum = 25;
outnum = 4;
% 权值初始化
w1 = rands(midnum,innum);
b1 = rands(midnum,1);
w2 = rands(midnum,outnum);
b2 = rands(outnum,1);
w2_1 = w2;w2_2 = w2_1;
w1_1 = w1;w1_2 = w1_1;
b1_1 = b1;b1_2 = b1_1;
b2_1 = b2;b2_2 = b2_1;
% 学习率
xite = 0.1;
alfa = 0.01;
loopNumber = 10;
I = zeros(1,midnum);
Iout = zeros(1,midnum);
```

```
FI = zeros(1,midnum);
dw1 = zeros(innum,midnum);
db1 = zeros(1,midnum);
%% 网络训练
E = zeros(1,loopNumber);
for ii = 1:loopNumber
    E(ii) = 0;
    for i = 1:1:1500
        %% 网络预测输出
        x = inputn(:,i);
        % 隐含层输出
        for j = 1:1:midnum
            I(j) = inputn(:,i)'*w1(j,:)'+b1(j);
            Iout(j) = 1/(1+exp(-I(j)));
        end
        % 输出层输出
        yn = w2'*Iout'+b2;
%% 权值阈值修正
        % 计算误差
        e = output_train(:,i)-yn;
        E(ii) = E(ii)+sum(abs(e));
% 计算权值变化率
        dw2 = e*Iout;
        db2 = e';
        for j = 1:1:midnum
            S = 1/(1+exp(-I(j)));
            FI(j) = S*(1-S);
        end
        for k = 1:1:innum
            for j = 1:1:midnum
dw1(k,j) = FI(j)*x(k)*(e(1)*w2(j,1)+e(2)*w2(j,2)+e(3)*w2(j,3)+e(4)*w2(j,4));
db1(j) = FI(j)*(e(1)*w2(j,1)+e(2)*w2(j,2)+e(3)*w2(j,3)+e(4)*w2(j,4));
            end
        end
        w1 = w1_1+xite*dw1';
        b1 = b1_1+xite*db1';
        w2 = w2_1+xite*dw2';
        b2 = b2_1+xite*db2';
        w1_2 = w1_1;w1_1 = w1;
```

```matlab
            w2_2 = w2_1;w2_1 = w2;
            b1_2 = b1_1;b1_1 = b1;
            b2_2 = b2_1;b2_1 = b2;
        end
end
%% 语音特征信号分类
inputn_test = mapminmax('apply',input_test,inputps);
fore = zeros(4,500);
for ii = 1:1
    for i = 1:500% 1500
        % 隐含层输出
        for j = 1:1:midnum
            I(j) = inputn_test(:,i)' * w1(j,:)' + b1(j);
            Iout(j) = 1/(1 + exp( - I(j)));
        end
        fore(:,i) = w2' * Iout' + b2;
    end
end
%% 结果分析
% 根据网络输出找出数据属于哪类
output_fore = zeros(1,500);
for i = 1:500
    output_fore(i) = find(fore(:,i) = = max(fore(:,i)));
end
% BP 网络预测误差
error = output_fore - output1(n(1501:2000))';
% 画出预测语音种类和实际语音种类的分类图
figure(1)
plot(output_fore,'r')
hold on
plot(output1(n(1501:2000))','b')
legend('预测语音类别','实际语音类别')
% 画出误差图
figure(2)
plot(error)
title('BP 网络分类误差','fontsize',12)
xlabel('语音信号','fontsize',12)
ylabel('分类误差','fontsize',12)
% print - dtiff - r600 1 - 4
k = zeros(1,4);
```

```matlab
% 找出判断错误的分类属于哪一类
for i = 1:500
    if error(i) ~ = 0
        [b,c] = max(output_test(:,i));
        switch c
            case 1
                k(1) = k(1) +1;
            case 2
                k(2) = k(2) +1;
            case 3
                k(3) = k(3) +1;
            case 4
                k(4) = k(4) +1;
        end
    end
end
% 找出每类的个体和
kk = zeros(1,4);
for i = 1:500
    [b,c] = max(output_test(:,i));
    switch c
        case 1
            kk(1) = kk(1) +1;
        case 2
            kk(2) = kk(2) +1;
        case 3
            kk(3) = kk(3) +1;
        case 4
            kk(4) = kk(4) +1;
    end
end
% 正确率
rightridio = (kk - k)./kk;
disp('正确率')
disp(rightridio);
```

运行结果为：

正确率：

0.466 7   1.0000   0.9462   0.8636

图 7.21 和图 7.22 分别为 BP 神经网络的分类误差。

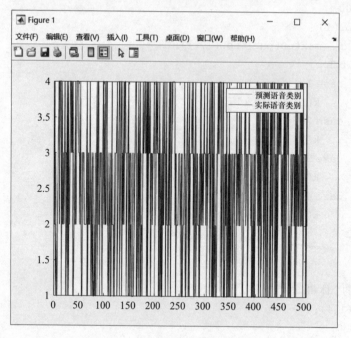

图 7.21　BP 神经网络分类误差(一)

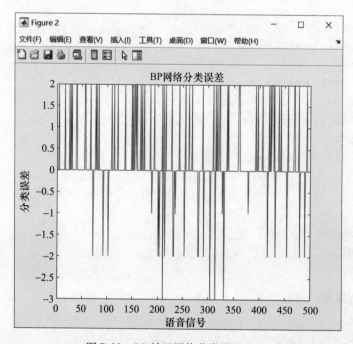

图 7.22　BP 神经网络分类误差(二)

7.4 BP神经网络案例

BP神经网络具有强大的非线性映射能力,因此广泛应用于分类、拟合、压缩等领域。本节给出一个实例:

基于BP神经网络的性别识别。以班级中男生和女生的身高、体重为输入,经过一定数量的样本训练后,可以较好地识别出新样本的性别,这个例子使用最速下降法进行训练,将会使用手工编程和直接调用工具箱函数两种方式实现。

某学院共有260名学生,其中男生172人,女生88人。统计全体学生的身高和体重,部分数据如表7.2所列。

表7.2 部分学生身高体重表

学号	性别	身高	体重	学号	性别	身高	体重
111	女	163.4	52.4	121	男	174.2	80.9
112	女	163.4	48	122	男	170.3	83.1
113	男	170.2	69	123	女	166.5	58
114	男	162	59.9	124	女	165.7	47.5
115	女	170.5	55.5	125	女	158.2	47.8
116	女	173.8	55.1	126	男	182.7	93.9
117	女	168.4	68.3	127	男	178.6	81.7
118	男	186.8	68	128	女	159.2	49.2
119	男	181.1	77.8	129	男	163.1	53
120	男	175.7	57.8	130	女	165	53.3

本例将在260个样本中随机抽出部分学生的身高和体重作为训练样本(男女生都有),然后训练一个BP神经网络,最后将剩下的样本输入网络进行测试,检验BP网络的分类性能。

1. 手算(批量训练方式)

"手算"部分将以尽量底层的代码实现一个简单的BP神经网络,以解决分类问题。在讲解的过程中将会给出两个函数getdata.m、divide.m及一些零散的代码。零散的代码将会在最后以完整的形式(main_batch.m)附上。

(1)数据读入。学生的身高、体重信息保存在一个XLS格式的表格中,其中B2:B261为学生的性别,C2:C261为学生的身高,D2:D261为学生的体重。使用MATLAB的内建函数mlsread来读取XLS表格。在MATLAB中新建M函数文件getdata.m,输入代码如下:

```
function [data,label] = getdata(xlsfile)
% [data,label] = getdata('student.xls')
```

```
% read height,weight and label from a xls file
[~,label] = xlsread(xlsfile,1,'B2:B261');
[height,~] = xlsread(xlsfile,'C2:C261');
[weight,~] = xlsread(xlsfile,'D2:D261');
data = [height,weight];
l = zeros(size(label));
for i = 1:length(l)
    if label{i} = = '男'
        l(i) = 1;
    end
end
label = l;
```

函数接受一个字符串作为输入,通过该输入参数找到 XLS 文件,再读出身高、体重信息,将其保存在 data 中,以 1 代表男生,0 代表女生,将每名学生的标签保存在变量 label 中。学生总数为 260 名,因此 *data* 为 260×2 矩阵,***label*** 为 260×1 向量保存 getdata 函数文件,将 student.xls 文件放在当前目录下。在命令窗口中输入以下命令即可实现数据的读取:

```
xlsfile = 'student.xls';
[data,label] = getdata('student.xls')
```

(2)划分训练数据与测试数据。在 MATLAB 中新建 M 函数文件 divide.n,输入代码如下:

```
function [traind,trainl,testd,testl] = divide(data,label)
% [data,label] = getdata('student.xls')
% [traind,trainl,testd,testl] = divide(data,label)
% 随机数
% rng(0)
% 男女各取 30 个进行训练
TRAIN_NUM_M = 30;
TRAIN_NUM_F = 30;
% 男女分开
m_data = data(label = =1,:);
f_data = data(label = =0,:);
NUM_M = length(m_data); % 男生的个数
% 男
r = randperm(NUM_M);
traind(1:TRAIN_NUM_M,:) = m_data(r(1:TRAIN_NUM_M),:);
testd(1:NUM_M - TRAIN_NUM_M,:) = m_data(r(TRAIN_NUM_M +1:NUM_M),:);
```

```
NUM_F = length(f_data);   % 女生的个数
% 女
r = randperm(NUM_F);
traind(TRAIN_NUM_M + 1:TRAIN_NUM_M + TRAIN_NUM_F,:) = f_data(r(1:TRAIN_NUM_
F),:);
testd(NUM_M - TRAIN_NUM_M + 1:NUM_M - TRAIN_NUM_M + NUM_F - TRAIN_NUM_F,:) = f
_data(r(TRAIN_NUM_F + 1:NUM_F),:);
% 赋值
trainl = zeros(1,TRAIN_NUM_M + TRAIN_NUM_F);
trainl(1:TRAIN_NUM_M) = 1;
testl = zeros(1,NUM_M + NUM_F - TRAIN_NUM_M - TRAIN_NUM_F);
testl(1:NUM_M - TRAIN_NUM_M) = 1;
```

这个函数在 getdata 函数之后调用,将 getdata 的输出作为输入,并随机地将数据划分为训练数据和测试数据两部分。其中男生的训练数据个数由 TRAIN_NUM_M 给出,女生的训练数据由 TRAIN_NUM_F 给出,这两个参数是可修改的。返回值 traind 为训练数据,train 为相对应的标签;testd 为测试数据,test 为测试数据对应的标签。另外,随机数种子可以在 rng() 函数中设置,如果希望重复执行时得到相同的结果,可将种子设为定值,如果希望多次运行观察不同随机数种子下的运行结果,可使用 rng(now)的形式。由于 now 的返回值随时间的不同而不同,因此每次执行的结果都不相同。在命令窗口中输入以下命令进行数据划分:

```
[traind,trainl,testd,testl] = divide(data,label)
```

(3)初始化 BP 神经网络,采用包含一个隐含层的神经网络,训练方法采用包含动量的最速下降法,批量方式进行训练。由于输出层的输出值非 0 即 1,因此隐含层和输出层的传输函数均使用 Log – Sigmoid 函数。

将阈值合并到权值中,相当于多了一个恒为 1 的输入,这样,输入层与隐含层之间的权值为 $3 \times N$ 的矩阵,隐含层与输出层之间的权值为 $(N + 1) \times 1$ 矩阵,N 为隐含层神经元个数。

使用一个名为 net 的结构体表示 BP 神经网络,用下列代码将权值初始化为一个较小的随机数:

```
%% 构造网络
net.nIn = 2;
net.nHidden = 3;      % 3 个隐含层节点
net.nOut = 1;         % 一个输出层节点
w = 2*(rand(net.nHidden,net.nIn) -1/2);   % nHidden * 3 一行代表一个隐含层节点
b = 2*(rand(net.nHidden,1) -1/2);
net.w1 = [w,b];
```

```
W = 2*(rand(net.nOut,net.nHidden) -1/2);
B = 2*(rand(net.nOut,1) -1/2);
net.w2 = [W,B];
```

为加快训练速度,隐含层神经元个数暂定为3。

(4)输入样本,计算误差。为了保证训练效果,必须对样本进行归一化。先求出输入样本的平均值,然后减去平均值,将数据移动到坐标轴中心。再计算样本标准差,数据除以标准差,使方差标准化。第二步得到划分好的数据之后,使用下列代码对训练数据做归一化:

```
%% 训练数据归一化
mm = mean(traind);
% 均值平移
for i =1:2
    traind_s(:,i) = traind(:,i) - mm(i);
end
% 方差标准化
ml(1) = std(traind_s(:,1));
ml(2) = std(traind_s(:,2));
for i =1:2
  traind_s(:,i) = traind_s(:,i)/ml(i);
end
```

traind_s 即归一化后的训练数据。归一化完成之后将样本输入网络,计算误差:

```
nTrainNum = 60;% 60 个训练样本
SampInEx = [traind_s';ones(1,nTrainNum)];
expectedOut = train1;
hid_input = net.w1 * SampInEx;% 隐含层的输入
hid_out = logsig(hid_input);% 隐含层的输出
ou_input1 = [hid_out;ones(1,nTrainNum)];% 输出层的输入
ou_input2 = net.w2 * ou_input1;
out_out = logsig(ou_input2);% 输出层的输出
outRec(:,i) = out_out';% 记录每次迭代的输出
err = expectedOut - out_out;% 误差
sse = sumsqr(err);
```

这里采用了批量训练的方式,所有样本同时输入网络,er 为每个样本的误差,sse 为误差的平方和,是一个标量值。

(5)判断是否收敛。定义一个误差容限,当样本误差的平方和小于此容限时,算法收敛;另外给定一个最大迭代次数,达到这个次数即停止迭代:

```
eb = 0.01;                    % 误差容限
```

```
% 判断是否收敛
if sse < = eb
    break;
end
```

最大迭代次数体现在 for 循环的参数中。

(6) 根据误差,调整权值。这一步是误差反向传播的过程。权值根据以下公式进行调整:

$$\nabla \omega_{ij}(n) = \eta \delta_J^j v_I^i(n)$$

式中,δ_J^j 为局部梯度

$$\delta_J^j = e_j(n) g'(u_J^j(n))$$

此外,这里使用了有动量因子的最速下降法,因此,除了第一次迭代以外,后续的迭代均需考虑前一次迭代的权值修改量:

$$\Delta \omega(n) = -\eta(1-\alpha)\nabla e(n) + \alpha \nabla \omega(n-1)$$

```
% 误差反向传播
% 隐含层与输出层之间的局部梯度
DELTA = err.*dlogsig(ou_input2,out_out);
% 输入层与隐含层之间的局部梯度
delta = net.w2(:,1:end-1)' * DELTA.*dlogsig(hid_input,hid_out);
% 权值修改量
dWEX = DELTA*ou_input1';
dwex = delta*SampInEx';
% 修改权值,如果不是第一次修改,则使用动量因子
if i = = 1
    net.w2 = net.w2 + eta * dWEX;
    net.w1 = net.w1 + eta * dwex;
else
    net.w2 = net.w2 + (1 - mc)*eta*dWEX + mc * dWEXOld;
    net.w1 = net.w1 + (1 - mc)*eta*dwex + mc * dwexOld;
end
% 记录上一次的权值修改量
dWEXOld = dWEX;
dwexOld = dwex;
```

(7) 测试。由于训练数据进行了归一化,因此测试数据也要采用相同的参数进行归一化:

```
% 测试数据归一化
for i =1:2
    testd_s(:,i) = testd(:,i) - mm(i);
```

```
end
for i = 1:2
    testd_s(:,i) = testd_s(:,i)/ml(i);
end
```

归一化完成后将测试数据输入网络计算结果：

```
% 计算测试输出
InEx = [testd_s';ones(1,260 - nTrainNum)];
hid_input = net.w1 * InEx;
hid_out = logsig(hid_input);
ou_input1 = [hid_out;ones(1,260 - nTrainNum)];
ou_input2 = net.w2 * ou_input1;
out_out = logsig(ou_input2);
out_out1 = out_out;
```

由于类别标签为整数（男生标记为 1，女生标记为 0），而网络的输出为实数，因此还需要对结果进行取整：

```
% 取整
out_out(out_out < 0.5) = 0;
out_out(out_out > = 0.5) = 1;
% 正确率
rate = sum(out_out = = testl)/length(out_out);
```

至此，用 BP 神经网络进行性别识别的过程就完成了。完整的代码在脚本在 main_batch.m 中给出，将 getdata.m、divide.m、student.xls 放在同一个目录下，运行脚本 main_batch.m 即可。

脚本中还包含了用于显示的部分，完整代码如下：

```
% script: main_batch.m
% 批量方式训练 BP 神经网络,实现性别识别
%% 清理
clear all
clc
%% 读入数据
xlsfile = 'student.xls';
[data,label] = getdata(xlsfile);
%% 划分数据
[traind,trainl,testd,testl] = divide(data,label);
%% 设置参数
rng('default')
rng(0)
```

```
nTrainNum = 60;   % 60 个训练样本
nSampDim = 2;    % 样本是 2 维的
%% 构造网络
net.nIn=2;
net.nHidden = 3;     % 3 个隐含层节点
net.nOut = 1;        % 一个输出层节点
w = 2*(rand(net.nHidden,net.nIn) -1/2);  % nHidden * 3 一行代表一个隐含层节点
b = 2*(rand(net.nHidden,1) -1/2);
net.w1 = [w,b];
W = 2*(rand(net.nOut,net.nHidden) -1/2);
B = 2*(rand(net.nOut,1) -1/2);
net.w2 = [W,B];
%% 训练数据归一化
mm=mean(traind);
% 均值平移
for i=1:2
    traind_s(:,i) =traind(:,i) -mm(i);
end
% 方差标准化
ml(1) = std(traind_s(:,1));
ml(2) = std(traind_s(:,2));
for i=1:2
   traind_s(:,i) =traind_s(:,i)/ml(i);
end
%% 训练
SampInEx = [traind_s';ones(1,nTrainNum)];
expectedOut=train1;
eb = 0.01;              % 误差容限
eta = 0.6;              % 学习率
mc = 0.8;               % 动量因子
maxiter = 2000;         % 最大迭代次数
iteration = 0;          % 第一代
errRec = zeros(1,maxiter);
outRec = zeros(nTrainNum,maxiter);
NET=[];% 记录
% 开始迭代
for i = 1 : maxiter
    hid_input = net.w1 * SampInEx;      % 隐含层的输入
    hid_out = logsig(hid_input);        % 隐含层的输出
```

```matlab
    ou_input1 = [hid_out;ones(1,nTrainNum)];    % 输出层的输入
ou_input2 = net.w2 * ou_input1;
out_out = logsig(ou_input2);                    % 输出层的输出
    outRec(:,i) = out_out';                     % 记录每次迭代的输出
    err = expectedOut - out_out;                % 误差
sse = sumsqr(err);
errRec(i) = sse;                                % 保存误差值
fprintf('第 % d 次迭代   误差: % f\n',i,sse);
iteration = iteration + 1;
% 判断是否收敛
if sse < = eb
    break;
end
% 误差反向传播
% 隐含层与输出层之间的局部梯度
DELTA = err.*dlogsig(ou_input2,out_out);
% 输入层与隐含层之间的局部梯度
delta = net.w2(:,1:end-1)' * DELTA.*dlogsig(hid_input,hid_out);
% 权值修改量
dWEX = DELTA*ou_input1';
dwex = delta*SampInEx';
% 修改权值,如果不是第一次修改,则使用动量因子
if i = = 1
    net.w2 = net.w2 + eta * dWEX;
    net.w1 = net.w1 + eta * dwex;
else
    net.w2 = net.w2 + (1 - mc)*eta*dWEX + mc * dWEXOld;
    net.w1 = net.w1 + (1 - mc)*eta*dwex + mc * dwexOld;
end
% 记录上一次的权值修改量
dWEXOld = dWEX;
dwexOld = dwex;
end
%% 测试
% 测试数据归一化
for i =1:2
    testd_s(:,i) =testd(:,i) -mm(i);
end
for i =1:2
    testd_s(:,i) =testd_s(:,i)/ml(i);
```

```
end
% 计算测试输出
InEx = [testd_s';ones(1,260 - nTrainNum)];
hid_input = net.w1 * InEx;
hid_out = logsig(hid_input);        % output of the hidden layer nodes
ou_input1 = [hid_out;ones(1,260 - nTrainNum)];
ou_input2 = net.w2 * ou_input1;
out_out = logsig(ou_input2);
out_out1 = out_out;
% 取整
out_out(out_out < 0.5) = 0;
out_out(out_out > = 0.5) = 1;
% 正确率
rate = sum(out_out = = test1)/length(out_out);
%% 显示
% 显示训练样本
train_m = traind(train1 = =1,:);
train_m = train_m';
train_f = traind(train1 = =0,:);
train_f = train_f';
figure(1)
plot(train_m(1,:),train_m(2,:),'bo');
hold on;
plot(train_f(1,:),train_f(2,:),'r*');
xlabel('身高')
ylabel('体重')
title('训练样本分布')
legend('男生','女生')
figure(2)
axis on
hold on
grid
[nRow,nCol] = size(errRec);
plot(1:nCol,errRec,'LineWidth',1.5);
legend('误差平方和');
xlabel('迭代次数','FontName','Times','FontSize',10);
ylabel('误差')
fprintf(' - - - - - - - - - - - - - - -错误分类表- - - - - - - - - - \n')
fprintf('编号   标签     身高       体重 \n')
ind = find(out_out ~ = test1);
```

```
for i =1:length(ind)
  fprintf('  %4d   %4d   %f   %f \n',ind(i),testl(ind(i)),testd(ind(i),1),testd(ind(i),2));
end
fprintf('最终迭代次数\n     %d\n',iteration);
fprintf('正确率:\n     %f%% \n',rate*100);
```

运行脚本,在命令窗口中将显示迭代过程、分类错误的测试样本及迭代次数和正确率。

```
- - - - - - - - - - - - - - - -错误分类表- - - - - - - - - -
编号    标签    身高         体重
  33     1    171.200000   54.400000
  45     1    166.000000   60.100000
  61     1    164.900000   59.200000
  66     1    164.400000   53.800000
 113     1    166.500000   57.700000
 115     1    162.000000   59.900000
 137     1    164.200000   58.600000

最终迭代次数:
     2000

正确率:
87.500000%
```

同时脚本将显示训练样本的分布和误差下降曲线,分别如图7.23和图7.24所示。

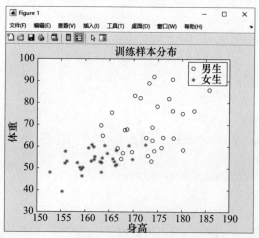

图 7.23　训练样本分布

在图 7.24 中,表示男生和女生的坐标点有部分交叉,因此不可能达到 100% 的识别正确率。适当调整网络参数,正确率可达 80% 以上。如在本次实验中,学习率为 0.6,动量因子为 0.8,隐含层节点数为 3 个,最大迭代次数为 2000 次,误差容限为 0.01,此时网络运行结果的正确率为 87.5%。

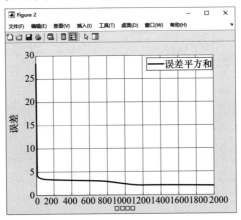

图 7.24 误差下降曲线

2. 手算(串行训练方式)

上文使用批量训练方式,达到了较为满意的识别效果。批量训练方式将所有样本同时输入,计算整体的误差,因此迭代过程中总体的误差一般呈现下降趋势。串行方式则将样本逐个输入,由于样本输入的随机性,可以在一定程度上避免出现局部最优。在 MATLAB 中新建脚本文件 main_seral.m,输入代码如下:

```
% script:main_seral.m
% 串行方式训练 BP 神经网络,实现性别识别
%% 清理
clear all
clc
%% 读入数据
xlsfile = 'student.xls';
[data,label] = getdata(xlsfile);
%% 划分数据
[traind,trainl,testd,testl] = divide(data,label);
%% 设置参数
rng('default')
rng(0)
nTrainNum = 60;    % 60 个训练样本
nSampDim = 2;      % 样本是 2 维的
M = 2000;          % 迭代次数
```

```matlab
ita = 0.1;              % 学习率
alpha = 0.2;
%% 构造网络
HN = 3;                 % 隐含层层数
net.w1 = rand(3,HN);
net.w2 = rand(HN+1,1);
%% 归一化数据
mm = mean(traind);
for i = 1:2
    traind_s(:,i) = traind(:,i) - mm(i);
end
ml(1) = std(traind_s(:,1));
ml(2) = std(traind_s(:,2));
for i = 1:2
    traind_s(:,i) = traind_s(:,i)/ml(i);
end
%% 训练
for x = 1:M                     % 迭代
    ind = randi(60);            % 从1~60中选一个随机数
    in = [traind_s(ind,:),1];   % 输入层输出
    net1_in = in * net.w1;      % 隐含层输入
    net1_out = logsig(net1_in); % 隐含层输出
    net2_int = [net1_out,1];    % 下一次输入
    net2_in = net2_int * net.w2;% 输出层输入
    net2_out = logsig(net2_in); % 输出层输出
    err = train1(ind) - net2_out; % 误差
    errt(x) =1/2 * sqrt(sum(err.^2));  % 误差平方
    fprintf('第%d次循环,第%d个学生,误差 %f \n',x,ind,errt(x));
    % 调整权值
    for i =1:length(net1_out) +1
        for j = 1:1
            ipu1(j) = err(j);   % 局部梯度
            % 输出层与隐含层之间的调整量
            delta1(i,j) = ita.*ipu1(j).*net2_int(i);
        end
    end
    for m = 1:3
        for i = 1:length(net1_out)
            % 局部梯度
            ipu2(i) =net1_out(i).*(1 -net1_out(i)).*sum(ipu1.*net.w2);
            % 输入层和隐含层之间的调整量
```

```
            delta2(m,i) = ita.*in(m).*ipu2(i);
        end
    end
    % 调整权值
    if x = =1
        net.w1 = net.w1 + delta2;
        net.w2 = net.w2 + delta1;
    else
        net.w1 = net.w1 + delta2*(1 - alpha) + alpha*old_delta2;
        net.w2 = net.w2 + delta1*(1 - alpha) + alpha*old_delta1;
    end
    old_delta1 = delta1;
    old_delta2 = delta2;
end
%% 测试
% 测试数据归一化
for i =1:2
    testd_s(:,i) = testd(:,i) - mm(i);
end
for i =1:2
    testd_s(:,i) = testd_s(:,i)/ml(i);
end
testd_s = [testd_s,ones(length(testd_s),1)];
net1_in = testd_s*net.w1;
net1_out = logsig(net1_in);
net1_out = [net1_out,ones(length(net1_out),1)];
net2_int = net1_out;
net2_in = net2_int*net.w2;
net2_out = net2_in;
% 取整
net2_out(net2_out <0.5) =0;
net2_out(net2_out > =0.5) =1;
rate = sum(net2_out = =test1')/length(net2_out);
%% 显示
fprintf('正确率:\n    %f%% \n',rate*100);
figure(1);
plot(1:M,errt,'b-','LineWidth',1.5);
xlabel('迭代次数')
ylabel('误差')
title('BP 网络串行训练的误差')
```

将上述文件与 getdata.m、divide.m 函数及 student.xls 文件放在同一目录下,即可直接运行该脚本。设置学习率为 0.1,动量因子为 0.2,隐含层节点个数为 3 个,迭代次数为 200 次,每次迭代从样本中随机取一个样本输入网络进行训练。运行后正确率为 88.5%,误差变化如图 7.25 所示。

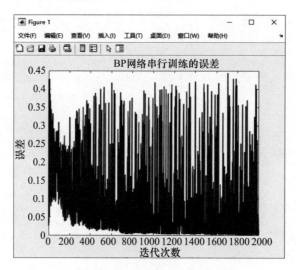

图 7.25　串行训练的误差变化曲线

3. 使用工具箱函数

本节使用新版神经网络工具箱的前向神经网络函数 feedforwardnet 创建 BP 神经网络,使用拟牛顿法对应的训练函数 trainbfg 进行训练。在 feedforwardnet 函数的参数中指定隐含层为一层,节点个数为 3 个。在 MATLAB 中新建脚本文件 main_newff.m,输入代码如下:

```
% 使用 newff 函数实现性别识别
% main_newff.m
%% 清理
clear,clc
rng('default')
rng(2)
%% 读入数据
xlsfile ='student.xls';
[data,label] = getdata(xlsfile);
%% 划分数据
[traind,trainl,testd,testl] = divide(data,label);
%% 创建网络
net = feedforwardnet(3);
```

```
net.trainFcn ='trainbfg';
%% 训练网络
net = train(net,traind',train1);
%% 测试
test_out = sim(net,testd');
test_out(test_out > =0.5) =1;
test_out(test_out <0.5) =0;
rate = sum(test_out = =test1)/length(test1);
fprintf('正确率\n  %f%% \n',rate*100);
```
运行脚本,命令窗口显示正确率为90%：

　　正确率
　90.000000 %

使用拟牛顿法进行训练时收敛非常快,迭代次数仅为7次,如图7.26所示。

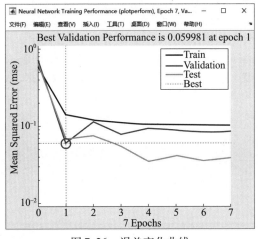

图 7.26　误差变化曲线

7.5　小结

　　人工神经网络是模仿生物神经网络功能的一种经验模型。本章首先介绍了神经网络工具箱的使用和BP神经网络的PID控制,深入浅出地介绍了Simulink神经网络的应用,最后介绍了基于Simulink的神经网络模型预测控制系统和反馈线性化控制系统等典型神经网络控制系统。

　　本章简单介绍了神经网络的基本概念,详细介绍了BP神经网络的结构、学习方式、设计方法以及神经网络的建立与识别。通过案例的讲解,使读者进一步理解BP神经网络的应用。

参考文献

[1] 张晓华. 系统建模与仿真[M]. 北京:清华大学出版社,2015.
[2] 赵海滨. MATLAB 应用大全[M]. 北京:清华大学出版社,2012.
[3] 付文利,刘刚. MATLAB 编程指南[M]. 北京:清华大学出版社,2017.
[4] 刘帅奇,李会雅,赵杰. MATLAB 程序设计基础与应用[M]. 北京:清华大学出版社,2016.
[5] 余胜威,吴婷,罗建桥. MATLAB GUI 设计入门与实战[M]. 北京:清华大学出版社,2016.
[6] 张德丰. MATLAB 数值分析与应用[M]. 北京:国防工业出版社,2009.
[7] 林炳强,谢龙汉,周维维. MATLAB 2018 从入门到精通[M]. 北京:人民邮电出版社,2019.
[8] 李献,骆志伟,于晋臣. MATLAB Simulink 系统仿真[M]. 北京:清华大学出版社,2017.
[9] 石良臣. MATLAB Simulink 系统仿真超级学习手册[M]. 北京:人民邮电出版社,2019.
[10] 刘薇娜,李俊烨,杨立峰. 系统建模与仿真[M]. 北京:兵器工业出版社,2009.